"大国三农"系列规划教材
普通高等教育"十四五"规划教材

食品感官评价操作教程

FOOD SENSORY
EVALUATION PRACTICES

冷小京　陈建设◎主编
韩北忠◎主审

中国農業大學出版社
China Agricultural University Press
·北京·

内容简介

本书作为高校食品感官评价理论教学的辅助教材，侧重实验操作技巧和案例解读，并采用二维码导入的短视频等可视化方式，系统分析并展示了食品感官评价技术在葡萄酒与果酒、咖啡、乳品和肉品等真实食品体系中的应用。本书在突出案例操作教学的同时，结合感官评价基础知识的回顾，介绍了评价员选训，标准与标准化建设，以及现代食品感官技术新发展、感官专用分析仪器等方面的内容，帮助学生融会知识，扩大眼界。

本书可作为高校食品科学与工程类专业教材，也可作为食品行业科技人员的参考用书。

图书在版编目(CIP)数据

食品感官评价操作教程/冷小京，陈建设主编．--北京：中国农业大学出版社，2023.8
ISBN 978-7-5655-2926-9

Ⅰ.①食… Ⅱ.①冷… ②陈… Ⅲ.①食品感官评价-高等学校-教材 Ⅳ.①TS207.3

中国国家版本馆 CIP 数据核字(2023)第 014568 号

书　　名 食品感官评价操作教程
Shipin Ganguan Pingjia Caozuo Jiaocheng
作　　者 冷小京　陈建设　主编

策划编辑 张　程　　**责任编辑** 何美文
封面设计 李尘工作室
出版发行 中国农业大学出版社
社　　址 北京市海淀区圆明园西路 2 号　　**邮政编码** 100193
电　　话 发行部 010-62733489，1190　　读者服务部 010-62732336
编辑部 010-62732617，2618　　出　版　部 010-62733440
网　　址 http://www.caupress.cn　　**E-mail** cbsszs@cau.edu.cn
经　　销 新华书店
印　　刷 北京鑫丰华彩印有限公司
版　　次 2023 年 8 月第 1 版　2023 年 8 月第 1 次印刷
规　　格 185 mm×260 mm　16 开本　17 印张　425 千字
定　　价 50.00 元

编写人员

主　编　冷小京　陈建设

副主编　刘　源　赵　镭　钟　芳

编　者　（按姓氏拼音排序）

陈建设（浙江工商大学）
韩富亮（西北农林科技大学）
何　非（中国农业大学）
黄　越（中国农业大学）
冷小京（中国农业大学）
刘　源（上海交通大学/宁夏大学）
柳　冈（中国农业大学）
罗　洁（湖南农业大学）
史波林（中国标准化研究院）
孙　沛（清华大学）
张玉玉（北京工商大学）
赵　镭（中国标准化研究院）
钟　芳（江南大学）
朱忆雯（上海交通大学）

主　审　韩北忠（中国农业大学）

序

食品科学研究的主要内容是探究食物与人二者的关系与相互作用。它不仅关注食物的物质特性，而且关注人的消费意识特征。科技的发展、经济市场的繁荣，为满足人们多方位的个性需求提供了可能，而教育的深入和社会的进步，在扩充知识储备，提高精神文明的同时，也提高了人们对食品品质的认知与期待。了解和掌握人们对食品的认知规律，深入探讨食品感官科学，对进一步推进食品科技与工业的发展有不可忽视的作用。

食品感官科学的研究范畴跨度很大，既与物理、化学、生物等基础科学广泛交叉，又涉及生理、心理、统计，甚至美术、摄影等文化艺术领域。近年来，人工智能、大数据、云计算以及神经科学、脑科学等科技的飞速发展，使交叉科学学者也开始关注感官科学领域，新的食品感官评价技术、设备和方法不断涌现。科学的发展需要扎实的人才储备，而这需要完备的高校教学课程建设体系的支撑。高水平的食品感官评价专业教材的编写和出版，对促进感官科学学科发展、改善教学效果、提高教学质量至关重要。

作为理论教学的必要补充，《食品感官评价操作教程》面向评价实践，重视实际操作。为体现教学的全面性和系统性，该书对食品感官科学的发展历史、概念、理论与现象规律、国内外最新研究方法等进行了针对性归纳和延伸，为读者提供值得思考的新观点和新方向。该书的编者们都是从事食品感官评价领域的专家和学者，他们根据学科特点融入多年积累的教学和科研经验，形成了这本兼具科学性和实用性的教材。在此对各位的辛勤付出表示敬意，并衷心希望这本教材能为我国食品感官评价教育与科研发挥重要作用。

中国农业大学营养与健康研究院　教授
中国工程院院士

任发政

2021 年 7 月 29 日于北京

前 言

食品感官科学是一门以生理学、心理学和统计学为支柱，既注重理论又注重应用的交叉科学。它以研究人对食物的认知和偏好为基本内容，在拓宽学生的国际视野、认识博大精深的东方文明、增加民族自豪感、培养爱国主义情怀的基础上，加强学生对科学饮食体系的探索能力，树立严谨诚信的“工匠精神”，建立协作互助的团队意识，以期实现对自身高水平专业化塑造的目的，培养造就大批德才兼备的高素质人才。

教育强则国家强，人才兴则民族兴。教育、科技、人才是全面建设社会主义现代化国家的基础性、战略性支撑。“要坚持把立德树人作为中心环节，把思想政治工作贯穿教育教学全过程，实现全程育人、全方位育人。”习近平总书记在全国高校思想政治工作会议上的重要讲话，站在实现中华民族伟大复兴的全局和战略高度，科学回答了高校培养什么样的人、如何培养人以及为谁培养人这一根本问题，为做好新形势下高校思想政治工作、发展高等教育事业指明了行动方向。我们要坚持教育优先发展、科技自立自强、人才引领驱动，加快建设教育强国、科技强国、人才强国，坚持为党育人、为国育才，全面提高人才自主培养质量，着力造就拔尖创新人才，聚天下英才而用之。

面对食品科技迅速发展，学科交叉持续深入的现状，高校相关教学既需加强理论传授，又需加强实践训练。此外，随着互联网水平的提升，手机及平板电脑等移动终端的普及，社会对大数据信息的处理意识和能力的提高，教材数字化的需求越来越强烈。推进教育数字化，建设全民终身学习的学习型社会、学习型大国。如何借助数字技术提升教学效果，也是教育工作者需要思考的现实问题。编者在高校食品感官科学领域教学十余年，多次参与教材编写与校对工作。承蒙领导信任，特别是业内各位同事的大力支持，担负此次编写任务，深感荣幸，更备感压力。

在教材编写的前期准备中，编者尽力收集了目前国内外有关资料，并通过走访和组织小型研讨会等形式征询师生意见，总结经验体会，注意到在食品感官分析教学中，针对操作类的教材目前较为缺乏，而教师备课以及学生自习和复习都对此需求迫切。在反馈回来的意见里，除必要的理论应用介绍外，师生们还着重表达了对现代社会流行食品案例的分析、专用食品感官分析仪器的介绍、实验操作流程以及操作可视化的体现等有关教材内容与形式方面的期待。

根据这些信息，同时借鉴同行们的宝贵经验，本教材将包含理论知识介绍、案例介绍及附录。设置理论部分的目的是方便本教程的操作内容与其他相关教材在概念和标准上的对接，内容包括第 1 章食品感官评价基础理论、第 2 章食品感官评价条件、第 3 章食品感官分析标准与标准化、第 4 章食品口腔加工与感官评价和第 5 章现代食品感官分析仪器介绍。案例部分精心挑选了部分代表性食品或饮品作为样本，即葡萄酒与果酒（第 6 章）、咖啡（第 7 章）、乳及乳制品（第 8 章）和畜禽肉与水产及相关制品（第 9 章），介绍它们的感官特性及评估方法，并在第 10 章现代食品感官分析仪器应用案例，对目前较流行的电子鼻和电子舌做了相关应用操作介绍。此外，考虑到许多心理分析仪器正逐渐被应用到食品科学领域中，特别是近五年来，不少文献在产品包装的视觉偏好分析中都涉猎眼动仪，因此第 10 章与第 5 章相配合，对此仪器做了初步演示，帮助学生扩大眼界。为较好呈现部分较为复杂的实验操作细节，本书多处使用二维码引入相关短视频，便于学生通过手机或平板电脑观察领悟。

本教材的前言和绪论部分由中国农业大学教授冷小京博士编写，第 1 章主要由中国农业大学教授冷小京博士、清华大学教授孙沛博士以及中国农业大学副教授黄越博士共同编写，第 2 章由中国标准化研究院副研究员史波林博士编写，第 3 章由中国标准化研究院研究员赵镭博士编写，第 4 章由浙江工商大学教授陈建设博士编写，第 5 章由北京工商大学教授张玉玉博士、中国农业大学教授冷小京博士及柳冈博士编写，第 6 章由中国农业大学讲师何非博士和西北农林科技大学副教授韩富亮博士编写，第 7 章由江南大学教授钟芳博士编写，第 8 章由湖南农业大学副教授罗洁博士编写，第 9 章由上海交通大学教授刘源博士和其团队成员朱忆雯博士编写，第 10 章由北京工商大学教授张玉玉博士和中国农业大学教授冷小京博士编写。各章节在文中或文末设计了针对性的思考题，帮助学生加深对核心概念的认识。在国内食品感官科学领域，上述参与编写工作的老师们都是有丰富的一线教学与科研经验的专家。对他们为本教材的辛勤付出，编者在此表示由衷的感谢！同时还要感谢许多为本教材的编写和校对做出宝贵贡献的研究生们，其中有柴瑞雪、陈芮、陈滢、杜子月、何跃、胡小雪、黄勇策、李星漪、凌梦琪、刘龙云、刘鑫楠、时逸之、宋佳慧、孙红波、孙林鸽、孙晓霞、田洋、吴燕、杨习文、杨薇熹、张迪、张宁、赵艳、郑祺、钟辰辰、邹睿等。

编写本书期间正值国内新型冠状肺炎疫情流行，教学、科研各方面工作均在调整适应，老师们的工作量从线下到线上大幅加重！尽管如此，撰写工作仍然照常推进。编者再次对参与编写教程的各位老师和研究生们表示由衷的感谢！

本次编写虽尽力而为，但因时间及编者认识有限，书稿内容未尽如人意，尚有纰漏。真诚希望广大读者提出宝贵意见，帮助编者不断改进。

冷小京

2022 年 3 月

目　录

绪　论

0.1 教学背景

在现代食品工业领域，随着科技的发展、商业竞争的加剧，以及生活水平、受教育程度的提高，人们的消费水准逐步提高，如何使产品更多更好地获得人们的青睐和信任，普遍成为各生产及经营单位所关注的重点。在此背景下，感官评价工作的价值越来越高，相关理论及应用研究的发展越来越快，对高素质专业人员的需求越来越迫切，对相关人才的培养也因此越来越重要。

与以物为研究主体的理化分析不同，感官评价以人为主体，以人的眼睛、耳朵、鼻子、舌头、皮肤以及脑神经中枢等生理感知器官与组织为工具，重点探究人对食物的主观与客观、静态及动态相结合的认知与偏好特性。人的饮食行为不仅受食物理化性质的影响，还与人的生理与生物机体特性，人所处的自然空间环境，人所经历的、正在经历的以及即将经历的诸多社会环境因素有关。确切地说，在消费各类食物如乳品、肉品、饮品等时，人们不仅会考虑这些食品的颜色、质地、香气和滋味等本体信息，还会留意其包装材料、商业标识(logo)、产品标签、外观设计及周边环境中所有能影响人视觉、听觉、嗅觉、味觉和触觉等功能的外在信息。人的这些行为，不仅与其年龄、性别、身高、体重、健康等生理因素有关，还取决于人脑神经中枢对这些信息的处理加工和使用能力，而后者与其成长过程中相关的家庭环境、社交圈子、教育培训、媒体网络、社会文化等因素密不可分。

感官评价工作的复杂性远不止于此。在上述描述中，人很明显具有双重身份，即不仅是研究样本，还是测量工具。当样本与工具同为一体，多种因素彼此相关、相互作用，研究工作的复杂性还会加深。此外，由于研究的主体是人，就要考虑人高度的能动性可能带来的人群样本的泛化，即除了被测试人群外，其他人群如科研人群，乃至使用这些数据的客户人群，都可能会在某种水平上介入实验，成为引发数据波动的干扰源。如此多重的复杂性，极易导致人们对食品感官分析报告的诠释仁者见仁，智者见智，不易统一。每一种能被称为食品的物质都不是它简单的自身，都是一个维度复杂、机制烦琐的人-物互作系统。如何量化分析这一系统，使数据脉络清晰，定义概念明确，规律稳定可靠，体系完整全面，是食品感官科学在基础理论建设上面临的主要任务；如何使这一系统在食品工业中发挥指导作用，保证应用操作标准规范，产品的市场接受度可预测、可调控，则是其在实践层面所面临的主要任务。

食品感官科学是典型的交叉科学，涉及生理学、心理学和统计学等，领域跨度较广。它同时也是讲求实战的应用科学，遵守产品全面质量管理基本原则，需要人员、设备、原料、方法及环境等多个环节的有机协同。尽管近年来心理物理学的发展和口腔感官科技水平的提升在相当程度上促进了食品感官科学的定性及定量分析技术的发展，国内外感官标准与规范化工作不断完善，在工业应用层面也逐步形成有法可依、有据可查的局面，但总体上看，这仍然是一门尚处于发展完善过程中的科学。因此，从事食品感官分析评价这项工作，不仅要熟悉食品物理化学、生物化学理论，懂得风味提取与分析，还要从单纯的物的研究中跳出来，在新的维度上，以培养有信念、有纪律、有品行、有作为的青年人才为目标，以更加开阔的眼界、灵活的思维、诚信的作风、科学严谨的态度进行深入的思考：一方面借鉴传统理化技术在定性定量分析上的经验，另一方面在质量管理、产品检测、新品开发、标准化执行、市场预测、消费者心理研究等具体实践中，科学、合理、全面、系统地进行感官数据收集、分析与评价工作。

本书的教学对象主要是高校食品专业本科三年级学生。根据国内普遍的教学进度，该学生群体一般已完成食品物理化学、食品生物化学、生物统计和实验技能等方面的基础课程。在物的方面，他们在不同食品样品的制备、风味物质成分的提取与分析、数据收集及统计分析等方面已有一定知识储备，对嗅觉和味觉等传统感官分析也有一定认识；但在人的感官感知方面，由于学科培养目标和课程设计的不同，他们往往缺乏感官生理学、认知心理学、心理物理学等方面的系统教育，不可避免地对这门科学核心内容的理解与掌握不足。食品感官评价的教学在某种程度上填补了这方面的空白。需要注意的是，因为学科培养目标的不同，在本科教育阶段，该课程所涉及的生理学和心理学内容大多限定在与食品科学领域相交叉的入门部分，且仅设置以概念理解为主的实验。此外，由于知识背景差异较大，教学仪器设备差异较大，该领域针对性的教学参考资料又较少，目前领域内的相关工作大多处于摸索和完善阶段。

鉴于上述考虑，本书内容编排关注如下 6 个方面。

第一，本书定位为操作教程，主要用于配合理论教学，为相关实验提供参考。为避免内容与其他侧重理论类的教材过多重复，本书不以理论的系统介绍为重点，而以配合案例设计、实验操作及分析思考等需求为目的。

第二，本书对食品感官科学领域的新思路、新方法，如认知心理学、口腔感官学、机器学习等，以及相关仪器，如电子鼻、电子舌、眼动仪等，进行适度介绍，以期扩大学生的眼界，为培养学生的探索与创新精神打下基础。

第三，本书将按照人（感官分析师的能力要求与职责）、机（感官评价设备的选用与表现评估）、样（试验样品的制备与提供）、法（感官分析方法选择与确定）、环（感官实验室的要求与建立）五大要素，介绍相应学习要点，并在此基础上，帮助学生树立严谨诚信的“工匠精神”，建立协作互助的团队意识。

第四，本书关于食品的案例选择不求多而全，而是以以点带面、引发思考、阐明问题为目的。书中涉及的案例分析，在研究思路和方法上也各有侧重点，以此帮助学生在不同饮食文化和体系的对比中，学习好专业基础知识，并掌握操作技能，为其继续探索东方饮食文化的博大精深做好知识储备。

第五，关于仪器部分，本书的介绍仅限于专用于食品感官分析领域的仪器，如电子鼻、电子舌、眼动仪以及相关的心理分析仪器等，对于常规仪器，不再赘述。

第六，在独立学习中，可视化资料的作用很大，特别是实验部分，很多操作细节用语言不易说清，而用视频却较容易展示。因此，本书尝试使用二维码引入相关视频资料，便于学生使用移动终端进行观看学习。

上述第一、第二和第三点的介绍主要集中在本书的理论篇，第四、第五点主要在案例篇，第六点根据需要在各章中引入。

理论篇与案例篇的教学要点如下。

0.2 教学要点

0.2.1 理论篇

理论篇主要包括食品感官评价基础理论、食品感官评价条件、食品感官分析标准与标准化、食品口腔加工与感官评价和现代食品感官分析仪器介绍等内容。

0.2.1.1 食品感官评价基础理论

食品感官评价是以人的视觉、听觉、嗅觉、味觉、触觉等生理感官作为感受器，接受来自食品的物理刺激信息，通过人的心理活动，借助数理统计手段，对食品特性做出描述、分析和判断的心理物理过程。这一过程在本质上是人与食品之间相互作用的体现。该部分的教学重点在于帮助学生体验并理解上述过程，学会建立物理量与心理量之间的量化关系。该部分教学内容涉及生理学、心理学和统计学三个方面。

在生理学方面，我们已知人的视觉和听觉器官能通过波长和波强的变化来分别感知可见光波和声波的特性，嗅觉和味觉器官能通过化学及生化反应来感知小分子物质的特性，触觉器官能通过温度和压力感知外界物体与人体的接触方式和强度。本书通过教学中涉及的有关解剖学和神经科学内容，如视觉器官中的晶状体、黄斑、视锥及视杆细胞，听觉器官中的鼓膜、听小骨、半规管、耳蜗、耳毛细胞、应力离子通道，嗅觉和味觉器官中的离子通道、蛋白耦联通道，触觉系统中皮肤对温度和压力的感知系统，脑神经中枢关于不同感官对应的功能区及相互关系等，帮助学生理解人体各生理感官功能的本质、特长和局限性，以及感官仪器与设备的选择、样品的制备、设计实验操作流程的依据，并学会在实验中测量和运用各实验参数。

在心理学方面，以量化的感觉阈值实验为基础的心理物理学研究将是教学的关注点。心理物理学是一门定量研究物理刺激与其产生的感觉和知觉之间关系的心理学主体学科。在现代心理学研究中，心理物理学也代指一类可以应用于研究感知系统的通用方法，例如阈值测量和信号检测理论等。该领域的研究者通过探究针对一个或多个物理维度系统化地改变刺激的特性对主体的经验或行为的影响，从而分析人类的感知过程。韦伯-费希纳定律是心理物理学中关于感觉阈值研究的经典发现，被验证存在于视觉、听觉、味觉、触觉和嗅觉等各类感知觉系统中。本书以了解消费群体对食物的认知与情绪变化过程为目标，根据物理刺激-反应原理，使用极限法、恒定刺激法和调整法等方法，通过测量感觉绝对阈值和差别阈值的水平，建立食品物理刺激量与人群心理量之间的量化关系。

数理统计是食品感官评价的重要组成部分，它通过处理由不同检验法产生的大量数据，寻找人与食物之间的互作规律。在教学中需要注意三个方面内容：一是在着手应用这些数学工具之前，先思考各方法的适用性，因为不同的人群、设备、食品、方法及环境等因素，都会导致统计方法和统计精度的不同，影响结果分析；二是多因素的介入影响是食品感官分析的普遍特征，各刺激-反馈参数之间不仅有线性关系，更有大量模糊的非线性的多重相关关系，因此需要借助机器进行多元数据分析；三是要注意数据统计规律的合理性，避免陷入纯粹的数学逻辑分析。

0.2.1.2 食品感官评价条件

食品感官评价条件主要包括人员筛选与培训、感官分析实验室要求、样品制备与提供、感官分析实验组织与管理四个方面。在以往的教学框架中，标准与标准化、感官分析仪器等内容通常也被列在这一部分。近年来，随着标准化工作的日益完善，专业性的感官分析仪器不断发展，相关内容逐渐丰富，因此本书中仪器部分又独立成章，加以强调。

在食品感官分析中，人员的筛选与培训属于实验的“硬件”构建与维护部分。这是一个将“人”，也就是组成评价小组的各位评价人员“仪器化”的过程，也是这门科学与理化分析技术的本质差异所在。对评价人员进行筛选、测试与培训工作的本质，相当于对设备的选择、调试与校准。这是我们在本科教学中希望学生领悟的内容。

感官分析实验室环境是评价员以其眼、耳、鼻、舌、身等生理器官为探头，在可控的光线、温度、湿度、气味、噪声等环境条件下，客观地捕捉被评价样品在色、香、味、形、质、格等方面的感官品质，给出系统的、差异化的数字标度和词汇描述。在教学中，一方面要帮助学生学会按照合理流程获得规范的数据并进行分析；另一方面，考虑到实验条件所限或者实验设计漏洞的存在，会导致实验结果出现偏差甚至错误，这时需要引导学生学会根据人的感觉特性来寻找问题、解决问题。

样品准备是感官分析工作的重要环节，也是感官技术与理化技术交集最多的地方。样品间的差异是感官分析的出发点，没有样品间的差异就没有感官分析技术。样品准备流程包括两个不同的环节：一是制备，二是提供。前者关注样品品质的均匀性、温度、加工方式、盛样器皿、样品量等参数，这需要学生对食品物理化学和食品风味科学有一定的知识储备；后者关注样品编号与提供顺序等细节，这与人的感知方式与认知偏差有关。

不同的食品感官分析工作有不同的组织和管理方式。产品研发类的、改进生产工艺类的、地区或行业之间交流经验类的、产品评优和鼓励先进类的，等等，建立的感官评价队伍均有不同。一般可由生产厂家、研究单位(实验室)、行业协会及地区性或全国性产品评优单位分别进行组织。其中组织者应具有食品感官分析专业知识，并且有相关工作经验。对评价小组成员除了有专业要求外，还应有代表性，要考虑生产部门、销售部门、市场和地区分布等。

0.2.1.3　食品感官分析标准与标准化

食品感官分析主要面向实际应用，在教学中一方面要辅导学生全面系统地学习相关的理论知识和操作技能，另一方面要求他们懂得遵守感官实践和应用实施的规范原则，后者就涉及标准和标准化问题。标准是对一定范围内的重复性事物和概念所做的统一规定。标准化则是为了在一定范围内获得最佳秩序，将标准大而化之、广而化之的行为。对感官分析领域的术语、人员、方法、环境、样品、评价用器皿等做出统一规定，依据标准实施良好的感官分析工作，是感官分析标准与标准化章节的重要教学内容。

基础理论和操作研究，与标准和标准化研究，这两大部分是相辅相成的。前者从科研角度出发，关注事物变化和发展的一切可能性，认为人不是被动的、模式化的、机械化的仪器设备，而是主动的、发展的、变化的生物体系，所以在数据采集和分析中重视人所受到的生理(感觉适应、感觉增强或抑制等)、心理(时序误差、期望误差、光环效应等)、环境(温度、湿度、噪声、照明等)等多种因素的影响，关注测量的不确定度。后者从工业生产角度出发，关注量化可控的工艺参数，感官分析的信度和效度，因此过程控制/程序控制、关键过程要素的标准化，非实验性影响因素的有效控制，感官分析结果的可比性和可靠性等，就显得十分必要且重要。

本书对标准和标准化的介绍主要从 4 个方面展开，即国内外负责标准和标准化规则制定及标准化协调开展的组织机构，国外感官分析标准及特点，国内感官分析标准及现状，以及感官分析标准化的发展趋势。

0.2.1.4　食品口腔加工与感官评价

口腔是人与食物第一次发生综合性相互作用的组织器官。在这里，围绕气味、滋味和质地等的食品物化特性及感官特性得到了集中体现。消费者基于嗅觉、味觉和触觉等感官感觉，可对所摄入的食品进行综合性分析和偏好评价。食品口腔加工学就是以此为基础发展起来的一门新兴科学。该学科主要以食品在口腔环境中与人体的相互作用为基础,应用食品物理学、口腔生理学、感官心理学和大脑神经科学等多学科交叉的方法与手段,建立食品在口腔加工过程中的物化性质变化、口腔的生理响应和感官心理响应机制。

本教材相关章节以食品口腔加工概念的提出为切入点,介绍食品口腔加工研究的范畴和领域,并针对性地讨论和分析近10余年这一领域的主要研究进展,并对未来发展趋势进行预测和展望。有关理论的应用案例将在本书案例篇的乳品感官实验部分介绍。

0.2.1.5 现代食品感官分析仪器

用于食品科学研究的仪器设备种类很多,有些既可以进行理化分析,又可以用于感官分析,如质构仪、流变仪、气相色谱、液相色谱、离子迁移色谱等,还有些则为食品感官领域所特有,如电子鼻、电子舌等。近年来,不少原用于心理分析的仪器设备被引入食品感官研究中,如心率计、血压计、皮温仪、皮电仪、功能性磁共振成像、正电子发射断层扫描、脑磁图、脑电图和眼动仪等。此外,通过视、听、触的感知,使人产生身临其境的感觉的虚拟现实技术近些年不仅进入电子产业,而且渗透到了餐饮领域。为避免与其他教材重复,本教程仅介绍感官领域所特有的几种主要的仪器设备。

(1)电子鼻(electronic nose,EN) 是采用电化学气敏性传感器阵列和相关模式识别技术组成的一种模拟人类嗅觉系统的智能识别仪器。目前的电子鼻设备大多使用金属氧化物半导体作为传感器。该类传感器所获得的信号主要来自挥发性香气成分与气敏性传感器表面结合导致的电阻变化。

(2)电子舌(electronic tongue,ET) 是一种以低选择性、非特异性、交互敏感的多传感器阵列为基础,对未知液体样品的整体特征响应信号进行感测,通过模式识别或者多元统计分析方法对其进行定性定量分析的检测技术。基于经典电化学方法,目前电子舌设备类型主要有电势法、阻抗谱法和伏安法3种。

(3)眼动追踪(eye tracker,ET) 是一种记录眼球运动和注视位置的实验方法。瞳孔-角膜反射法是眼动追踪领域广泛认可的视觉追踪方法,其原理主要是根据红外摄像机锁定眼睛瞳孔,通过测量摄入瞳孔及角膜反射的红外线获得高度精确的实时追踪视线,由此对应到视线注视的相应位置,从而达到记录和分析追踪过程的目的。目前眼动追踪仪器主要有遥测式眼动仪与头戴式眼动仪两种类型。

(4)功能性磁共振(functional magnetic resonance imaging,fMRI) 是一种基于追踪人脑神经活动中的血氧水平依赖(blood oxygenation level dependent,BOLD)信号的无创神经活动成像技术。功能性磁共振的实验流程主要包括记录大脑物理结构信息的结构像扫描和获取BOLD信号时间序列的功能像扫描两个部分。各部分的信号比对可以帮助分析理解不同脑区在实验任务中的参与程度。

(5)脑电(electroencephalogram,EEG)测量 是一种通过追踪大脑活动形成的突触后的电位在一定空间区域内的累积量,可在较高的时间精度上了解人神经活动的技术。EEG信号的测量主要基于非侵入性电极,它是由多个电极通道所采集到的电信号时间序列。它的空间分辨率取决于电极阵列中的电极密度。典型的脑电波形主要有成年人清醒但闭目放松时的α波,个体高度唤醒、警觉或注意力高度集中状态下的β波,睡眠、休息期间的δ波和θ波等。

(6)皮肤电反应(galvanic skin response, GSR) 是一种通过记录个体受到刺激时皮肤电传导的变化，以此了解人神经机理反应特性的技术。其测量过程主要包括建立无任何刺激下的皮肤电导基线以及基础水平之上的导电变化量两部分。皮肤电反应能作为交感神经系统功能的直接指标，也可以作为脑唤醒、警觉水平的间接指标。

(7)虚拟现实技术(virtual reality，VR) 指利用计算机编程，借助包括头盔、目镜、数据帽等外接设备，通过仿真模型引发人体视觉、听觉、触觉等的真实感受，让人产生身处特定虚拟空间的感官技术。该技术包含 3 个设计意图，即使受试者由观察者向参与者进行心理身份转换的沉浸引导，使受试者通过设备产生可对环境进行操控并获得反馈的交互体验，以及受试者在虚拟环境中逐步形成的新的认知构想。

0.2.2 案例篇

案例篇主要包括葡萄酒与果酒、咖啡、乳及乳制品、畜禽肉与水产及相关制品和现代食品感官分析仪器应用案例等部分。

0.2.2.1 葡萄酒与果酒

葡萄酒一般指以鲜葡萄或葡萄汁为原料，经发酵酿制而成的酒精饮品。它最初是自然发酵的产物，在新石器时代就已出现可确认的早期人类酿造葡萄酒的活动痕迹。我国最早的葡萄酒酿造活动是因汉代张骞出使西域时所带回的欧亚种葡萄资源而引发的，现代葡萄酒产业的发展节点大致在 19 世纪末。葡萄酒产品类型众多，从生产角度看，葡萄酒的品质可按原料或加工方法来区分，而从感官评价角度看，以饮用感觉舒适、愉悦为目标的品鉴思路往往主观色彩浓重，因而对酒的认知偏好主要取决于消费者的感觉特点、心理因素、饮食习惯、文化修养和环境条件等因素。本书所涉及的果酒，主要指除了葡萄酒以外以其他水果为原料制成的酒精饮品，比如苹果酒、甘蔗酒等，这些果酒在我国历史上同样有许多记载。除了与葡萄酒类似的发酵型外，果酒还有配制型和蒸馏型等其他制备方式。发酵型以水果、果汁或果浆为原料经酒精发酵而成。配制型则不经发酵，在水果、果汁或果浆中直接加入食用酒精或白兰地等配料而成。而蒸馏型果酒则需要在发酵果酒的基础上，继续进行蒸馏、调配和陈酿处理。该章的教学旨在帮助学生了解和掌握葡萄酒与果酒的渊源、分类、特点以及相应的感官品评方法。

0.2.2.2 咖啡

咖啡作为世界三大饮料作物(咖啡、可可、茶叶)之一，以其独特的香气及功能明显区别于其他饮品，风靡西方世界。咖啡风味成分复杂，生豆的产地、品种以及烘焙、研磨、萃取方式和与之搭配的配料等因素都会对终极产品品质产生重要影响。如何对咖啡风味进行合理的感官评价，世界各生产和销售国均有自己的系统和办法。中国本土不仅拥有云南、海南等咖啡生产基地，也在临海及内陆地区逐步发展了许多咖啡加工生产线。各大中小城市咖啡消费人群日益扩充，中国已成为全球最大的咖啡新兴消费国。目前国内市场上，除销量巨大的三合一速溶咖啡外，增速较快的主要是滤挂和胶囊咖啡。虽然巨大的市场吸引了世界的注意，但拥有深厚饮食文化底蕴的中国人群对这种舶来饮品的关注方式带着东方色彩，很多品鉴风格和方式与西方传统差异较大。如何准确掌握中国咖啡消费人群的感官偏好特性，是业界普遍关注的问题。举例来看，西方人群对咖啡的品鉴主要落在咖啡豆本身的品质上。而在国内，因消费历史尚短，大众对咖啡豆自身风味特性认识不足，对咖啡类产品往往以含乳和不含乳做大致区分。因此，该章对咖啡感官实验方法的设计思路既考虑到咖啡豆的特性，同时还关注牛奶对咖啡风味的影响。

0.2.2.3　乳及乳制品

乳品主要指以生鲜乳为主要原料，经后期加工形成的各类产品，包括液体乳、发酵乳、浓缩乳、乳粉、干酪等。乳制品是人们生活的常用品。由于蛋白质含量高，微生物繁殖迅速，容易腐败，质量管控非常严格。感官评价，不仅是生产者用以洞察消费者对特定产品的喜好特性、了解其感知属性的重要手段，也是质检人员通过对产品色泽、组织状态、气味和滋味等的感官考察快速判断产品是否发生品质变化的重要手段。乳制品的物理形态多种多样，液态、凝胶态、固态都有。复杂的质构特性产生的感官体验，不仅涉及视觉、嗅觉、味觉，还会涉及听觉和触觉。特别是凝胶态、固态食品在口腔内产生的黏弹感、咀嚼感等，与嗅觉、味觉的协同效应比液态食品清晰得多，这也催生出食品口腔感官评价这一分支领域。该章将对比从液体到固体的几种常用乳制品的感官特征，展示常用的感官评价操作案例，并介绍一些食品口腔感官分析的应用方式。

0.2.2.4　畜禽肉与水产及相关制品

肉品种类繁多，大体有畜肉、禽肉、水产等几大类。系统的肉品感官评价技术兴起自20世纪下半叶，旨在确定样品选择、前处理、加工、品鉴等环节，评价和解析肉品的感官属性，为产品开发、优化和监控提供有关信息。肉品感官技术的基础原理与其他食品饮品类似，实验方法均包括差别检验和描述性检验等。在工业化生产中，也同样关注快速感官评价方法，包括选择合适项目法（check-all-that-apply，CATA）和评估合适项目法（rate-all-that-apply，RATA）等。本书对各类肉品均选择了代表性样本，如畜肉选择生鲜牛肉、干腌火腿，禽类选择生鲜鸡肉和加工鸡肉，水产选择虹鳟鱼、鲀、鳕鱼等。通过介绍不同肉品的感官属性、加工工艺及所用感官评价方法，以期达到掌握肉品感官评价方法的目的。

0.2.2.5　现代食品感官分析仪器

该章主要用于介绍电子鼻、电子舌以及眼动仪的操作案例，帮助理解第5章中相关仪器的应用特性，学习具体操作的方法。

0.3　思考与期待

食品感官科学的交叉性，不仅体现在自然科学领域，还体现在其在社会科学领域的延伸潜力。因此，在教学中，除了专业技术知识的传授，还需要留意培养学生多方面的兴趣和爱好。美术、摄影、历史及其他文化艺术方面的涉猎，对于提高学生对感官科学的认识都是大有裨益的。此外，作为传道授业者，面对充满活力的青年大学生，在将他们从普通学子培养成专业人员的同时，还要思考如何帮助他们树立正确的人生观，树立对事业的责任心和进取心，真正成为有益于社会的高素质专业人才。

食品感官评价操作教学本身也是一门学问，需要不断探讨，不断改进。感谢同行们群策群力。没有大家的帮助，这本书是很难完成的。这本书也是一个开始，还需要更多同行们的建议与鞭策，继续完善。

第1章

食品感官评价基础理论

本章教学要点：理解和掌握在实际操作中常用的感官感觉基本概念、规律及统计方法。

1.1 感官感觉基本概念和规律

在食品感官评价课程中需要理解和掌握的概念和规律主要有：感官感觉的基本概念、类型和特点，感觉阈值以及感觉的基本规律。

1.1.1 感官

在食品感官分析中所谈论的感官，是指能够感受食物以及与食物相关的物理和化学刺激的器官，主要包括眼、耳、鼻、舌、皮肤等。这些器官能将外界客观刺激信号通过神经传导到大脑做进一步处理。这些器官各自由相应的细胞和组织构成，如视觉器官的晶状体、黄斑、视锥及视杆细胞，听觉器官中的鼓膜、听小骨、半规管、耳蜗，嗅觉器官中的双极神经元、嗅小体、初级嗅皮质、眶额皮质，味觉器官中的味蕾细胞，触觉系统中皮肤对温度和压力的感知系统，脑神经中枢关于不同感官对应的功能区及相互关系等。

1.1.2 感觉的基本类型和特点

感觉是客观事物的不同特性通过感官在人脑中引起的反应，是最简单的心理过程，是形成各种复杂心理的基础。感觉有 5 种基本类型，即视、听、嗅、味和触觉，一般均具有如下特点：

①一种感官只能接受和识别一种刺激。视觉感受的是可见光波，听觉感受的是声波，嗅觉感受的是挥发性小分子物质，味觉感受的是可溶性物质，触觉感受的主要是温度和压力。根据上述感受距离的不同，视觉、听觉又被称为长距感觉，而嗅觉、味觉和触觉被称为短距感觉。

②只有当引起感受体发生变化的外界刺激处于适当范围内，感官才能产生正常的感觉。由于外界刺激是可以量化分析的物理量，通过分析该物理量与感觉心理量之间的关系，可以量化分析人的感觉阈值。这就是心理物理学所研究的内容。

③不同感官在接收信息时，会相互影响。如果在生理方面或心理方面，不同的感觉之间产生相互作用，出现相互融合，使某一种感官获得了其他感官的感觉，那么该现象就被称为“通感”或“联觉”现象。根据对日常生活经验的总结，以颜色为例，图 1-1 简单列举了一些与视觉相关的听觉、嗅觉、味觉和触觉的联觉描述，彩图见二维码 1-1。

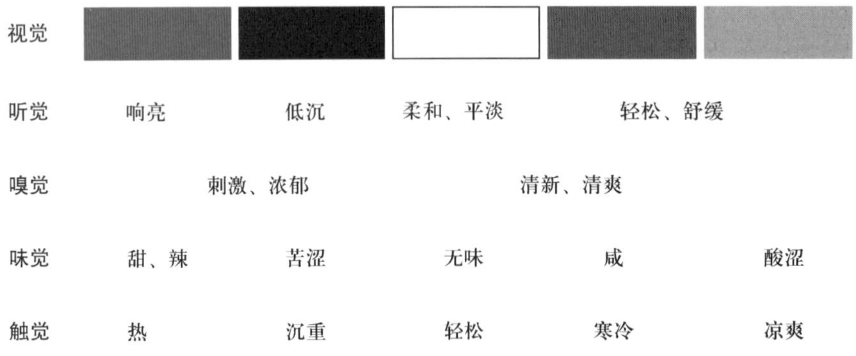

图 1-1 听觉、嗅觉、味觉和触觉与不同颜色（红、黑、白、蓝、绿）可能产生的视觉联觉描述

二维码 1-1 视觉对比

④外界刺激产生的感觉现象是相对的、多变的。人的感觉在一定程度上会受到参照物的影响，这是因为参照物本身就能引发感官感觉，从而影响人对食物的综合感觉效应。

⑤环境因素能产生影响。环境因素指特定空间、时间以及气候等。在不同的场所，如餐厅、家里、医院等，以及在不同的时间或季节，如白天或夜晚，炎热或寒冷的季节，人对食物的感觉都会发生某种程度的变化。

⑥人际因素和社会文化能产生影响。因为人具有社会性，又具有不断学习和自我培训的特点，所以人与人之间的交流，以及社会时尚和潮流的影响，都可能在一定程度上改变人对食物原有的认知与偏好。

1.1.3　感觉阈值

感觉阈值是指感官感受范围的上、下限和对这个范围内最微小变化感觉的灵敏程度。这两个部分分别定义为绝对阈值和差别阈值。绝对阈值是以产生某种感觉的最低刺激量为下限，到导致感觉消失的最高刺激量为上限的一个范围值。低于该下限值的刺激称为阈下刺激，高于该上限的刺激为阈上刺激，而刚刚能引起感觉的刺激称为刺激阈或察觉阈。阈上刺激或阈下刺激都不能产生相应的感觉。感觉的大小同刺激强度的对数成正比，刺激强度增加 10 倍，感觉强度增加 1 倍。此规律被称为费希纳定律：

$$S = K\lg R \tag{1-1}$$

式中，S 为感觉强度，K 为经验常数，R 为外界刺激强度。差别阈值指感官所能感受到的刺激的最小变化量，可以用韦伯公式描述：

$$k = \frac{\Delta R}{R} \tag{1-2}$$

式中，k 为韦伯分数，R 为外界刺激强度，ΔR 为差别阈值。

韦伯-费希纳定律是重要的心理物理学规律，在随后有关心理学部分的章节中将做进一步介绍。

1.1.4　感觉的基本规律

感觉的基本规律主要有 4 种，即适应现象、对比现象、协同效应以及掩蔽现象。

(1)适应现象　感受器在同一刺激物的持续作用下敏感性减弱的现象即适应现象或疲劳现象。可组织学生做如下视觉、嗅觉、味觉的适应现象小实验。

视觉适应实验：随意挑选一个熟悉的汉字。持续观察该汉字约 30 s，留意自己在观察中对该字的认知状态是否发生变化。

嗅觉适应实验：由实验老师挑选一种气味明显且易于辨识的香水，将其平均分装到 4 个小瓶中(不要让学生看到操作过程)。要求学生们嗅闻每个香水瓶约 30 s，并按照香气强弱顺序排序。实验结束后，观察香气强弱顺序是否和嗅闻顺序有关。

味觉适应实验：由实验老师将同一块水果糖分成均等的 4 个小块(不要让学生看到操作过程)，每块随机编码。要求学生们将每块糖含在口中约 30 s，并按照甜度强弱顺序排序。实验结束后，观察甜度强弱顺序是否和品尝顺序有关。

(2)对比现象　当两个刺激同时或连续作用于同一感受器时，其中一个刺激由于另一个刺激的存在而出现感觉增强或减弱的现象称为对比现象。如图 1-2 所示,当第二幅浅绿色块出现时,注意观察第一块的颜色是否发生变化,动图见二维码 1-2。两个刺激同时作用时称为同时对比,先后连续刺激时称为相继性对比。

图 1-2　相继视觉对比图像

二维码 1-2　视觉对比

(3)协同效应　当两个或两个以上刺激同时或连续作用于人的感官感受器时,感觉水平超出每种刺激单独作用时叠加的总效果,这一现象称为协同效应或相乘现象。如图 1-3 所示,请观察图中的两幅图。左图为右图若干主要构成元素,包括文字、几何图案、线条、数字等,可以看到,这样简单的堆放产生不了整体效果。而右图为左图的有序合成,可以形成一个完整的 logo 效果。

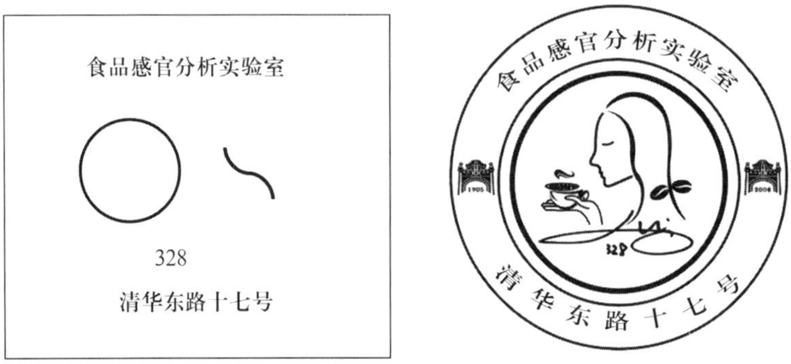

图 1-3　协同效应图像

(4)掩蔽现象　当两个或两个以上刺激同时作用于人的感官感受器时,其中一种刺激的强度减弱或感觉发生改变的现象,称为掩蔽现象。

味觉掩蔽实验(美式咖啡加糖实验):实验步骤如下,注意在品尝每个样品前要用清水漱口,并且在每杯品尝之间要保证足够的休息时间。a)准备美式咖啡和足量的白砂糖,将咖啡分别等量盛放在 5 个样本杯里;b)第 1 杯为清水,其余 4 杯分别加入 0.5、1、3、5 勺白砂糖;c)品尝比较各杯咖啡的苦感。

本节所涉及的概念和规律是对食品感官感觉的综合描述。随后两节将对其生理和心理属性做深一步介绍。

1.2 食品感官评价的生理学属性

1.2.1 视觉

平常所说的“色香味俱全”中的“色”就是指食品的视觉属性。

视觉是可见光作用于人的视觉感受器，通过一定的视觉路径，经视神经系统加工后产生的感觉。在本书实验中须分别注意光源和光感受器两个方面的问题：在光刺激源方面，主要是对可见光波长及波强的理解和控制；在光感受器方面，主要是对受试者视觉能力及视野范围内各物体视觉特性的把控等。

可见光通常指波长在 310～780 nm 范围内的电磁波。透过三棱镜，可见光可呈现红(640～780)、橙(640～610)、黄(610～530)、绿(505～525)、青、蓝(505～470)、紫(380～430)7种颜色组成的光谱。其中青色是介于绿和蓝色之间的一种颜色，类似发蓝的绿色或发绿的蓝色。在实验中，对波长的调控即对颜色的调控。色度用来区别不同颜色的名称。明度用来区别颜色明暗深浅的差异程度。彩度用来描述色彩的纯度。饱和度是明度和彩度的联用。色调用来描述由多种色度、明度和饱和度相互匹配产生的综合效果。不同的颜色及其明暗深浅的搭配，由于相互之间对比度的不同，会产生图形或物体的外缘线条，即轮廓。颜色与轮廓的组合，可形成外界物质的基本外观形貌。

在实验照明强度上，一般采取自然光线和人工照明方式(日光灯或白炽灯，以光线垂直照射到样品面上不产生阴影为宜)相结合。

人视觉器官的晶状体和眼底视神经盘的黄斑用来收集外界可见光信号。黄斑中央的凹陷称为中央凹，是视力最敏锐的地方。视网膜上的视杆细胞负责暗视觉，视锥细胞负责明视觉和色觉。在正常情况下，人眼视网膜上存在能感应红(R)、绿(G)、蓝(B)不同波段可见光的 3 种视锥细胞。自然界中的颜色基本可以由红、绿、蓝 3 种颜色组合而成，因此 3 种视锥细胞的多样化组合感受可使人眼能识别不同的颜色及其差异。人的视觉还受生理视野所限制。视野是指当头部和眼球固定不动时，眼睛正前方所能看得见的空间范围。在正常情况下，单眼视野外界为上方 56°，下方 74°，鼻侧 65°，颞侧 91°。

由于生理因素的限制，人对收集到的外界视觉信息需要通过视觉神经中枢进行整合。所有来自视野范围内的颜色和明暗等光信号的变化，都会在某种程度上影响人对外界的视觉认知。这个认知过程经常呈现动态特点。在食品感官分析中，食品的视觉特性会对其他感官感觉产生重要影响。通常只有当食品处于正常视觉属性范围内时，评价人员才能正常发挥味觉和嗅觉功能，否则这些感觉的灵敏度会下降，甚至不能正确运行。有关视觉的感觉效应将在后面眼动仪的实验章节做进一步介绍。

1.2.2 嗅觉

嗅觉是来自嗅觉刺激物的挥发性物质作用于位于鼻腔顶部黏膜区的嗅觉感受器，产生神经冲动并沿嗅神经传入大脑皮层而引起的感觉。在临床上，嗅觉路径包括嗅黏膜的双极神经元、嗅小体、僧帽细胞、初级嗅皮质、眶额皮质等几个环节。

在嗅觉刺激物方面，需要注意的概念主要有：气体的物化特性、相对气味强度、气味的分类及相互影响。嗅觉刺激物需容易挥发、能溶解于水、能溶解于油脂，这样才能被黏膜中的嗅觉细胞所感知。相对气味强度是指气味物质的气味感随浓度降低而增强的特性。比如吲哚，直接嗅闻会闻到像鸡粪一样的恶臭，稀释到1%以下的浓度时却有茉莉花一样的香气。气味的相互影响指两种或两种以上的气味混合时，会出现气味中和、气味消失、气味掩盖，或形成新气味等现象。在气味实验中所使用的嗅觉刺激物有多种类型，除了烯、醇、醛、酮、酯类等化学制品外，可作为气味标样使用的还有咖啡鼻子(咖啡36香)和酒鼻子(威士忌54香)等。

在嗅觉感受器方面，需要注意嗅觉适应与疲劳现象，即当某种气味作用于嗅觉器官一定时间后，嗅味阈会逐渐增加，嗅感受性就会减弱。该现象还会影响其他刺激的感受性，即嗅觉交叉适应。在嗅辨技术方面，当气味特征不明显时，为使嗅感物质到达鼻腔嗅区时能产生明显的嗅觉，可适当用力收缩鼻孔或煽动鼻翼做急促的呼吸，并稍微低下头部对准被嗅物质使气味自下而上地通入鼻腔，使气体分子较多地接触嗅上皮。该方法不适宜用于气味较强的物质。在气味嗅辨实验中，解决疲劳现象的方法主要是合理设计样品间隔时间，使品鉴人员得到充分的休息。此外还有一种经验性的方法，即可以通过嗅闻自己的皮肤气味使疲劳得到一定程度的缓解。

1.2.3 味觉

味觉是堵塞鼻腔后，将接近体温的试样送入口腔内而获得的感觉。基本味觉主要有酸、甜、咸、苦4种，也有将鲜味列为第5种基本味觉的说法。味觉的感受器是味蕾，主要分布在舌表面、舌缘以及口腔和咽部黏膜的表面。味蕾是由味觉细胞组成的。不同味质分子在味蕾上可能存在不同的转导途径，并通过多种转导机制编码味觉信息。咸味和酸味主要通过味觉细胞的离子通道使细胞去极化。甜味和苦味则大多通过与G蛋白耦联受体相互作用而激活第二信使途径，最终导致细胞去极化。去极化的味觉细胞向位于脑岛和脑盖中的初级味觉皮质发送信号，并在眶额皮质区加工整合。

人的味蕾对味觉物质的感受敏感性不同，所以感觉器官对味觉化合物的感受敏感性及阈值各不相同。根据经验，各基本味觉的典型察觉阈值(质量分数)一般为：蔗糖0.3%，柠檬酸0.02%，奎宁约16 mg/kg，氯化钠0.2%。温度会对阈值产生影响，如甜味和酸味的敏感区域在35～50 ℃，咸味在18～35 ℃，苦味在10 ℃左右。介质的黏度会影响可溶性呈味物质向味蕾的扩散，或抑制呈味物质的释放。阈值的测量可以借鉴随后心理学章节谈到的极限法、恒定刺激法和调整法进行。溶液的浓度梯度可以根据算数级或几何级来配制。

不同味道同时存在时会相互影响，即存在补偿作用和竞争作用。补偿作用是指在某种呈味物质中加入另一种物质后阻碍了原呈味物质与加入物质进行味感比较的现象。竞争作用是指在呈味物质中加入另一种物质而没有对原呈味物质味道产生影响的现象。表1-1对比了蔗糖、葡萄糖、氯化钠、柠檬酸、酒石酸溶液的补偿作用与竞争作用。其中混合比例均为1∶1。如果添加的后一种溶液未对前一种溶液的味觉产生影响，在表中相应的格内填“±”(竞争作用)。如使前一种的味觉变强，填“＋”(正补偿作用)，相反则填“－”(负补偿作用)。未实验，填“…”。

表1-1　蔗糖、葡萄糖、氯化钠、柠檬酸、酒石酸溶液的补偿作用与竞争作用对比

物质名称	蔗糖	葡萄糖	氯化钠	柠檬酸	酒石酸
蔗糖	…	…	＋	＋	＋

续表1-1

物质名称	蔗糖	葡萄糖	氯化钠	柠檬酸	酒石酸
葡萄糖	…	…	+	±	±
氯化钠	—	—	…	+	+
柠檬酸	—	—	…	…	…
酒石酸	—	—	…	…	…

1.2.4 触觉

触觉指人的皮肤通过物理接触产生的感觉现象。触觉可分为两类,即压力觉和温度觉。压力觉按照皮肤被刺激的轻重强度和方式,可细分为触压觉、触摸觉和振动觉。压力觉不但能使人感知客体表面的光滑、粗糙程度,还能感知物体的长短、大小,以及形状。温度感知器分布于全身,但各处密度不同。触觉具有总和的特性,感觉强度取决于接受刺激部位的面积。压力觉和温度觉都具有方向感知特性。

食品口感指在口腔中,通过牙齿的咀嚼以及舌头的搅拌,食物在与口腔、舌面接触及机械摩擦过程中所产生的物理感觉引发的心理体验。如由感受到食品的硬度、黏度、弹性、酥性、脆性、韧性、附着力、润滑感、粗糙感、冷感、热感、细腻感、咀嚼性、胶性等物理特性引发的想象。关于口感触觉的更多知识,将在"食品口腔加工与感官评价"章节介绍。

1.3 食品感官评价的心理学范畴

食品感官评价过程主要涉及特定食品产品在视觉、嗅觉、味觉、触觉和听觉等感觉器官中所引起的反应,以及人依据以往经验,对这些生理反应做出的主观评价。从心理物理学的角度看,食品感官评价过程是一个典型的心理物理过程,即在物理刺激与心理感受之间建立连接的过程。但要注意,相比于经典的心理物理学研究,食品感官评价过程又是一个非常复杂的心理物理过程。食品一般会作用于多个感觉器官,同时食品的多种成分也会作用于同一感觉器官,会引起多种多样的心理感受,会使品鉴人产生非常复杂的心理和评价过程。本节主要介绍经典的心理物理学基本概念和后续的发展,同时建议大家完成一个重量差别阈限实验。

1.3.1 心理物理学的基本概念

1.3.1.1 心理物理学简介

心理物理学是定量地研究物理刺激与其产生的感觉和知觉之间的关系的心理学主要分支之一。该领域的研究者通过探究针对一个或多个物理维度系统地改变刺激的特性对主体的经验或行为的影响,从而分析人类的感知过程。在现代心理学研究中,心理物理学也代指一类可以应用于研究感知系统的通用方法,例如阈值测量和信号检测理论等。心理物理学有着广泛而重要的实际应用。例如,心理物理学为数字信号处理过程中的有损压缩模型和方法的发展提供了参考依据,解释了为什么当音频和视频信号使用有损压缩格式化时,人类感觉到的信号质量损失非常小。

心理物理学家通常研究人们对可以客观测量的实验刺激的感知，例如声音的强度或视觉刺激的对比度。在研究历史中，几乎所有主要的人类感知觉，例如视觉、听觉、触觉（包括皮肤和肠道的感觉）、味觉、嗅觉等都得到了详细和深入的研究。不论是针对哪种感知觉，心理物理学家一般主要关注两个基本变量：绝对阈值和差别阈值。其中，绝对阈值是指被试刚刚能检测到一个刺激物的存在的强度点，而差别阈值是指被试刚好能辨别两个刺激物之间存在差异的强度差值点。强度低于绝对阈值的刺激一般是无法被准确检测到的，而刺激强度差值低于差别阈值的两个刺激一般是不可分的。上述两个概念不仅是心理物理学的研究核心变量，也是感知觉研究的基本方法。

1.3.1.2　绝对阈值和差别阈值的概念

绝对阈值是指能使受试者在一定概率下感受到刺激的存在（通常使用 50% 作为概率标准）的刺激强度水平。在部分文献中，绝对阈值也常被称为检测阈值。绝对阈值的一个简单例子是人手背上汗毛被触及的数量与人的感受间的关系，读者可以自行验证——自己可能无法感觉到 1 根毛发被触摸到，但或许能够感觉到 2 根或 3 根毛发被触及，而更多的毛发被触及也会越发容易被察觉。所以，2 根毛发或 3 根毛发被轻微触及在某种意义上就是该感知实验中的绝对阈值。虽然绝对阈值相对保持稳定，但其数值也会受到不同因素的影响，如被试的动机和期望、认知过程、被试是否适应刺激种类等。特别地，人们在研究与食品感官评价最相关的味觉的绝对阈值过程中有诸多有意义的发现。一项测试味觉绝对阈值的研究发现右侧舌头的绝对阈值在统计意义上比左侧低，这一发现揭示了大脑右半球比左半球更善于处理味觉刺激的可能性。此外，前人发现短时间内缺乏能量会增加对甜和咸食物的敏感性，使相应的绝对阈值明显降低。此外，怀孕和吸烟等其他因素也会影响味觉的敏感性。

差别阈值是指两个不同强度刺激能被以一定概率觉察的最小差异的大小。测量差别阈值的经典方法很多。例如，被试可能被要求调整一个刺激，直到它被认为与另一个相同（调整法）；可能被要求描述两个刺激之间差异的方向和大小（报告法），或者可能被要求确定一对刺激的强度是否相同（强迫选择）。需要注意的是，差别阈值不是一个固定的数值，它取决于被测刺激的强度和被测感知觉的类型。但差别阈值与刺激强度间的比值是相对恒定的，在后文关于韦伯-费希纳定律的介绍中会更详细展开。

此外，在某种意义上，绝对阈值和差别阈值是相似的。绝对阈值也可以被认为是将感知对象的存在性区分于背景噪声的量。

1.3.1.3　韦伯-费希纳定律

韦伯-费希纳定律是心理物理学中关于感知觉阈值研究的经典发现，被验证存在于视觉、听觉、味觉、触觉和嗅觉等各类感知觉系统中。韦伯（Ernst Heinrich Weber，1795—1878）是最早以定量的方式研究人类对物理刺激的反应的心理学家之一。费希纳（Fechner）是韦伯的学生，并将韦伯的第一条定律命名为“韦伯定律”，以纪念他的导师。

在费希纳的著作中，韦伯定律的表述存在不同版本，但基本内容都可以概括为：刺激的感知变化与初始刺激成正比。该定律的数学表达为 $\mathrm{d}S = KS$，其中 K 为特定常数，S 是初始刺激强度，$\mathrm{d}S$ 为刺激强度的变化量（S 的一阶导数）。韦伯定律一般在低刺激强度、接近和低于绝对检测阈值时失效，在高刺激强度时也常常失效，但在中等刺激强度上基本成立。在韦伯定律的基础上，费希纳系统地整理了韦伯的研究结果，形式化地提出了韦伯常数 $\frac{\mathrm{d}S}{S} = \mathrm{d}p$，其中，

dp 为感知到的变化量（p 的一阶导数）。需要注意的是，韦伯常数并不是韦伯的直接研究结果，而是由费希纳提出的。

在费希纳自己的独立研究中，费希纳注意到不同的个体对某些刺激的敏感度不同。例如，对光照强度差异的感知能力可能与该人的视力好坏有关。他还注意到，人对刺激的敏感度变化取决于何种感觉受到了影响。他以此制定了韦伯定律的另一个版本，即费希纳定律。该定律指出，主观感觉与刺激强度的对数成正比，即刺激和知觉之间的关系是对数关系。这种对数关系意味着，如果一个刺激以几何级数的方式变化，即乘以一个固定的系数，那么相应的知觉就会以算术级数的方式变化，即以加法恒量的方式变化。具体地，费希纳定律的数学表达为 $p=k\ln\frac{S}{S_0}$，其中 k 为特定常数，S_0 为阈值刺激强度。当刺激强度过低、过高或接近和低于绝对检测阈值时，费希纳定律也失效。

1.3.1.4　心理物理学基础实验方法

在长期的发展中，以检测绝对阈值与差别阈值为目的的心理物理学实验积累了许多经典的实验方法。其中，极限法、恒定刺激法和调整法是 3 种最常见的方法。

极限法依据刺激强度迭代方向可以分为极限递增法和极限递减法。在极限递增法中，刺激物的某些属性开始时的水平较低，以至于刺激物无法被检测到，然后这个水平逐渐增加，直到参与者报告他们意识到它。例如，如果实验是测试能够检测到的声音的最小振幅，那么声音开始时接近安静水平，无法被感知，然后逐渐变大。在极限递减法中，这种情况正好相反。在每一种情况下，阈值都被认为是刚刚能检测到刺激物属性的水平。在实验中，升序法和降序法可以交替使用，最终阈值取平均值即可。这个方法的一个潜在问题是，受试者可能会习惯于报告他们感知到了一个刺激，并且可能会继续以同样的方式报告，甚至超过阈值（习惯性错误）。相反，受试者也可能预料到刺激即将变得可检测或不可检测，并可能做出过早的判断（预期错误）。为了避免这些潜在的错误，Georg von Békésy 在 1960 年的听觉感知研究中引入阶梯程序。在这种方法中，声音一开始是可以听到的，在被试者的每一次反应之后，声音会越来越小，直到被试者不报告听到它。而后，声音会变得更响，直到被试报告听到，再逐步迭代声音趋于安静……通过多次实验迭代，最终能确定较准确的阈值。

在恒定刺激法中，刺激的某一属性的水平不是按升序或降序呈现，而是随机呈现。这样就防止了被试能够预测下一个刺激的水平，因此减少了习惯性和预期的错误。对于绝对阈值的测量，同样是由被试报告他们是否能够检测到刺激；对于差别阈值的测量，则必须对任意刺激强度等级都设定一个恒定的对比刺激。这种方法可以对心理测量函数进行充分的抽样，但当几个条件交错时，则会导致实验数量过多。

在调整法中，要求受试者自行调整刺激物的水平，直到它在背景噪声中几乎无法被察觉，或与另一刺激物的水平相同。被试自己控制可变刺激的幅度，从一个明显大于或小于标准刺激的水平开始，改变刺激强度，直到被试主观上无法再区分两个刺激。这种调整要重复多次，然后基于均值求出结果，所以调整法也叫平均误差法。

1.3.2　心理物理学研究方法的最新进展

经典的心理物理学实验方法由于各种局限，其测量过程常常耗时较长且伴有很大误差。这主要是因为在测量之前心理阈值的经验分布通常是未知的。一个改进的思路是通过采用自适应迭代算法(或经典实验方法中的调整法),使采样点集中在心理测量阈值附近。此外,如果希望理解心理函数的一阶导信息,则可以将采样点的分布适当放宽。

在现代心理物理学实验中,常用的自适应方法包括阶梯法和贝叶斯法(或称为最大似然法)。阶梯法主要考虑历史试次中的被试响应,相对容易实现。而贝叶斯法考虑了历史试次中的所有刺激-反应匹配关系的集合,测量更加稳健。在 http://www.visionscience.com/documents/strasburger/strasburger.html 中囊括了大量算法实现的实例,便于初学者学习。

阶梯法通常从一个高强度的刺激开始,然后逐渐降低刺激强度,直到被试在判断上出现错误。此时,迭代序列将调整为刺激强度逐渐递增,直到观察者做出正确的反应。而后,再次触发迭代序列的逆转,直至完成多次测量。最终,将多次测量结果进行平均处理后即可得到测量结果。在目前的阶梯法实验程序中,存在多种特殊设计的迭代序列、序列逆转和停止迭代判定规则。迭代序列步长、上/下行规则和基本心理测量函数的分布决定了算法的收敛位置。Garcia-Perez 在研究中模拟了许多阶梯算法,便于初学者学习。在各类方法中,一个比较常见的阶梯算法是固定迭代步长的 1-up-N-down 阶梯序列。在该方法中,如果参与者连续做出 N 次正确的反应,刺激强度减少一个迭代步长的大小;如果参与者做出一次不正确的反应,刺激强度增加一个迭代步长的大小。

从被试的角度看,基于贝叶斯法的自适应程序与阶梯方法类似。但在贝叶斯法的迭代序列中,下一个强度水平的选择工作方式不同于阶梯方法。具体而言,在每次被试做出反应后,最大似然法将从现有反应数据集合和所有以前的刺激-反应匹配关系中计算出阈值的似然估计值,选择最大似然点作为阈值的最佳估计,并使得下一个刺激以该阈值水平呈现。此外,在贝叶斯算法中,程序还基于贝叶斯法得到先验似然,并与阶梯程序得到的后验数据作对比。贝叶斯法和最大似然法的实现更加复杂,但更能适应复杂的实验需求,且能求出更准确的阈值。目前,相对通用的贝叶斯法的实验程序有 Quest、ML-PEST 和 Kontsevich & Tyler 方法。

1.3.3 教学实验:采用恒定刺激法测量重量差别阈限

1.3.3.1 背景简介

本实验的目的在于,通过学习测量重量的差别阈限掌握恒定刺激法并加深对差别阈限的理解。

对于某一特定的感官刺激,人或动物所能察觉的改变量并不是无限小的。能察觉到的最小改变被称为差别阈限(difference threshold)或最小可觉差(just-noticeable difference, JND)。本实验使用恒定刺激法测量重量感知的差别阈限。

恒定刺激法又叫正误法、次数法,是费希纳提出的三种测定感觉阈限的方式之一。与最小变化法不同,恒定刺激法不按照刺激强度顺序呈现刺激,而是以随机的顺序重复呈现 5~7 个固定强度的刺激,通过被试正确觉察到每种刺激的概率来确定阈限。恒定刺激法能够避免被试预测下一个刺激的强度,因此可以减少习惯化期望效应。

在差别阈限的测量中,被试需要比较一个固定强度的刺激(标准刺激)和一系列变化强度的刺激(相对刺激)的大小关系。使用恒定刺激法时,选取范围和数目恰当、等间距分布的一系列刺激强度作为相对刺激的强度。相对刺激的呈现顺序要随机化,同时,同一个试次内呈现标准刺激和相对刺激的先后顺序也应当随机。为了得到较准确的结果,相对刺激的最大值和最小值选取的原则为“被试有95%(或80%)以上的机会正确地感知到刺激差别”，每种相对刺激重复呈现的次数应为50～200次。

1.3.3.2　实验材料

实验材料主要包括：①天平，精确到0.001 g，主要用于称量；②饮用水若干；③塑料瓶，作为容器容纳饮用水；④塑料滴管，用于调节塑料瓶的水量；⑤眼罩，用于去除视觉信息；⑥纸质标签，用于标记每个塑料瓶的质量。

1.3.3.3　实验步骤

(1)实验开始前，主试通过滴管调整塑料瓶中的水量，使得塑料瓶和水的总质(重)量分别为100 g(标准重量)，以及88 g、92 g、96 g、100 g、104 g、108 g、112 g(相对重量)，同时对于每个塑料瓶的重量进行标记。

(2)主试运行MATLAB程序脚本文件WeightThreshold.m，程序将给出随机排列的各组刺激呈现顺序。7个相对刺激与标准刺激进行配对，每一对比较50次，共计350次。为了平衡时间差异，每一对的50次比较中，一半试次先呈现标准刺激，另一半先呈现相对刺激。

(3)被试进行操作之前，主试向被试简述实验流程，参考的指导语如下：“实验中需要你一对一的比较物体重量，当我说‘开始’的时候，你就用右手把第一个物体提起来，注意当时的感受，我说‘结束’的时候请你缓慢地将它放下。这时我会给你换上第二个物体，当你提起第二个物体时，请用你对第二个物体的重量感觉与第一个物体的做比较。如果你觉得第二个比第一个轻，就说轻；如果觉得重，就说重；如果分不清或觉得一样，就说相等。请记住，你要判断的是第二个物体比第一个物体轻、重，还是相等。”

实验过程中，每比较10次，被试休息2 min。主试呈现刺激时保持同一位置，且注意不要碰到被试的手。试次内的第一个刺激被放下后，主试尽快换上第二个刺激，两次比较至少间隔1 s。

(4)被试戴上眼罩，右手按握举姿势自然放在桌上，主试用笔标记被试手臂在桌上的位置，以保证被试在实验休息后仍可将手放回原处。在被试手指前方，也用笔画出一砝码底部大小的圆圈作为重量刺激出现的固定位置。

(5)每一试次中，主试把刺激放在固定位置上，当被试听到“开始”后，被试用右手的拇指和食指拿住篮子慢慢向上提，使其离开桌面约2 cm，2 s后被试放下篮子。接着，主试在同一位置呈现另一刺激，被试仍然用右手提起并报告第二个刺激比第一个刺激是轻、重，还是相等。被试报告后，主试在表格中记录被试的报告结果。

(6)在实验过程中，记录每一个试次的数据。

1.3.3.4　数据分析

差别阈限的计算公式如下，

$$\text{差别阈限}=\frac{\text{上差别阈限}+\text{下差别阈限}}{2}$$

$$\text{上差别阈限}=\text{上刺激阈限}-\text{标准刺激}$$

$$\text{下差别阈限}=\text{下刺激阈限}-\text{标准刺激}$$

式中，上/下差别阈限是指被试能够察觉到相对刺激比标准刺激重/轻的实际重量之差，上/下刺激阈限是指对应的相对刺激的重量。上/下刺激阈限可以根据实验结果，通过直线内插法或最小二乘法求得。

差别阈限可以操作化定义为“有50%的实验次数能引起被试差别感觉的刺激增量”。例如，当标准重量与相对重量的差别为 $\Delta W = |W'-W|$ 时，若被试正确感知到重量差别的试次数占总试次数的50%，那么 ΔW 就是该被试在标准重量为 W 时重量感知的差别阈限。

恒定刺激法使用固定数目的相对刺激，因此往往不能恰好取值使得正确感知的频率为50%，一般使用直线内插法或最小二乘法求取50%正确率时的相对重量。

(1)直线内插法　首先得到被试判断“相对刺激更重”的比例随相对刺激重量变化的关系图，即数据点之间以直线连接。然后沿正确判断比例50%绘制水平实线，其与数据点连线交点的横坐标即为直线内插法求得的上刺激阈限。

(2)最小二乘法　该方法假定在刺激阈限附近，被试作答正确率随相对刺激变化呈高斯累积分布。将每一组相对刺激所对应的正确率转换为 Z 分数，并绘制 Z 分数随刺激强度变化的散点图(S-Z 图)，用直线拟合数据点，可以得到拟合的高斯分布(直线)。拟合直线的横截距即为高斯分布的均值，也即该被试的刺激阈限。

直线内插法或最小二乘法的实现也参见 MATLAB 程序脚本文件 WeightThreshold. m。

1.4　食品感官评价分析方法

食品感官评价分析方法可分为分析型方法和嗜好型方法两类。前者要求评价人员不得带有偏爱憎恶情感，要把自己看作仪器，来对样本属性进行客观判断。后者也常被称为情感型方法，与分析型方法不同，嗜好型方法需要评价人员对样本表达自己的喜好或接受程度。

具体的样本属性检验方法可以分为差别检验、描述性检验和情感检验三类。其中差别检验还可进一步细分为差异识别和差异标度两种方法。描述性检验主要有风味剖面法、质地剖面法以及定量描述法等。情感检验的代表方法主要有快感评分法和接受性检验法，前者关注消费者对产品的喜爱程度，后者关注消费者对产品的认可程度。

在数据统计分析中，常用的显著性水平一般为小于0.05。

1.4.1　常用分析方法

1.4.1.1　分析型感官分析法

分析型感官分析法把人的主要感觉器官(眼、耳、鼻、舌、皮肤)作为测量仪器，以类似理化分析的原则来测定物品的质量特性或鉴别物品之间的差异等。需要注意的是，使用仪器所进行的理化分析只能是纯粹的物化特性测量，而感官分析所获得的数据来自人的感受。分析型感官分析需要考虑测量基准、操作标准和规范化等问题，主要表现在样本、实验环境和感官评价人员3个方面。

(1)样本方面　主要指参照样本的基准属性确定以及未知样本的制备标准与规范。参照样本的属性可根据心理物理学方法来建立相关的标准曲线，如可见光的波长与波强、声波的波长与波强、气体分子和呈味分子的化学结构与浓度、环境的温度与压力等，均可用仪器帮助测定与校准。

(2)实验环境方面　主要指对能够影响感官评价实验的所有外部条件的特性确定，包括盛放样本的器皿感官特性、环境温度和湿度、环境光照、环境噪声及其他等。相关基准数据应借助理化分析技术测定与校准。

(3)感官评价人员方面　不仅要考虑评价人员的兴趣、表达能力、健康状况、客观性、准时性、个人品德等基本素质,还要考虑性别、年龄、身体质量指数(body mass index,BMI)等生理参数。BMI是目前国际上常用的衡量人体胖瘦程度以及健康状态的一个标准,计算公式如下:

$$\mathrm{BMI}=M/H^2 \tag{1-3}$$

式中,M为体重,单位为kg;H为身高,单位为m。一般地,成人的BMI低于18.5为过轻,在18.5~23.9属于正常,在24~27属于过重,在28~32属于肥胖,高于32为重度肥胖。

1.4.1.2　嗜好型感官分析法

嗜好型感官分析需要评价人员对样本表达自己的喜好或接受程度。这里需要留意"喜好"和"接受"的语义差别。前者更多关注人对样本产生的某种喜爱、愉悦或快乐的感觉,而后者更多关注人对样本属性的某种认可程度。

在新产品开发过程中对试制品进行评价时,以及在市场调查中对不同产品的风味进行评估时,都会用到此类方法。为了保证实验样本、实验条件与评价人员的标准化和规范化,该方法也常常与分析型感官评价方法联用。

1.4.1.3　样本属性检验方法

差异识别法、差异标度法和描述法是相辅相成的3种方法。它们既可用于样本总体特性的检验,也可用于样本某一特性的检验。

(1)差异识别法　要求评价人员对提供的样品做出是否有差异的判断,但不必对差异程度做出量化标度。差异识别法一般不允许回答"无差异",即强迫选择。分析结果是以选择某种样品的鉴评员数量为基础进行的统计判断。常见的统计方法有二点法、二-三点法、三点法、"A"-"非A"法(二维码1-3)、五中取二法和选择法等。

(2)差异标度法　指的是在使用差异识别法确定样本存在差异的前提下,要求评价人员对样品的差异程度做出进一步量化标度的方法。通过试验可得出样品间差异的顺序和大小,或者样品应归属的类别或等级。选择何种手段解释数据,取决于试验的目的及样品数量。常见的统计方法有顺位试验法、分类试验法、评分试验法、成对比较法等。差异标度法有线性(用线段做标记)、类项(编号描述、梯度整数描述、语言描述等)、量值(等距标度、比率标度等)标度等。

二维码1-3　三点法(a)、二-三点法(b)、"A"-"非A"法(c)的演示

(3)描述法　主要有定性描述与定量描述2种。

定性描述法中的剖面特征分析是一种一致性分析技术,它要求评价小组成员根据实验规定,使用含义单一且明确的词汇对所提供的某个或某些样本进行多维度的特性描述。目前的剖面特征分析法常见的有风味剖面法和质地剖面法。前者主要关注样本的嗅觉和味觉特性,后者则主要关注触觉特性。两种方法中的特征词具有如下特点:

①特征词是评价人员根据人的视、听、嗅、味和触觉感官的感知特点,从日常生活用语或行业技术词汇中挑选出来的;

②特征词可以是分析型的，也可以是嗜好型的。前者侧重样本物性，后者侧重人的情感感受；

③当得到所有的词汇后，评价小组经过讨论、筛选，确定那些可获得一致认可的词汇，形成关于所涉及样本的剖面特征报告；

④执行剖面特征分析的评价小组可由专业的感官评价员组成，也可由消费者构成。这些需要在特征报告里说明。

定量描述法中常见的方法是定量描述性分析（quantitative descriptive analysis，QDA）方法。QDA 法与定性描述分析法都需要对目标样本做特征词描述，但有 3 个不同：

①定性描述分析法对所获得的特征词一般只做学术描述，不做量化标度，而 QDA 法需要对每个特征词做量化标度；

②量化标度需要评价人员经过相关的专业训练，未经训练的普通消费者不能参与实验；

③QDA 法关注数据分析，该方法可以根据特征词的量化标度进行数理统计分析，以及特征词之间的相关性分析。

关于描述法，在企业的实际工作中，国外对传统描述方法进行了不少改进，衍生出一些被称为快速描述性分析的方法，例如 projective mapping，napping，ranking descriptive analysis，optimized descriptive profile，CATA 法等。创建这些方法的目的在于优化感官评价步骤，降低培训带来的时间和费用成本。因为相关理论超出本教程的范畴，所以这里不再赘述。

通过定性描述与定量描述分析，我们很容易观察到食品体系复杂的多元特征性。各数据之间的相关性错综复杂，线性与非线性逻辑相互交织，一般的数理统计往往不足以帮助全面理解食品物化特性与感官特性之间的关系。因此，能够进行多元数据分析的机器学习等工具逐渐为人们所关注。

1.4.2 多元数据分析方法

本节从多元数据分析方法概述、多元数据分析在食品领域的应用和若干案例 3 个主要方面介绍相关方法。

1.4.2.1 多元数据分析方法概述

如果每个个体有多个观测数据，或者从数学上说，如果个体的观测数据能表示为多维的欧几里得空间中的点，那么这样的数据集可以看作是多元数据，分析多元数据的统计方法就叫作多元数据分析或者是多元统计分析。作为大量不同种类的数据相互融合生成的多元数据，其本身具有多种不同的特点，如数据功能来源广、评价指标多、直接内在相关性差等。食品感官评价中的多元数据主要指两方面：多个评价指标，不同影响因素融合为多元；把不同来源（人或机器）的数据看成一个节点，多个节点融合为多元。因此，食品感官评价的标度数据集可以看作是一个包含不同维度评价标准，而又彼此关联的多元数据。对多元数据进行有效的分析可以挖掘出其中内在的规律性，将表面杂乱无章的数据进行整合，得到反映食品感官特点的客观、标准、量化的评价方法。

极端评价、变动背景、记录失误、仪器波动等干扰因素是影响复杂体系多元数据分析模型的重要原因，为了消除干扰因素的影响，在进行感官数据分析之前需要根据体系特点进行数据预处理。常用的多元数据预处理方法有标准归一化、中心化和求导等。

（1）标准归一化　数据标准归一化是对具有背景差异化的原始数据集进行归一化或者标

准化(正态化)的过程,其目的是消除不同变量之间量纲和值域不同的影响或使其满足数据正态分布的假设。在代价函数中,较大值比较小值的影响更大,但这在分类器设计中并不能真实反映这些特征值的重要程度。这个问题可以通过特征值归一化的方法来解决,从而使它们的取值位于相似的范围之内。而对于多数基于统计的模式识别方法而言,数据需要满足正态分布的假设,在采用这种方法之前需进行数据的正态性检验,对于不符合正态分布的数据需进行正态化(标准化)处理。

标准归一化通过调整每行数值的分布位置及尺度校正干扰影响,第 i 行数据 X_i 和标准归一化校正后的数据 $X_{i,\mathrm{snv}}$ 的关系可以表示为:

$$X_{i,\mathrm{snv}}=\frac{X_i-\mathrm{mean}(X_i)}{\mathrm{std}(X_i)} \tag{1-4}$$

式中,mean 表示平均矢量,std 表示标准偏差。

(2)中心化和求导　导数光谱可有效地消除背景的干扰,分辨重叠数据,提高数据灵敏度。在使用时,差分宽度的选择是十分重要的:如果差分宽度太小,噪声会很大,影响所建分析模型的质量;如果差分宽度太大,平滑过度,会失去大量的细节信息。对矢量数据求导一般有两种方法:直接差分法和 Savitzky-Golay(SG)求导法。对于分辨率高、采样点多的矢量数据,直接差分法求取的导数曲线与实际相差不大;对于稀疏采样点的矢量数据,可采用 Savitzky-Golay 卷积求导法计算。SG 求导已经广泛应用在复杂体系数据集的平滑、滤噪、求导等方面。SG 通过移动窗口多项式拟合的方法对数据进行平滑处理。设窗口宽度为 $2w+1$,多项式的阶为 n,SG 平滑方法可以描述如下:用窗口 $i-w$ 到 $i+w$ 内的数据($i>w$ 并且 $i\leqslant p-w$)拟合多项式参数,用拟合参数计算第 i 个点的拟合值;增加 i 移动窗口计算每个点的拟合值,即可实现 SG 平滑。

在复杂评定体系中,分值分布与目标指标的相关关系是非常复杂的,采用传统单变量数据分析无法达到分析要求,需要借助多元校正的数据分析方法。多元校正是最早得到发展的计量学方法之一,常用的有多元线性回归、主成分回归、偏最小二乘回归、独立成分回归、支持向量回归等,这些方法在复杂的食品感官评价体系中有广阔的应用前景。

①多元线性回归。用 $\boldsymbol{X}$ 表示 m 个样品在 p 个波长下测量的光谱矩阵,$\boldsymbol{y}$ 表示每个样品的目标值向量。对 $\boldsymbol{X}$,$\boldsymbol{y}$ 进行中心化等处理后,其关系可以表示为:

$$\boldsymbol{y}=\boldsymbol{X}\boldsymbol{b}+\boldsymbol{e} \tag{1-5}$$

式中,$\boldsymbol{b}$ 为多元线性回归系数,$\boldsymbol{e}$ 为预测残差。$\boldsymbol{b}$ 通过最小二乘法计算:

$$\boldsymbol{b}=(\boldsymbol{X}^{\mathrm{T}}\boldsymbol{X})^{-1}\boldsymbol{X}\boldsymbol{y} \tag{1-6}$$

式中,T 表示转置,−1 表示对矩阵求逆。由于公式(1-6)需要对矩阵求逆,所以计算回归系数时要求 X 的变量之间线性无关,并且要求样品数 m 大于等于变量数 p。虽然多元线性回归在复杂样品近红外光谱定量分析中应用较早,但是建模样品一般小于变量数,并且变量之间常有较大的相关性,因此多元线性回归方法的预测结果往往较差。为了取得较好的预测结果,在建立多元线性回归模型之前,需要进行变量选择,使变量数少于样品数,并且使变量之间共线性最小。

②主成分回归。由于复杂体系数据包含的变量(评价指标或波长点)较多,且具有较大的

相关性，为了减少这些影响，常常使用主成分回归方法。主成分回归首先对数据矩阵 $\boldsymbol{X}$ 进行主成分分析：

$$\boldsymbol{X}=\boldsymbol{T}\boldsymbol{P}^{\mathrm{T}}+\boldsymbol{E} \tag{1-7}$$

式中，$\boldsymbol{T}$ 为主成分（得分），$\boldsymbol{P}$ 为载荷，$\boldsymbol{E}$ 为残差。用主成分 $\boldsymbol{T}$ 代替 $\boldsymbol{X}$ 代入公式（1-5）和（1-6）计算回归系数 $\boldsymbol{b}$。对未知光谱 $\boldsymbol{X}_p$，首先计算其主成分 $\boldsymbol{T}_p$：

$$\boldsymbol{T}_p=\boldsymbol{X}_p\boldsymbol{P} \tag{1-8}$$

然后用 $\boldsymbol{T}_p$ 和 $\boldsymbol{b}$ 预测其目标值。因为主成分之间相互正交，没有共线性，并且选择主成分可以使变量数（建模使用的主成分）小于建模样品个数，所以主成分回归方法满足多元线性回归的要求，在复杂数据体系的定量分析中有广泛的应用。

③偏最小二乘回归。偏最小二乘回归（partial least squares regression，PLS）是最常用的多元数据回归方法。虽然主成分回归方法解决了建模变量之间共线性、变量数大于样品数等问题并且能够减小噪声影响，但是主成分分析没有分析建模目标值的影响。用于建模的主成分可能包含与目标值不相关的信息，使校正模型的预测结果不准确。而且由于没有对建模目标值进行主成分分析，主成分回归没有考虑建模目标值噪声影响。偏最小二乘回归同时对感官数值矩阵 $\boldsymbol{X}$ 和仪器分析数值矩阵 $\boldsymbol{Y}$ 进行关联，提取 $\boldsymbol{X}$ 和 $\boldsymbol{Y}$ 最相关的成分（偏最小二乘回归得分）建立定量模型。计算偏最小二乘回归系数的方法较多，常用的有非线性迭代偏最小二乘（Liu et al.，2011；Rinnan et al.，2009；Shao et al.，2003）、简单偏最小二乘（Cummins et al.，1995）等。其中，非线性迭代偏最小二乘通过迭代的方法使 $\boldsymbol{X}$ 和 $\boldsymbol{Y}$ 有相同的得分，即：

$$\boldsymbol{X}=\boldsymbol{T}\boldsymbol{P}^{\mathrm{T}}+\boldsymbol{E}_X \tag{1-9}$$

$$\boldsymbol{Y}=\boldsymbol{T}\boldsymbol{Q}^{\mathrm{T}}+\boldsymbol{E}_Y \tag{1-10}$$

式中，$\boldsymbol{T}$ 为得分，$\boldsymbol{P}$ 为标度载荷，$\boldsymbol{Q}$ 为目标值载荷，$\boldsymbol{E}_X$、$\boldsymbol{E}_Y$ 为残差。回归系数 $\boldsymbol{b}$ 通过公式（1-8）计算。

$$\boldsymbol{b}=\boldsymbol{X}\boldsymbol{W}\boldsymbol{Q}^{\mathrm{T}} \tag{1-11}$$

式中，$\boldsymbol{W}$ 为 $\boldsymbol{X}$ 的权重。公式（1-9）到（1-11）中的 $\boldsymbol{T}$，$\boldsymbol{P}$，$\boldsymbol{Q}$，$\boldsymbol{W}$ 通过迭代的方式进行计算。偏最小二乘回归的因子数，也称为隐变量数，是影响模型精度及稳定性的重要参数。

偏最小二乘把矩阵的分解和回归并为一步，即 $\boldsymbol{X}$ 矩阵和 $\boldsymbol{Y}$ 矩阵的分解是同时进行的。并且，将 $\boldsymbol{Y}$ 矩阵的信息引入 $\boldsymbol{X}$ 矩阵分解过程中，在计算每一个新的主成分之前，将 $\boldsymbol{X}$ 矩阵的得分和 $\boldsymbol{Y}$ 矩阵的得分进行交换，使得 $\boldsymbol{X}$ 矩阵的主成分直接与 $\boldsymbol{Y}$ 矩阵的主成分关联。而主成分回归在 $\boldsymbol{X}$ 矩阵分解时并不考虑 $\boldsymbol{Y}$ 的影响，这是偏最小二乘不同于主成分回归的地方。偏最小二乘回归的优点主要有：a）数据矩阵分解和回归交互结合为一步，得到的特征值向量直接与被测组分或性质相关，而非与数据矩阵中变化最大的变量相关；b）在校正集的选择具有代表性的前提下，偏最小二乘模型更稳健；c）可以适用于复杂的分析体系。

④独立成分回归。独立成分回归是一种从混合信号中提取独立的源信号的统计方法（Comon，1994）。在复杂体系的数据分析中，混合信号指建模数据，源信号指构成建模数据的单个组分的纯信号，通过独立成分分析可以得到单个组分的浓度，也称为混合矩阵。独立成分

分析用公式可以表示为：

$$\boldsymbol{X}=\boldsymbol{AS} \tag{1-12}$$

式中，$\boldsymbol{X}$ 为混合信号(感官数据矩阵)，$\boldsymbol{A}$ 为混合矩阵(仪器分析数据)，$\boldsymbol{S}$ 为源信号(组分标准感官值)。独立成分回归方法采用混合矩阵进行建模分析。和主成分分析相比，独立成分分析的混合矩阵相当于得分，源信号相当于载荷。

独立成分分析最早是作为线性混合的盲信号分离问题(鸡尾酒会问题)被提出来的(Jutten 和 Herault，1991)。盲信号分离的目的是从多个源信号混合后的信号中恢复原始信号。在算法的实现上，主成分分析只考虑了输入数据的二阶统计量，而独立成分分析在本质上充分利用了输入数据的高阶统计量，因而更能反映输入数据的本质特征。主成分分析是一个相当规范化的算法，而独立成分分析可能由于采用不同的目标函数而结果不唯一，也就是说独立成分分析没有统一的结果标准。除了在盲信号分离这一领域使用以外，独立成分分析还有很好的特征提取的功能，广泛应用于模式识别、图像处理以及数据分析中。

⑤支持向量回归。支持向量回归即支持向量机(support vector machine，SVM)算法，是由 Cortes 和 Vapnik 等提出的机器学习算法，它广泛应用于文本分类、人脸识别和行人检测等领域的分类问题，属于有监督机器学习的一种。SVM 的核心思想是获得最优间隔超平面，使得距离最优间隔超平面最近的点构成的平面到最优间隔超平面的距离最大，这些点称为支撑向量，这些点构成的平面称为支撑超平面。

如图 1-4 所示，在样本空间中，通过下述方程来描述超平面：

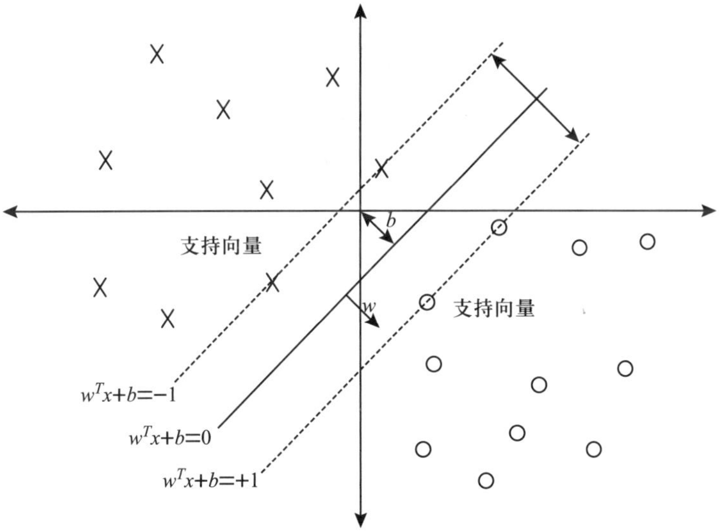

图 1-4 支持向量回归算法示意

$$w^T+b=0 \tag{1-13}$$

式中，$w=(w_1,w_2,\cdots,w_d)$为超平面的法向量，决定了超平面的方向；b 为截距项，决定了超平面与原点之间的距离，T 表示训练数据集。

相比其他机器学习的分类方法，SVM 具有优秀的泛化能力，适合应用于样本数较少的分类问题，这些优点使得 SVM 适合作为食品感官评价中感官指标相关性评价模块的分类方法。

食品感官分析中食品感官品质的分级，食品色、香、味和风格等的分析等都可视为多级树形分类问题，因此基于二叉树的多级 SVM 分类器方法具有应用于食品感官分析的潜在可能。

1.4.2.2 多元数据分析在食品领域的应用

食品是由多种成分组成的复杂体系，由此决定了食品感官评价的复杂性。食品感官评价包括主观评价和客观评价，前者主要指感官评价，后者主要指根据仪器对被测对象的科学测定，对结果进行科学的分析。传统的产品感官评价主要依靠品评专家的个人经验来完成，品评专家必须具有大量的行业背景知识和丰富的品评经验，其品评结果不可避免地包含一定的主观因素，不利于大批量样本的感官品评。大量研究发现，仪器测量值与感官分析特征之间实际上存在显著的相关性。因为食品感官评价的是食品的色、香、味对人产生的综合反应，不是单一感官的简单叠加，与某一感官特征有关的理化指标特征值的大小并不能完全真实地反映食品感官的优劣程度，所以以多元数据分析方法为支撑，将人的真实感官与仪器测量结合进行量化分析，将为感官评价的客观化、标准化创造可能。

对于食品感官评价的量化分析大体按照图 1-5 所示建立分析体系。该体系是一个结合终端测量仪器、模式识别计算机、专家感官分析知识库、数据库系统的综合型系统。可见，建立客观量化的食品感官分析体系主要是运用电子测量方法所得的数据，结合已有的专家感官评估数据以及多元数据分析方法和模式识别方法，建立智能化感官识别模型、食品特征指纹图谱和食品感官分析方法标准，并以此为基础建立食品感官综合信息数据库系统。

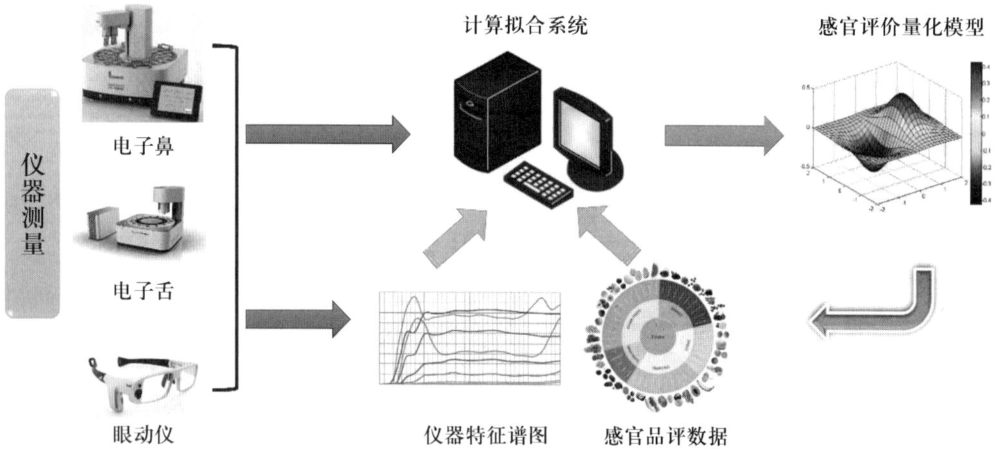

图 1-5 食品感官评价的量化分析整体结构

通过将仪器测量的食品理化特征数据作为输入单元，专家感官评估数据作为校正数据，对评价方法诸如随机森林、人工神经网络、支持向量机等进行训练，最终建立在一定程度上能正确识别标准测试样本的食品感官识别模型。

(1)数据的取舍 在食品感官分析和分级处理中不可避免地会出现少量过大或过小的极端数值，这种数据不但会影响结果，而且会降低整个评价模型的准确度。对可疑值的处理，应该先反复检查、核对、寻找出错的原因，以便加以纠正。若找不出错误的任何原因，也不能将这种数值随意删除，一般的处理方法是增加观察次数，或用下述统计方法判断取舍。

在一组等精度测量数据中，大误差出现的概率是很小的。按照正态分布理论推理，离

均差（观察值 X_i 与均值 x 之差）的绝对值超过 3σ（σ 为总体标准差，σ 未知时可用样本标准差 s 估计）的概率仅为 0.002 7，因此有人常将 3σ 作为判断可疑值的界值，按数学表达式定出：$|X_i - x| \geqslant 3\sigma$，则 X_i 可舍去。但界值 3σ 是在数值个数 n 为∞的前提下定出的，当 n 有限，特别是 n 较小时，这个界值就不合适了，因此界值应该随样本个数的增减而改变。此外，这只是判断数据是否偏离正态，至于偏到什么程度才可以舍弃，各种判断方法的假设条件不同，界值也不同。可疑值取舍的判断方法有多种，常用的有 Chauvenet 法、Smirnov 法和 Grubbs 法，经广泛应用和模拟试验以 Grubbs 法效果较好。三种方法的计算均相同，仅界值不同，计算步骤如下：

①计算观察值（包括可疑值在内）的均值 x 与标准差 s，并按下式计算 T 值：

$$T = |X_i - x| / s \tag{1-14}$$

式中，X_i 为可疑值。

②查 $T_{\alpha,n}$ 界值表（表 1-2）作出判断，表中所列为不同的界值 $T_{\alpha,n}$，α 为错误的概率，n 为样本个数。若 $T < T_{\alpha,n}$，X_i 不能舍去；若 $T \geqslant T_{\alpha,n}$，则 X_i 可舍去。

③若可疑值不止一个，则先判断离均差绝对值最大者，若可舍去，再将该值舍去后重新计算 x 与 s，按照上面的方法继续判断，直到不能舍去时为止。

表 1-2　$T_{\alpha,n}$ 界值表

n	Chauvenet 法（α=0.05）	Smirnov 法（α=0.05）	Grubbs 法（α=0.05）
6	1.73	1.996	1.82
7	1.79	2.093	1.94
8	1.86	2.172	2.03
9	1.92	2.237	2.11
10	1.96	2.294	2.18
11	2.00	2.343	2.23
12	2.04	2.387	2.29
13	2.07	2.429	2.33
14	2.10	2.461	2.37
15	2.13	2.493	2.41
16	2.16	2.523	2.44
17	2.18	2.551	2.47
18	2.20	2.577	2.50
19	2.22	2.600	2.53
20	2.24	2.623	2.56
25	2.33	2.717	2.66
30	2.39		2.75

续表 1-2

n	Chauvenet 法(α=0.05)	Smirnov 法(α=0.05)	Grubbs 法(α=0.05)
35	2.45		2.82
40	2.50		2.87
50	2.58		2.96
60	2.64		3.03
80	2.74		3.14
100	2.81		3.21

例题:试对以下 7 个感官分析数据(5.12,6.82,6.12,6.32,6.22,6.32,6.02)进行 Grubbs 检验,判断是否存在可疑数据,置信度为 95%。

解:对数据进行排序 5.12,6.02,6.12,6.22,6.32,6.32,6.82

求均值 x 和标准偏差 s

$$x=\frac{\sum_{i}^{x} x_i}{n}=6.13$$

$$s=\sqrt{\frac{\sum_{i}^{x}(x_i-x)^2}{n-1}}=0.476$$

$$G_{\max}=\frac{x_{\max}-x}{s}=1.45$$

查表 $G_{0.95,\ n=7}=1.94$

$G_{\max}< Q_{0.95,\ n=7}$,因此保留数值 6.82

再检验 5.12

$$G_{\min}=\frac{x-x_{\min}}{s}=2.12$$

$G_{\min}> Q_{0.95,\ n=7}$,因此舍弃数值 5.12

数值 5.12 为异常数值

(2)模式的识别　近年来,随着科学技术的进步,一些科学、客观、快速的分析仪器和分析方法得以迅速发展,尤其是多元数据分析技术在食品品质评价中的应用,不仅弥补了感官评价主观性强、可比性差等不足之处,而且为食品品质评价提供了理论依据。在这一评价体系中,基于多元统计分析的模式识别方法的适用性决定了感官分析的准确率。目前,在食品感官分析领域进行模式识别时常用的方法包括:主成分分析、人工神经网络、随机森林、支持向量机等。

①主成分分析。在智能化食品感官分析中,主成分分析可以用来确定食品理化特征与感官特征的相关性,并起到降低计算机处理数据维度的作用。对酒、茶叶、面条等食品的感官分析研究发现,食品的理化特征复杂,往往构成了一个高纬的数据空间,这增加了计算机感官分

析的时间。食品中往往是部分理化指标在食品感官方面起着重要甚至决定性作用，如果能找出这些理化因素，就可以准确地进行感官分析，同时可以减少计算机感官分析的处理时间。应用主成分分析，提取食品的理化特征值的主成分，可以得到与食品感官特征相关的理化特征指纹图谱，从而实现感官分析数据的降维。

案例：对食品感官评价采集的某数据集（表1-3）采用主成分分析方法，使数据降维。

表1-3 食品感官评价采集的某数据集

1	2	1	1
3	3	1	2
3	5	4	3
5	4	5	4
5	6	1	5
6	5	2	6
8	7	1	2
9	8	3	7

数据集共有4列数据，分别代表4个不同的变量，共有8条数据。第一步我们对此数据集利用主成分分析方法，把数据集当成一个矩阵 $\boldsymbol{X}$，矩阵 $\boldsymbol{X}$ 的维度为 8×4，对其进行转置后变为 4×8。

第二步用 $\boldsymbol{X}^{\mathrm{T}}\cdot\boldsymbol{X}$ 得到 4×4 维度的对称矩阵，我们就可以求这个对称矩阵的特征值 latent1，latent2，latent3，latent4 和对应的特征向量 $\boldsymbol{V}_1$，$\boldsymbol{V}_2$，$\boldsymbol{V}_3$，$\boldsymbol{V}_4$。特征值为实数，特征向量之间是相互正交的。

第三步把特征值从大到小进行排序，取出前两个最大的特征值和对应的特征向量。如果说 latent1 最大，也就是说 $\boldsymbol{V}_1$ 是最主要的方向，是最主要的主成分。次大的特征值对应的特征向量是第二主成分，依次往下排列。如果 $\boldsymbol{V}_1$，$\boldsymbol{V}_2$ 是排列前2的主成分，那么就把样本数据都投影到 $\boldsymbol{V}_1$ 和 $\boldsymbol{V}_2$ 这个方向上，这时只有两维的数据了，并且 $\boldsymbol{V}_1$ 和 $\boldsymbol{V}_2$ 还是正交的。可以把他看成新的特征选择或组合。8条数据分布如图1-6所示，使用者可以通过投影的数据对其进行分类。

②人工神经网络。人工神经网络又称神经网络，是由大量的、同时也是很简单的处理单元（神经元）广泛地互相连接而形成的复杂网络系统，它是一个高度复杂的非线性动力学系统。神经网络由于其大规模并行、分布式存储和处理及自组织、自适应和自学习能力强的特点，特别适用于处理需要同时考虑许多因素和条件的、不精确和模糊的信息处理问题。在食品感官分析中，神经网络主要与传感器阵列结合使用，根据其主要算法的不同分为反向传播（back propagate，BP）神经网络和径向基函数（radical basis function，RBF）神经网络。总体上看，人工神经网络在食品感官分析上具有较好的适用性（杨应军等，2007），但是样本的选择对感官分析结果存在重要影响，特别是特征数据差异性大的样本，会严重降低神经网络的识别率。

③随机森林。随机森林算法是数据挖掘技术中一种自然的非线性建模工具，通过集成多棵决策树使模型有较好的稳定性（李欢等，2019）。随机森林算法的本质是一种组合分类器，其

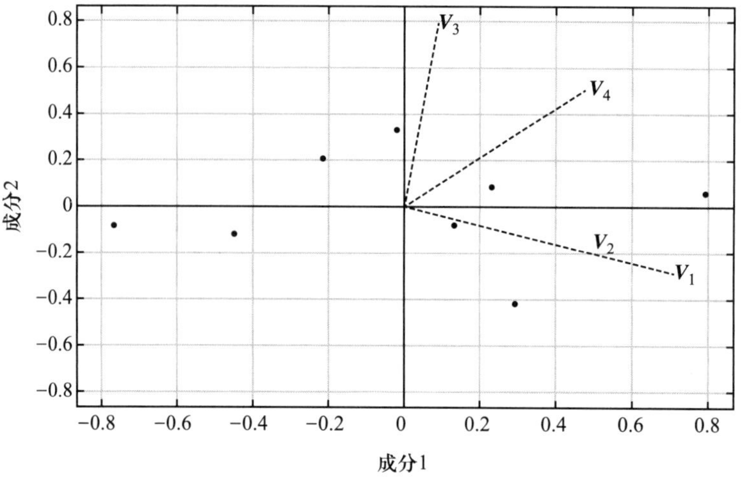

图 1-6　食品感官数据的 PCA 分析

分类结果由各子分类器的结果共同决定，通常是通过投票将决策票数最多的类别作为样本的最终所属类别(Zhang et al.，2018)。随机森林逻辑流程如图 1-7 所示。

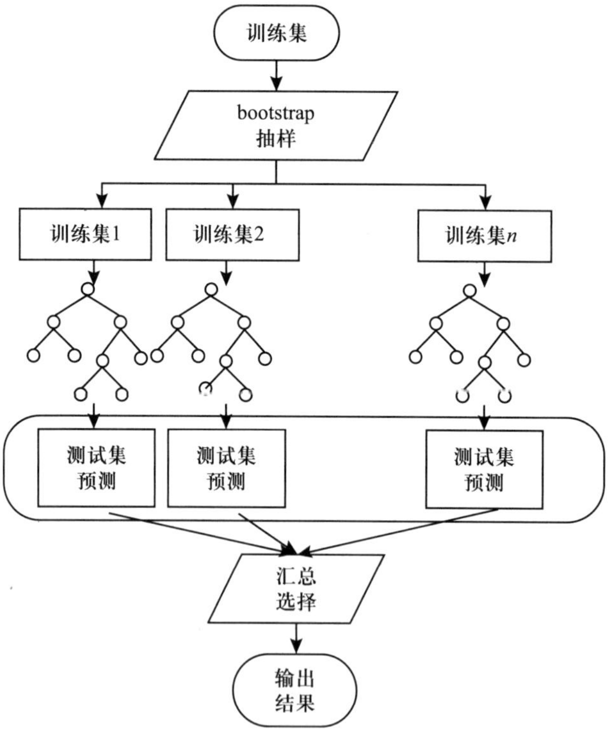

图 1-7　随机森林逻辑流程

采用 bootstrap 抽样方法时，使用 bagging 方法从原始训练集 D(样本总数为 N)中有放回地抽取样本，形成一个样本集，因此，存在一些未被抽取到的样本。训练集中每个样本未能被抽取到的概率为：

$$p=(1-1/N)^N \tag{1-15}$$

当 N 趋向于无穷大时，p 约为 0.368，可以得出训练集 D 中约有 37%的样本不会被抽到。这部分样本为袋外样本(out-of-bag, OOB)，OOB 既可用于误差估计，也可用于特征重要性分析。随机森林算法用于感官评价具有的优势在于：a)它能够将弱分类器通过覆盖优化的手段进行综合，使分类系统的整体能力得到了提升；b)在生成决策树的过程中，每一棵决策树都相互独立且同时生成，提高了训练的效率；c)在选择样本和构建决策树时，其随机选择的特征使该算法的抗干扰能力大幅度提高。

④支持向量机。与神经网络相比，支持向量机使用结构化风险最小化的准则代替了经验风险最小化的准则，在理论上具有结构简单、全局最优性以及较好的泛化能力等优点，但在食品感官分析领域的应用研究还不普遍。应用 BP 神经网络方法进行食品感官分析，如能较好地控制训练误差和学习次数以及加入多种启发式算法等方法，使得训练过程中取得一个合理的局部极小点，并利用对网络结构的设计经验获得一个良好的网络模型，可使 BP 神经网络获得优于支持向量机的学习性能和测试结果，但这需要丰富的实践经验。而在对理化特征差异比较大的样本进行感官分析时，支持向量机的识别能力总体上要明显优于 BP 神经网络。

目前的研究缺乏对不同的模式识别方法在食品感官分析中的适应性进行系统比较，而感官分析的标准化离不开数据处理方法的选择与确定，因此对模式识别方法的适应性进行综合对比研究将会更好地推动模式识别方法在食品感官分析中的应用，并为食品感官评价的量化分析体系的建立提供更有力的依据。

1.4.2.3 应用实例

(1)啤酒感官评价　该研究经过分析从日常生产和试验啤酒采集的数据，建立了感官品尝、分析数据和过程数据之间的关系，继而对工艺变化时做出判定，研究的最终目标是提高啤酒的风味稳定性。

试验生产了约 5 批次普通工艺啤酒，感官品评与化学分析所得数据使用多元变量统计进行分析，以获得该品牌啤酒的风味与风味稳定性状况。每个试验仅变化一种工艺参数，这些变化包括提高糖化下料温度、提高接种酵母活力、改变发酵时间、添加抗氧化剂或其他啤酒厂认可的因素。在上述试验的基础上，综合分析何种变化对啤酒风味与风味稳定性影响效果最好。因为汇总起来的数据量是相当大的，且啤酒生产是个多变量过程，所以可以使用多元变量分析究竟哪一个数据对啤酒风味稳定性的影响是显著的。

将感官评价结果与相应老化化学物质分析结果进行作图，可以分析出哪种测定组分能够作为特定品牌啤酒老化的主要指标。从图 1-8 中右侧可以看出，啤酒中的反-2-壬烯醛和其他各种与氧化有关的化合物的总和(如苯乙醛)，热促有关化合物(如 2-糠醛)和存贮有关化合物(如 2-乙酰呋喃)与品尝者对焦味、氧化味与纸板味的描述的相关性。从图中还可以看出，品评新鲜的啤酒的描述(品评质量、香气质量和品尝得分)被集中靠在图中左侧。该研究说明了多元数据分析可以减少大量的检测工作，发现感官物质的相关性，并节约大量的测试成本。

(2)光谱技术在食品感官评价中的应用　食品感官品质中的许多指标虽然不能直接吸收光的能量，但是由于大多数食品的感官性状的变化实质上是由其本身化学成分的改变而引起

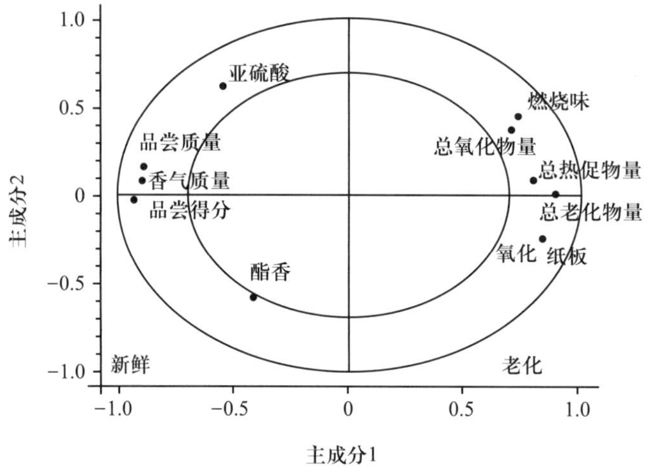

图 1-8　啤酒感官评价与主要成分工艺指标的偏最小二乘回归

的，如水果的硬度大小与果胶成分的含量密切相关(Mcglone et al.，2002)。肉制品的嫩度与其脂肪和水分的组成和含量密切相关，因此，光在肉体中的穿透力与肉的硬度和嫩度也可能有关系。光在硬肉块中的穿透路径比在嫩肉块中的穿透路径要长，这可能也是硬度大的肉吸光度大的原因，尤其是在波长为 1 150～1 300 nm 的波段(刘建学等，2001；Radbotten et al.，2001)。酒的风味与酒体中有机风味物质的种类和含量密切相关(Cozzolino et al.，2005)。因此，虽然许多感官性状不具备近红外吸收的信息，但是可以与光谱间接地相关，从而建立相关的数学模型，对某些感官指标进行预测(图 1-9)。

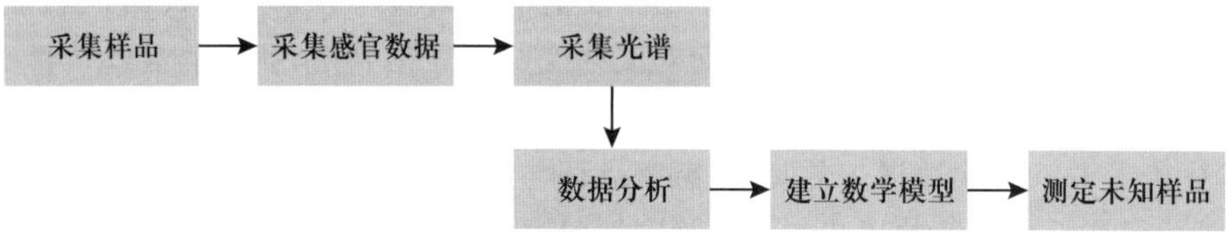

图 1-9　光谱分析的基本流程

Esteban-Direz 等(2004)利用近红外技术探讨了近红外光谱与咖啡感官值之间的相关性，并结合 PLS 方法对咖啡的感官性状分别建立了酸度、苦味、口感、回味的模型，其预测结果具有较高的准确性，其交互验证均方根偏差为 4.7%～7.0%。Cuadrao 等(2005)对近红外光谱分析技术在葡萄酒中一些常规感官指标的检测和甄别中的应用进行了研究，实验分析了不同品种和品名的 180 瓶葡萄酒样品，并采用 PLS 对酸度、颜色、色调等建立了数学模型，分析结果中，R^2 都大于 0.8 且交互验证标准偏差与常规方法分析结果接近。Cozzolino 等(2005)建立了澳大利亚 2 个白酒品种的近红外光谱与感官评价之间的关系，实验采用 4 种芳香描述符(酯、蜜、西番莲之果实、柠檬-柑橘)和 2 种味觉风味(整体风味和甜味)，对白酒进行感官描述，并采用 PLS 建立感官评价和近红外光谱之间的校正模型，分析结果显示，酯、蜜和柠檬-柑橘与光谱的相关性在 0.7 以上。

Karoui 等(2006)研究了近红外光谱分析技术预测奶酪感官特性的能力，实验对来自欧洲不同地方的 20 种瑞士奶酪中的一些感官特性进行分析，并采用 PLS 建立了感官评价与近红外光谱之间的关系。实验采用 4 个外部表型(黏性、脆性、弹性、硬度)和 6 个味觉特征(芳香、气味、苦味、咸味、酸味、甜味),其中黏性、弹性、硬度、芳香、苦味、咸味、酸味和甜味的 R^2 都在 0.5 以上。同时研究得出,采用典型相关分析建立的模型,其感官特性与近红外光谱的相关性较好。结果表明,由于感官数据和近红外光谱数据之间存在相对较高的相关性,利用近红外光谱预测奶酪的感官品质具有可行性,但是还需要深入研究以获得更多的数据来进一步修正、优化模型。

本章小结

本章介绍了感官感觉的基本概念、类型和特点,感觉阈值以及感觉的 4 个基本规律。食品相关的感官评价需要以分析食物相关的物理和化学刺激对应的感受器官以及感知过程为起点,通过理解食物相关的视、听、嗅、味和触觉过程的神经机制和相关心理物理规律,建立通过实验分析食品感官评价的一般范式,并结合相应的统计分析方法解读食品感官评价规律。同时,介绍了食品感官评价中常用的分析方法,从分析型感官分析、嗜好型感官分析和样本属性检验三个方面对主要的食品感官评价方法做了具体的论述。此外,本章还介绍了关于多元数据分析方法和模式识别技术在食品感官评价中的应用和案例,为丰富食品感官评价方法选择提供一定的参考。

思考题

1. 感觉包括哪些类型?感觉的基本规律有哪些?

2. 请参考本章所介绍的内容,以“食物温度如何影响对食物甜度的感知过程”为研究问题,推测该过程可能涉及的神经生理机制,并设计合理的行为学实验对有关心理物理规律进行探索,尝试拟定数据分析方案并合理推测可能的实验结果。

3. 请列举 4 种样本属性检验方法中常用的统计方法。

参考文献

韩东海,刘新鑫,赵丽丽,等,2003. 受损苹果颜色、组织、近红外光谱特性的研究[J]. 农业机械学报,6:112-115.

李欢,熊梦莹,聂斌,等,2019. 融合因子分析的随机森林研究. 计算机工程与应用[J]. 55(23):125-130.

刘建学,吴守一,方如明,2001. 基于近红外光谱的神经网络预测大米直链淀粉含量[J]. 农业机械学报,32(2):55-57.

杨应军,高海燕,赵镭,等,2007. 模式识别方法在食品智能化感官分析中的应用[J]. 食品科学,28:573-577.

COMON P,1994. Independent component analysis,a new concept [J]. Signal Process,36:287-314.

COZZOLINO D, SMYTH H E, KATE A, et al,2005. Relationship between sensory analysis and near infrared spectroscopy in Australian Riesling and Chardonnay wines [J]. Analytica Chimica Acta,2539:341-348.

CUADRAO M U, LDECASTRO M D L, JUAN P M N, et al, 2005. Comprasion and joint use of near infrared spectroscopy and fourier transform mid infrared spectroscopy for determination of wine parameters [J]. Talanta, 66: 218-224.

CUMMINS D J, ANDREWS C W, 1995. Iteratively reweighted partial least squares: A performance analysis by monte-carlo simulation [J]. Journal of Chemometrics, 9: 489-507.

ESTEBAN-DIREZ I, GONZALEZ J M, PIZZARO C, 2004. Prediction of sensory properties of espresso from roasted coffee samples by nearinfrared spectroscopy [J]. Anal Chim Acta, 525: 171-182.

GARCIA-PÉREZ M A, 1998. Forced-choice staircases with fixed step sizes: asymptotic and small-sample properties [J]. Vision research, 38(12): 1861-1881.

HARVEY L O, 1986. Efficient estimation of sensory thresholds [J]. Behavior Research Methods, Instruments and Computers, 18(6): 623-632.

JUTTEN C, HERAULT J, 1991. Blind seperation of sources: An adaptive algorithm based on neuromimetic architecture [J]. Signal Process, 24: 1-10.

KAROUI R, PILLONEL L, SCHALLER C E, et al. , 2006. Prediction of sensory attributes of European Emmental cheese using near-infrared spectroscopy: a feasibility study [J]. Food Chemistry, 101: 1121-1129.

KONTSEVICH L L, TYLER C W, 1999. Bayesian adaptive estimation of psychometric slope and threshold [J]. Vision research, 39(16): 2729-2737.

LIU J J, MA X, WEN Y D, et al. , 2011. Online near infrared spectroscopy combined with alternating trilinear decomposition for process analysis of industrial production and quality assurance [J]. Industrial and Engineering Chemistry Research, 50: 7677-7681.

MCGLONE V A, JORDAN R B, MARTINSEN P J, 2002. Vis/NIR estimation at harvest of pre-and post-storage quality indices for Royal Gala apple [J]. Postharvest Biology and Technology, 25: 135-144.

RADBOTTEN R, MEVIK B H, HILDRUM K I, 2001. Prediction and classification of tenderness in beef from non-invasive diode array detected NIR spectra[J]. J Near Infrared Spec, 9: 199-210.

RINNAN A, VAN DEN BERG F, ENGELSEN S B, 2009. Review of the most common preprocessing techniques for near infrared spectra [J]. Trends in Analytical Chemistry, 28: 1201-1222.

SHAO X G, LEUNG A K M, CHAU F T, 2003. Wavelet: A new trend in chemistry [J]. Accounts of Chemical Research, 36: 276-283.

VON BÉKÉSY G, WEVER E G, 1960. Experiments in hearing (Vol. 195). New York: McGraw-Hill.

WATSON A B, PELLI D G, 1983. QUEST: A Bayesian adaptive psychometric method [J]. Perception and psychophysics, 33(2): 113-120.

ZHANG Z Y, JI Y Y, MAN W S, 2018. Image classification application based on improved random forest algorithm[J]. Computer Systems and Applications, 27(9): 193-198.

第2章

食品感官评价条件

本章教学要点:掌握选训感官评价人员和管控实验环境条件的方法,熟悉食品样品的制备要点与流程,以及感官分析实验的组织与管理方式。

2.1 评价员的选训

食品感官分析是以人的感觉为基础，通过感官评价食品的各种特性后，经统计分析而获得的客观结果的实验方法。因此，感官评价结果不但受到客观条件的影响，而且受到主观条件的影响。感官分析参加人员的感官灵敏性和稳定性，严重影响最终结果的趋向性和有效性。个体感官灵敏性差异较大，并受许多因素影响，因此，食品感官评价人员的筛选和训练是感官分析实验结果可靠和稳定的首要条件。

2.1.1 评价员的类型

根据感官分析的不同应用目的，采用不同的评价人群，主要分为消费者和感官评价员两类，其中消费者一般用于情感型感官评价，而感官评价员用于分析型感官评价。感官评价员依据感官实验精度不同又可以分为候选评价员、初级评价员、优选评价员、专业评价员。

2.1.1.1 消费者

通常由各个阶层的食品消费者代表组成，是食品感官评价人员中代表性最广泛的一类。与感官评价员相反，消费者型感官评价人员仅从自身的主观愿望出发，评价是否喜爱或接受所实验的产品，以及喜爱和接受的程度。这类人员很少对产品的具体属性或属性间的差别做出评价。

2.1.1.2 感官评价员

(1)候选评价员 一般是在实验室小范围内进行感官分析，未经过特定的筛选和训练程序，根据情况轮流参加简单的感官分析实验。

(2)初级评价员 通过候选评价员筛选实验并具有一定的分辨差别能力的感官分析实验人员。他们可专职从事差别测试，但是要经常参与有关的差别测试，以保持分辨差别的能力。

(3)优选评价员 从初级评价员中经过进一步筛选和训练而获得的感官评价人员。通常他们都具有描述产品感官品质特性及特性差别的能力，并专门从事对产品品质特性的评价。

(4)专家评价员 食品感官评价人员中层次最高的一类，专门从事产品质量控制，评估产品特定属性与记忆中该属性标准之间的差别，以及评选优质产品等工作，包含通用型专家评价员与专业专家评价员两类。其中专业专家评价员数量最少而且不容易培养，如专业的高级品酒师、品茶师等。他们不仅需要积累多年专业工作经验和感官分析经历，而且在特性感觉上具有一定的天赋，在特征表述上具有突出的能力。

2.1.2 评价员的招募和初选

2.1.2.1 招募

(1)内部招募 候选人从办公室、工厂或实验室职员中招募。这种招募方式，最重要的是要得到单位管理层和各级组织的支持，并明确承担的感官分析工作作为个人工作的一部分。这些应在招募人员阶段予以明示。建议避免那些与被测样品密切相关的人员，特别是技术和销售人员加入，因为他们可能会造成结果偏离。

内部招募有以下优点：都在一个办公区，不用担心交通问题；无须支付酬金（为了保持积极性，提供小礼品或奖金更可取）；更好地确保结果的保密性，对于研究工作，这一点特别重要；评价小组人员流动性小，有更好的稳定性。但是也存在一定的不足：由于候选人了解本公司产品而影响品评结果；小规模公司的备选人数有限，使得候选人替换较困难。

（2）外部招募　从单位外部招募。出于这种目的最常用的招募方式有：通过在专业刊物或在免费报刊等上的分类广告招募等（此种情况下，会有各类人应聘，必须做初步筛选）；通过调查机构，这些机构能够提供可能感兴趣的候选人的姓名和联系方式；内部"消费者"档案，来自广告宣传活动或产品投诉记录；单位来访人员；个人推荐。

外部招募的优点是挑选范围广泛，补充新候选人能随叫随到，不存在级别问题，人员选拔更容易，淘汰不适合工作的评价人员时，不存在冒险的风险，可用性高。但是此途径费用高，更适用于居民人数众多的城市地区。由于必须招募有空闲时间的人员，有时会遇到过多的退休老人或家庭妇女，甚至学生等应聘，难以招募到在职人员。且经过选拔和培训后，评价员可能随时退出，流动性大。

2.1.2.2　初选

初选包括报名、填表、面试等阶段，目的是淘汰那些明显不适宜做感官评价员的候选者。候选评价员的背景资料可通过候选评价员自己填写清晰明了的调查表以及经验丰富的感官分析人员对其进行面试而综合得到。参加初选的人数一般应是实际需要的评价员人数的2～3倍。要调查的主要内容包括如下几方面。

（1）兴趣和动机　那些对感官分析工作以及被调查产品感兴趣的候选人，可能比缺乏兴趣和动机的候选人更有积极性，并有可能成为更好的感官评价员。只有对感官评价有兴趣的人才能认真学习感官评价相关知识，才能按照实验要求的基本操作进行评定，才会在感官评价实验中集中注意力并圆满完成实验所规定的任务。

（2）对食品的态度　应确定候选评价员厌恶的某些食品或饮料，特别是其中是否有将来可能评价的对象，同时应了解是否由于文化、种族或其他方面的原因而不食用某种食品和饮料，那些对某些食品经常食用的人常常会成为好的描述性分析评价员。

（3）知识和才能　候选人应能说明和表达出第一感知，这需要具备一定的生理和才智方面的能力，同时具备思想集中和保持不受外界影响的能力。如果只要求候选评价员评价一种类型的产品，掌握该产品各方面的知识则更利于评价，那么就有可能从对这种产品表现出感官评价才能的候选人中选拔出优选评价员。

（4）健康状况　候选评价员应健康状况良好，没有影响他们感官的功能缺失、过敏或疾病，并且未服用损害感官能力进而影响感官判定可靠性的药物。了解感官评价员是否有戴假牙是很有必要的，因为假牙能影响对某些质地味道等特性的感官评价。感冒或其他暂时状态（如怀孕）不应成为淘汰候选评价员的理由，但暂时不能参加感官分析实验。

（5）表达能力　在考虑选拔描述性分析评价员时，候选人表达和描述感觉的能力特别重要。这种能力可在面试以及随后的筛选测试中考察。

（6）可用性　候选评价员应能参加培训和持续的感官评价工作。那些经常出差或工作繁重的人不宜从事感官分析工作。

（7）个性特点　要求候选评价员能长时间集中精力工作，并在工作中表现诚实可靠。

（8）其他因素　招募时需要记录的其他信息有姓名、年龄组、性别、国籍、教育背景、现任职务和感官分析经验。抽烟习惯等资料也要记录，但不能以此作为淘汰候选评价员的理由。

感官评价实验组织者可以通过各种询问单及面谈来调查并获得候选人员的基本情况。询问单要精心设计，不但要求包含选择候选人员时所应该考虑的各种因素，而且要能够通过答卷人的回答获得准确信息。询问单的设计一般要满足以下5个方面的要求：

①询问单应能提供尽量多的信息；

②询问单应能满足组织者的需要；

③询问单应能初步识别合格与不合格人选；

④询问单应容易理解；

⑤询问单应容易回答。

面谈能够得到更多的信息。感官评价实验组织者通过与候选人员有效交流，可以直接了解候选人员的有关情况。在面谈中，候选评价员可以询问有关的问题，组织者也可以谈谈有关感官评价程序以及对候选评价员期望的条件等问题，面谈可收集询问单中没有反映出的问题，从而可获得更多的信息。组织者应具有丰富的感官评价知识和经验，并精心准备面试问题，否则很难达到预期的效果。为了使面谈更富有成效，应注意以下5点：

①接见者应具有感官分析的丰富知识和经验；

②面谈之前，接见者应准备所有要询问的问题和要点；

③接见者应创造一个轻松的气氛；

④接见者应认真听取并做记录；

⑤所提问题的顺序应有逻辑性。

2.1.3　评价员的筛选

应根据候选评价员将来所承担的评定任务的类型和性质来选择测试方法和测试用材料。下列测试方法均具有使候选评价员熟悉感官分析方法和材料的双重功能，它们分为如下2种类型：

①旨在考查候选评价员感官能力正常的测试方法；

②旨在考查候选评价员感官灵敏程度的测试方法。

应在熟悉并有了初步经验后再开展用于筛选评价员的测试。筛选测试应在评价产品所要求环境下进行，测试环境的要求参见《感官分析　建立感官分析实验室的一般导则》（GB/T 13868—2009）。评价员选择应综合考虑其将要承担的任务类别及其潜力，而不仅是当前的表现。获得较高测试成功率的候选评价员理应比其他人更有优势，但那些在重复工作中不断取得进步的候选评价员在培训中可能表现很好而需要保留。

2.1.3.1　色彩分辨

色彩分辨不正常的候选评价员不宜做颜色判断和配色工作。色彩分辨能力的评定可由有资质的验光师来做；在缺少相关人员和设备时，可以借助有效的测试方法。

2.1.3.2　味觉和嗅觉的缺失

需测定候选评价员对产品中低浓度物质的敏感性来检测其味觉缺失、嗅觉缺失或灵敏性的不足，参见《感官分析　味觉敏感度的测定方法》（GB/T 12312—2012）。

2.1.3.3 觉察能力与差别能力

(1)刺激物觉察能力测试 这些测试通过三点测试进行。每次测试一种被检材料。向每位候选评价员提供两份被检材料样品和一份水或其他中性介质的样品,或者一份被检材料样品和两份水或其他中性介质样品。被检材料的浓度应在阈值水平附近。被检材料的浓度和中性介质(如果使用),由组织者根据候选评价员参加的评定类型来选择。最佳候选评价员应能够100%正确识别。经过几次重复测试候选评价员还不能识别出差异,则表明其不适于这种测试工作。刺激物识别测试可用的物质可参考表2-1,具体浓度可根据候选评价员水平进行适当调整。

表2-1 可用于刺激物识别测试的物质实例

物质	室温下水溶液浓度	物质	室温下水溶液浓度
咖啡因	0.27 g/L	蔗糖	12 g/L
柠檬酸	0.60 g/L	顺-3-己烯-1-醇	0.4 mL/L
氯化钠	2 g/L		

(2)刺激物强度水平差别能力测试 这些测试基于排序测试。测试中刺激物可以是味道、气味(仅用非常小浓度进行测试)、质地(通过口和手来判断)和色彩。在每次测试中,将4个具有不同特性强度的样品以随机顺序提供给候选评价员,要求他们以强度递增的顺序将样品排序。应以相同的顺序向所有候选评价员提供样品,以保证候选评价员排序结果的可比性,避免提供顺序的不同造成影响。此项测试的良好结果仅能说明候选评价员在所试物质特定强度下的辨别能力。可用的产品可参考表2-2。对于规定的浓度,候选评价员如果将顺序排错一个以上,则认为其不适合作为该类分析的优选评价员。

表2-2 可用于辨别测试的产品实例

测试	产品[a]	室温下水溶液浓度
味觉辨别	柠檬酸	0.1 g/L;0.15 g/L;0.22 g/L;0.34 g/L
气味辨别	乙酸异戊酯	5 mg/kg;10 mg/kg;20 mg/kg;40 mg/kg
质地辨别	适合有关产业(如奶油、干酪、果泥、明胶)	—
颜色辨别	布,颜色标度等	同一种颜色强度的排序,如由深红至浅红

[a]也可以使用其他有等级特征的适宜产品。

2.1.3.4 描述能力测试

描述能力测试旨在测试候选评价员感官描述能力,特别是对优选评价员与专家评价员。主要提供2种测试:一种是气味刺激,另一种是质地刺激。本测试应通过评价和面试综合实施。

(1)气味描述测试 向候选评价员提供5~10种不同的嗅觉刺激样品,这些刺激样品最好与最终评价的产品相关。样品系列应包括比较容易识别的和一些不太常见的样品。刺激强度应在识别阈值以上，但是不要显著高出其在实际产品中的可能水平。

评价方式有2类：一类是直接法，另一类是鼻后法。直接法是使用包含气味的瓶子、嗅条或胶丸。鼻后法是从气体介质中评价气味，例如通过放置在口腔中的食物或含在嘴中的水溶液评价气味。

最常用的方法仍然是通过瓶子评价气味，具体操作为：将样品吸收在无气味的石蜡或棉绒上，再置于深色无气味的50～100 mL旋盖细口玻璃瓶内，保证有足够的样品材料可挥发在瓶子上部。组织者应在将样品提供给评价员之前检查其强度。也可将样品吸收在嗅条上。

每次提供一个样品，要求候选评价员描述或记录其感受。初次评价后，组织者可以组织对样品的感官特性进行讨论，以便引出更多的评论来充分显露候选评价员描述刺激的能力。

根据表现按下列标准对候选人分类：

a. 3分，能正确识别或做出确切描述；

b. 2分，能大体上描述；

c. 1分，经讨论后能识别或做出合适描述；

d. 0分，描述不出的。

应根据所使用的不同材料规定合格的操作水平。气味描述测试的候选评价员其得分至少应达到满分的65%，否则不宜做此类测试。可用的嗅觉物质实例见表2-3。

表2-3　气味描述测试用嗅觉物质实例

物质	通常与该气味关联的物品名称	物质	通常与该气味关联的物品名称
苯甲醛	苦杏仁、樱桃	茴香脑	茴香
辛烯-3-醇	蘑菇	香草醛	香子兰
苯-2-乙酸乙酯	花卉	β-紫罗酮	紫罗兰、悬钩子
烯丙基硫醚	大蒜	丁酸	酸败的奶油
樟脑	樟脑、药物	乙酸	醋
薄荷醇	薄荷	乙酸异戊酯	水果、酸水果糖、香蕉、梨
丁子香酚	丁香	二甲基噻吩	烤洋葱

注：可以使用食物产品、调味品、提取液、浸剂或有气味的化学物质。所选物质应适应当地情况，并且应无其他有气味物质。

（2）质地描述测试　随机提供给候选人一系列样品，要求描述其质地特征。固体样品应加工成大小一致的块状，液体样品则应用不透明的容器盛放。

根据表现按下列标准对候选评价员分类：

a. 3分，能正确识别或做出确切描述；

b. 2分，能大体上描述；

c. 1分，经过论后能识别或做出合适描述；

d. 0分，描述不出的。

应根据所使用的不同材料规定合格的操作水平。质地描述测试的候选评价员其得分至少应达到满分的 65%，否则不适合做此类测试。可以应用的产品实例见表 2-4。

表 2-4　质地描述测试用产品实例

产品	通常与该产品相连的质地	产品	通常与该产品相连的质地
橙子	多汁、汁胞粒	二次分离稀奶油	油腻的
早餐谷物(玉米片)	酥脆	食用明胶	黏的
梨	砂粒结晶质的、硬而粗糙	玉米松饼	易粉碎
砂糖	透明的、粗糙的	太妃糖	胶黏的
医用蜀葵调料	黏、有韧性	枪乌贼(墨鱼)	弹性、有弹力、似橡胶
栗子泥	面糊状	芹菜	纤维质
粗面粉	有细粒的	生胡萝卜	易碎的、硬

2.1.4　评价员的培训

2.1.4.1　原则

向评价员提供感官分析程序的基本知识，提高他们觉察、识别和描述感官刺激的能力。培训评价员掌握感官评价的专门知识，并能熟练应用于特定产品的感官评价。

培训的人数应是评定小组最后实际需要人数的 1.5～2 倍。为了保证候选评价员逐步养成感官分析的正确方法，应在《感官分析　方法学　总论》(GB/T 10220－2012)推荐的适宜环境中进行。同时应对候选评价员进行所承担测试产品的相关基本知识培训，例如传授他们产品生产过程知识或组织去工厂参观。除了偏爱测试之外，应要求候选评价员在任何时候都要客观评价，不应掺杂个人喜好和厌恶情绪。应对结果进行讨论并给予候选评价员再次评价样品的机会。当存在不同意见的时候，应查看他们的答案。要求候选评价员在评价之前和评价过程中禁止使用有香味的化妆品，且至少在评价前 60 min 避免接触香烟及其他强烈味道或气味。手上不应留有洗涤剂的残留气味。应向候选评价员强调，如果他们将任何气味带入检测房间，检测可能无效。

2.1.4.2　感官评价技术的培训(滋味、气味、质地、颜色等)

培训计划开始时，应教会候选评价员评价样品的正确方法，主要是品尝、嗅闻、观色等技巧和要点。候选评价员在开展每项评价任务之前要充分学习规程，并在分析中始终遵守。应明确说明样品的测试温度。除非被告知关注特定属性，候选评价员通常应按下列次序测试特性：色泽和外观、气味、质地、滋味、余味。

评价气味时，评价员闻气味的时间不要太长，次数不宜太多，以免嗅觉混乱和疲劳。对固体和液体样品，应预先告知评价员样品的大小(口腔检测)、样品在口内停留的大致时间、咀嚼的次数以及是否吞咽。另外，应告知如何适当地漱口以及两次评价之间的时间间隔。所有步骤都应明确表述，以保证感官评价员评价产品的方法一致。样品之间的评价间隔时间要充足，以保证感觉的恢复，但要避免间隔时间过长而失去辨别能力。

2.1.4.3 感官评价方法的培训

感官评价方法培训包括差别检验中的评价员操作要点、量值标度能力以及描述能力培训。

(1)差别检验方法的培训 差别检验方法的培训要使候选评价员学习并熟练掌握差别检验的各种方法,包括成对比较测试、三点测试、"A"-"非 A"测试等。样品的制备应体现由易到难、循序渐进的原则。例如,有关味道和气味的感官刺激的培训,刺激物最初可由水溶液给出,在有一定经验后可用实际的食品或饮料代替,也可以使用两种成分按不同比例混合的样品。在评定气味和味道差别时,变换与样品的味道和气味无关的样品外观,有助于增加评定的客观性。用于培训和测试的样品应具有市场样品的代表性,同时应尽可能与最终评价的样品有关联。表 2-5 列出了培训阶段常用的样品材料。

表 2-5 差别检验方法培训常用材料示例

序号	差别检验方法培训时可用的材料
1	蔗糖,16 g/L
2	酒石酸或柠檬酸,1 g/L
3	咖啡因,0.5 g/L
4	氯化钠,5 g/L
5	鞣酸,1 g/L
6	糖精,0.1 g/L
7	硫酸奎宁,0.2 g/L
8	葡萄柚汁
9	苹果汁
10	黑刺李汁
11	冷茶
12	蔗糖溶液,10 g/L、5 g/L、1 g/L、0.1 g/L
13	4 种浓度蔗糖溶液(浓度同上)分别添加硫酸奎宁(0.2 g/L)和黑刺李汁
14	己醇,0.015 g/L
15	乙酸苯甲酯,0.1 g/L
16	酒石酸加己六醇分别为 0.3 g/L、0.03 g/L,或分别为 0.7 g/L、0.015 g/L
17	黄色的橙味饮料;橙色的橙味饮料;黄色的柠檬味饮料
18	(连续品尝)咖啡因、酒石酸、蔗糖,分别为 0.8 g/L、0.4 g/L、5 g/L
19	(连续品尝)咖啡因、蔗糖、咖啡因、蔗糖,分别为 0.8 g/L、5 g/L、1.6 g/L、1.5 g/L

(2)标度使用的培训　主要给优选评价员和专家评价员介绍不同标度的概念,按样品某一特性的强度,用单一气味、单一味道和单一质地的刺激物不同强度系列,使用某种标度方法给样品赋予有意义的量值。如最初使用的基液是水,然后可引入有混合刺激物的实际食品和饮料,两者都可独立改变。表 2-6 给出了培训阶段可用的物质实例。若可能,刺激物应与最终要评价的产品相关。

表 2-6　使用标度培训时可用的材料实例

序号	标度的使用培训时可用的材料
1	咖啡因,0.15 g/L、0.22 g/L、0.34 g/L、0.51 g/L
2	酒石酸,0.05 g/L、0.15 g/L、0.4 g/L、0.7 g/L 乙酸乙酯,0.5 mg/L、5 mg/L、20 mg/L、50 mg/L
3	干乳酪:成熟的硬干酪,如 Cheddar 或 Gruyere;成熟的软干酪,如 Camembert
4	果胶凝胶
5	柠檬汁;稀释的柠檬汁,10 mL/L、50 mL/L

(3)开发和使用描述词的培训　通过给评价小组(主要针对优选评价员和专家评价员)提供一系列简单样品,并要求他们开发描述样品感官特性的描述词,特别是那些能将样品区别的描述词。描述词应由个人提出,然后通过研究讨论并产生一个至少包含 10 个描述词、且一致同意的描述词表。此表可用于生成产品的剖面图,首先将适宜的描述词用于每个样品,然后用各种类型的标度对其强度打分。组织者将用这些结果生成产品的剖面。表 2-7 给出了可用于描述词培训的产品实例。

表 2-7　产品描述培训时可用的产品实例

序号	产品描述培训时可用的产品	序号	产品描述培训时可用的产品
1	市售果汁产品和混合物	3	干酪
2	面包	4	粉碎的水果或蔬菜

2.1.4.4　*样品知识的培训*

通过讲解生产过程或到工厂参观,向评价员提供所需评价样品的基本知识,通常包括:商品学知识,特别是原料、配料和成品的一般和特殊的质量特征知识;以及会改变样品质量特性的相关加工和贮藏技术。

2.1.5　评价员的考核与小组建立

2.1.5.1　*原则*

选择一些最适合做某一特定方法评价的成员作为候选人,再从这些人员中筛选部分评价员组成特定方法评价小组。每个特定方法需要的评价员数量至少要达到 GB/T 10220—2012 的要求。如果候选人的数量比评价小组人数略多,应从可用评价员中挑选最佳的评价员,而不限于符合预定标准的人。适合某种特定方法评价的候选人未必适合其他方法的评价,而被某种特定方法评价排除的候选人不一定不适合其他评价。

2.1.5.2　差异评价

通过重复测试实际物品来选择组成评价小组的成员。如果评价小组需要测试某种特别的性状,也可逐渐降低样品的浓度,把识别较低浓度样品的能力作为挑选评价员的依据。挑选出的评价人员应具备区分所提供的不同样品的能力并能持续完成任务。淘汰完成任务比较差的人选。

2.1.5.3　排序评价

通过重复测试实际物品来选择组成评价小组的成员。挑选出的评价人员应具备对样品进行正确排序的能力并能持续完成任务。淘汰完成任务比较差的人选。

2.1.5.4　定量描述分析

安排评价员对随机提供的6种不同样品(每种3个)进行评价,必要时可以组织一次以上的讨论会。将结果记录于表中,通过对评价数据进行方差分析,来判定各位评价员的评价能力。

评价结果中标准偏差大的,表明评价员对同一样品的评价结果不一致;对样品间差异不能明显辨别的,表明评价员的辨别能力差。对于这些评价员,都应考虑淘汰。如果大多数评价员在上述的一项或两项表现都差,可能是因为样品之间的差异不足以形成有效的辨别。

同时应测定评价员间、样品间以及评价员和样品交互作用的差异显著性。评价员间差异显著,表明存在偏好,如一个或多个评价员给的量值始终比其他人高或低。样品间差异显著,表明作为一个组的评价员区别样品是成功的。评价员和样品交互作用差异显著,表明两个或多个评价员在两个或多个样品之间有不一致的感觉。在某些情况下,评价员和样品交互作用甚至可能反映出样品的排序不一致。方差分析适合于打分,但不适合于某些类型的评级和排序。如果用于评级和排序,要格外慎重。

2.2　实验室与环境

2.2.1　一般原则

感官分析实验室的设计应保证感官评价在已知和最小干扰的可控条件下进行,减少生理因素和心理因素对评价员判断的影响。感官分析实验室宜建立在评价员易于到达的地方,且除非采取了减少噪声和干扰的措施,应避免建在交通流量大的地段(如餐厅附近)。应考虑采取合理措施以使残疾人易于到达。在建立食品感官分析实验室时,应尽量创造有利于感官测试顺利进行和评价员正常评价的良好环境,尽量减少评价员的精力分散以及可能引起的身体不适或心理因素的变化使判断上产生错觉。

对食品感官分析实验室的基本要求为:测试区应与样品的制备区尽量分开,测试区应保证无味,特别要注意制作样品时会飘出烹调风味;测试区内应配置良好的通风和换气设备,略微正气压能减少从样品制备区传来气味。测试区与样品制备区最好有样品传递窗口,以防在传送样品时带入气味。在感官评价室,应把排水沟、排水管以及实验用水的气味影响降到最小,最好使用蒸馏水或经过过滤装置去掉杂味的去离子水，否则水的气味会影响食品产品的评价。测试区的建筑材料应不包含气味，采用中性的白色墙面，墙体材料应不吸味。

2.2.2　主要区域

2.2.2.1　必须区域

必须区域为供评价员个人或小组进行感官评价工作的测试区。

(1)位置　测试区应紧邻样品准备区，以便于提供样品。但两个区域应隔开，以减少气味和噪声等干扰。为避免对测试结果带来偏差，不允许评价员进入或离开测试区时穿过准备区。

(2)温度和相对湿度　测试区的温度应可控。如果相对湿度会影响样品的评价，测试区的相对湿度也应可控。除非样品评价有特殊条件要求，测试区的温度和相对湿度都应尽量让评价员感到舒适。

(3)噪声　测试期间应控制噪声。宜使用降噪地板，最大限度降低因步行或移动物体等产生的噪声。

(4)气味　测试区应尽量保持无气味。一种方式是安装带有活性炭过滤器的换气系统，需要时，也可利用形成正压的方式减少外界气味的侵入。测试区的建筑材料应易于清洁，不吸附和不散发气味。测试区内的设施和装置(如地毯、椅子等)也不应散发气味干扰评价。根据实验室用途，应尽量减少使用织物，因其易吸附气味且难以清洗。使用的清洁剂在测试区内不应留下气味。

(5)装饰　测试区墙壁和内部设施的颜色应为中性色，以免影响对被检样品颜色的评价。宜使用乳白色或中性浅灰色(地板和椅子可适当使用暗色)。

(6)照明　感官评价中照明的来源、类型和强度非常重要。应注意所有房间的普通照明及评价小间的特殊照明。测试区应具备均匀、无影、可调控的照明设施。尽管不要求，但光源应是可选择的，以产生特定照明条件。例如：色温为 6 500 K 的灯能提供良好的、中性的照明，类似于“北方的日光”；色温为 5 000～5 500 K 的灯具有较高的显色指数，能模仿“中午的日光”。

进行产品或材料的颜色评价时，特殊照明尤其重要。为掩蔽样品不必要的、非测试变量的颜色或视觉差异，可能需要特殊照明设施。可使用的照明设施包括：调色器、彩色光源、滤光器、黑光灯、单色光源等。在消费者测试中，通常选用日常使用产品时类似的照明。测试中所需照明的类型应根据具体测试的类型而定。

(7)安全措施　应考虑建立与实验室类型相适应的特殊安全措施。若测试有气味的样品，应配置特殊的通风橱；若使用化学药品，应建立化学药品清洗点；若使用烹调设备，应配备专门的防火设施。无论何种类型的实验室，都应适当设置安全出口标志。

2.2.2.2　评价小间

(1)一般要求　许多感官测试要求评价员独立进行评价。当需要评价员独立评价时，通常使用独立评价小间以在评价过程中减少干扰和避免相互交流。

(2)数量　根据测试区实际空间的大小和通常的测试类型确定评价小间的数量，并保证测试区内有足够的活动空间和提供样品的空间。

(3)设置　推荐使用固定的评价小间，也可使用临时的、移动的评价小间。评价小间可标有数字或符号，以便评价员对号入座。若评价小间是沿着测试区和准备区的隔墙设立的，则宜在评价小间的墙上开一窗口以传递样品。窗口应装有静音的滑动门或上下翻转门等。窗口的设计应便于样品的传递并保证评价员看不到样品准备和样品编号的过程。为方便使用，应在准备区沿着评价小间外壁安装工作台。需要时应在合适的位置安装电器插座，以供特定测试条件下需要的电器设备方便使用。

若评价员使用计算机输入数据，要合理配置计算机组件，使评价员集中精力于感官评价工作。例如，屏幕高度应适合观看，屏幕设置应使眩光最小，一般不设置屏幕保护。在令人感觉舒适的位置，安置键盘和其他输入设备，且不能影响评价操作。

评价小间内宜设有信号系统，以使评价员准备就绪时通知测试主持人，特别是当准备区与测试区有隔墙分开时尤为重要。可通过开关打开准备区一侧的指示灯或者在送样窗口下移动卡片。样品按照特定的时间间隔提供给评价小组时例外。

(4)布局和大小　评价小间内的工作台应足够大以容纳以下物品：样品、器皿、漱口杯、水池(若必要)、清洗剂、问答表、笔或计算机输入设备。同时工作台也应有足够的空间，使评价员能顺利填写问答表或操作计算机输入结果。工作台长最少为 0.9 m，宽为 0.6 m。当评价小间内需增加其他设备时，工作台尺寸应相应加大。工作台的高度要合适，以使评价员可舒适地进行样品评价。

评价小间侧面隔板的高度至少应超过工作台表面 0.3 m，以部分隔开评价员，使其能够专心评价。隔板也可从地面一直延伸至天花板，从而使评价员完全隔开，但同时要保证空气流通和清洁。也可采用固定于墙上的隔板围住就座的评价员。

评价小间内应设舒适的座位，高度与工作台表面相协调，供评价员就座。若座位不能调整或移动，座位与工作台间的距离至少为 0.35 m。可移动的座位应尽可能被安静地移动。

评价小间内可配备水池，但要在卫生和气味得以控制的条件下才能使用。若评价过程中需要用水，水的质量和温度应是可控的。抽水型水池可处理废水，但也会产生噪声。

如果相关法律法规有要求，应至少设计一个高度和宽度适合坐轮椅的残疾评价员使用的专用评价小间。

(5)颜色　评价小间内部应涂成无光泽的、亮度因数为 15%左右的中性灰色(如孟塞尔色卡 N4 至 N5)。当被检样品为浅色和近似白色时，评价小间内部的亮度因数可为 30%或者更高(如孟塞尔色卡 N6)，以降低待测样品颜色与评价小间之间的亮度对比。

(6)照明　见 2.2.2.1 中(6)普通照明的要求。

2.2.2.3　集体工作区

(1)一般要求　感官分析实验室常设有一个集体工作区，用于评价员之间以及与测试主持人之间的讨论，也用于评价初始阶段的培训，以及任何需要讨论时使用。

集体工作区应足够宽大，能摆放一张桌子及配置舒适的椅子，供参加测试的所有评价员同时使用。桌子应较宽大以能放置以下物品：供每位评价员使用的盛放答题卡和样品的托盘或其他用具；其他的物品，如用到的参比样品、钢笔、铅笔和水杯等；计算机工作站(必要时)。桌子中心可配置活动的部分，以有助于传递样品。也可配置可拆卸的隔板，以使评价员相互隔开，进行独立评价。最好配备图表或较大的写字板，以方便记录讨论的要点。

(2)照明　集体工作区的照明要求参见 2.2.2.1 中的(6)。

2.2.2.4 样品准备区

(1)一般要求 准备样品的区域(或厨房)要紧邻测试区,避免评价员进入测试区时穿过样品准备区而对测试结果造成偏差。各功能区内及各功能区之间布局合理,使样品准备的工作流程便捷高效。准备区内应保证空气流通,以利于排除样品准备时的气味及来自外部的异味。地板、墙壁、天花板和其他设施所用材料应易于维护、无味、无吸附性。建立准备区时,水、电、气装置的放置空间要留有一定余地,以备将来调整位置。

(2)设施 准备区需配备的设施取决于要准备的产品类型。通常主要有:工作台、洗涤用水池和其他供应洗涤用水的设施;必要设备,包括用于样品的贮存、样品的准备过程中可控的电器设备,以及用于提供样品的用具(如容器、器皿、器具等),设备应合理摆放,需校准的设备应于测试前校准;清洗设施、收集废物的容器、贮藏设施、其他必需的设施。

用于准备和贮存样品的容器以及使用的烹饪器具和餐具,应采用不会给样品带来任何气味或滋味的材料制成,以避免沾染样品。

2.2.3 辅助区域

2.2.3.1 办公室

(1)一般要求 办公室是感官分析中从事文案工作的场所,应靠近测试区并与之隔开。

(2)大小 办公室应有适当的空间,以能进行测试方案的设计、问答表的设计、问答表的处理、数据的统计分析、测试报告的撰写等工作,需要时也能用于与客户讨论测试方案和测试结论。

(3)设施 根据办公室内需进行的具体工作,可配置以下设施:办公桌或工作台、档案柜、书架、椅子、电话、用于数据统计分析的计算器和计算机等。也可配置复印机和文件柜,但它们不一定放置在办公室中。

2.2.3.2 其他区域

可根据实验室场地实际情况和实验室所在办公区的公用情况,适当考虑设置更衣室和盥洗室、样品贮藏室与评价员休息室等。

2.3 样品的制备与提供

2.3.1 一般原则

食品样品稀释和加工品加工方法(包括加工温度、加工时间、加工制品所用基质)的差异都会影响实验结果。样品制备员必须以平行方式按标准操作程序准备样品。提供样品的器皿和样品的保存方式等也可能影响产品的感官特性。在评价实验中,应尽量排除任何可能会暗示评价员或影响评价员感受的非实验因子,如样品的温度、容积、大小等。因此,提供给每位评价员的实验样品量应相等,并足以完成所要求的实验次数;同一次实验中所有样品的温度都应一样;每次实验的样品编码不应相同。推荐使用3位数随机编码,评价的样品应使用相同的容器。

2.3.2 样品制备的要求

2.3.2.1 均一性

这是感官分析实验样品制备中最重要的因素。所谓均一性就是指制备的样品除所要评价的特性外，其他特性也应完全相同。样品在其他感官特性上的差别会对所要评价的特性造成影响，甚至会使分析结果完全失去意义。

在样品制备中要达到均一性目的，除精心选择适当的制备方式以减少导致非评价特性差别出现的机会外，还应选择一定的方法来掩盖样品间某些非评价特征的明显差别。例如，在感官分析某样品的风味时，就可使用无味的色素物质来掩盖被测样品间的色差，使感官评价人员能准确地分辨出样品间的风味差。样品的均一性除受样品本身性质影响外，许多外部因素也会影响均一性，如样品温度、摆放顺序或提供顺序等。

2.3.2.2 样品量

样品量对感官分析实验的影响体现在两个方面，即感官评价人员在一次实验中所能品评的样品个数及实验中提供给每个评价人员供分析用的样品数量。感官评价人员在感官分析实验期间，理论上可以品评许多不同类型的样品，但实际能够品评的样品数取决于下列几个因素。

(1)感官评价人员的经验　这主要指参加感官分析的人员事先对实验了解的程度及他们根据各方面的信息对所进行实验难易程度的预估。若对样品、实验方法了解不够，或对实验难度估计不足，造成拖延实验时间，就会减少可分析样品数，而且结果误差会增大。

(2)感官评价人员的主观因素　感官评价人员对实验重要性的认识，对实验的兴趣，理解、分辨未知样品特性和特性间差别的能力等因素，也会影响感官分析实验中评价员所能正常品评的样品数。

(3)样品特性　样品的性质对可品评样品数有很大的影响。特性强度不同，可品评的样品数差别很大。通常，样品特性强度越高，能够正常品评的样品数越少。强烈的气味或味道会明显减少可品评的样品数。

除上述主要因素外，一些次要因素如噪声、谈话、不适当光线等，都会减少评价人员品评样品的数量。大多数食品感官分析实验在考虑到各种影响因素后，每次实验可品评样品数控制在4～8个。对含酒精饮料和带有强刺激感官特性(如辣味)的样品，可品评样品数应限制在3～4个。样品的数量应随实验方法和样品种类的不同而有所差异：对于差别检验实验，每个样品的数量控制在液体30 mL、固体30～40 g为宜；嗜好实验的样品数量可比差别检验实验多一倍；描述性分析实验的样品数量可依实际情况而定，应提供给评价员足够实验的量。

2.3.2.3 样品的温度

保持恒定和适当的样品温度才能获得稳定的评价结果。样品温度的控制应以最容易感受样品间感官特性为基础，通常是将样品温度保持在该种产品日常食用的温度。

温度对样品的影响，除过冷、过热的刺激造成感官不适、感觉迟钝外，还涉及温度升高后，挥发性气味物质挥发速度加快，影响其感官评价，以及食品的质构和其他一些物理特性，如松脆性、黏稠性会随温度变化而变化从而影响感官分析结果。表2-8列举了部分样品的适宜提供温度。在实验中，可将事先制备好的样品保存在恒温箱内，然后统一提供样品，以保证样品温度恒定和均一。

表 2-8 几种样品在感官测试时的最佳温度

样品	最佳温度/℃	样品	最佳温度/℃
啤酒	11～15	食用油	55
白葡萄酒	13～16	肉饼、热蔬菜	60～65
红葡萄酒	18～20	汤	68
乳制品	15	面包、糖果、鲜水果、咸肉	室温
冷冻橙汁	10～13		

2.3.2.4 感官恢复辅助剂要求

在两次评价活动之间，评价员可以使用味觉清洁剂，也可使用蒸馏水、碳酸水和无味食品（如无盐饼干），但应确保味觉清洁剂的使用不影响被评价产品的风味。

2.3.3 样品编码与提供要求

2.3.3.1 样品编码

对所有提供给评价人员的样品都应适当编号，以免给评价员透露任何相关信息。样品编号工作应由实验组织者或样品制备员进行，实验前不能告知评价员编号的含义或给予任何暗示。可以用数字、拉丁字母或字母和数字结合的方式对样品进行编号。

编码原则：数字编号一般采用3位随机数；字母编号要避免按顺序编写，编号的关键是不带有任何相关信息；同次实验编号位数应该一致；同一个样品应编多个不同的号码；同一位评价员拿到的样品不能有相同的编号。

2.3.3.2 样品提供

提供给评价员的样品摆放顺序也会对感官分析实验（尤其是评分实验和排序实验）结果产生影响。这种影响体现在两个方面：一是在比较两个与客观顺序无关的刺激时，常常会过高地评价最初的刺激或第二次刺激，造成所谓的第一类误差或第二类误差；二是在评价员较难判断样品间差别时，往往会多次选择放在特定位置上的样品，如在三点测试中选择摆放在中间的样品，在五中取二实验中选择位于两端的样品。因此，在给评价员提供样品时，应注意让样品在每个位置上出现的概率相同或采用圆形摆放法。

提供样品的容器不应影响感官实验或样品特性。容器包括可清洗的陶瓷制品或玻璃容器以及一次性塑料或纸制容器，但是这些容器不应转移或释放化学物质而导致样品污染。特别是可清洗的容器应使用无味、无污染的清洁剂清洗，并用清水冲洗干净。塑料或纸制容器包括隔热容器应无味、无污染。器皿和用具的储藏柜应无味，不相互污染。

2.3.4 不能直接用于感官分析的样品的制备

有些实验样品由于食品风味浓郁或物理状态（黏度、颜色、粉状度等）原因而不能直接用于感官分析，如香精、调味品、糖浆等。为此，需根据实验目的进行适当稀释，或与化学组分确定的某一物质进行混合，或将样品添加到中性食品载体中，然后再按照直接感官分析的样品制备方法进行制备与提供。

(1)与化学组分确定的物质混合方式　根据实验目的,确定稀释载体最适温度。将均匀定量的样品用一种化学组分确定的物质(如水、乳糖、糊精等)稀释或在这些物质中分散样品。每一个实验系列的每个样品使用相同的稀释倍数或分散比例。由于这种稀释可能改变样品的原始风味,配制时应避免改变其所测特性。

(2)添加到中性食品载体中方式　在选择样品和载体混合的比例时,应避免二者之间的拮抗或协同效应。将样品定量地混入选用的载体中或放在载体(如牛奶、油、面条、大米饭、馒头、菜泥、面包、乳化剂和奶油等)上面。在实验样品系列中,被评估的每种样品应使用相同的样品/载体比例。根据分析的样品种类和实验目的选择制备样品的温度,但评估时,同一实验系列的样品温度应与制备样品的温度相同。

2.4　实验的组织与管理

2.4.1　明确实验目的

食品感官分析是人们利用感觉器官通过看、听、闻、品尝和触摸等方式对所评价的食品产品进行感觉、分析和理解,最终对产品的感官质量状况做出客观的评价。但感官分析的本质与核心是在不同样品间寻找差异,而差异的寻找包含了 4 个层次的内容,分别为不同样品间是否有差异、不同样品间差异在哪里、不同样品间的差异有多大以及对不同样品间差异的态度是怎样的。不同的差异寻找目的,其所采用的感官分析方法不同,对所需要的评价人员能力和数量要求也不尽相同。

2.4.2　确定感官分析实验程序

不管是什么目的的感官分析实验,其实验的程序和要素都包含评价员选择、实验设计、样品制备与提供、样品评价、结果统计分析。具体流程见图 2-1。

2.4.3　明确评价活动人员构成

实现感官分析实验室主要功能的人员,包括管理人员、感官分析师、评价小组组长和评价小组技术员等。

(1)管理人员　感官分析实验室中高层或中层管理人员,负责行政管理和经济预算。该类人员负责制定组织感官分析活动中涉及的培训、技术、科研和质量管理制度等。

(2)感官分析师　感官分析实验室中履行专业技术职能的人员,负责监督一个或若干个评价小组组长,设计和实施感官研究,分析和解释感官分析数据等。

(3)评价小组组长　感官分析实验室中负责组织管理评价小组的活动、招聘、培训及监管评价员的人员。评价小组组长可策划和指导感官实验,并分析和解释感官分析数据;可在一个或多个评价小组技术员的协助下完成任务。

(4)评价小组技术员　感官测试过程中协助评价小组组长或感官分析师进行具体操作的人员,负责感官测试前的样品准备到测试后的后续工作(如样品制备、样品提供、废弃物处理)等。

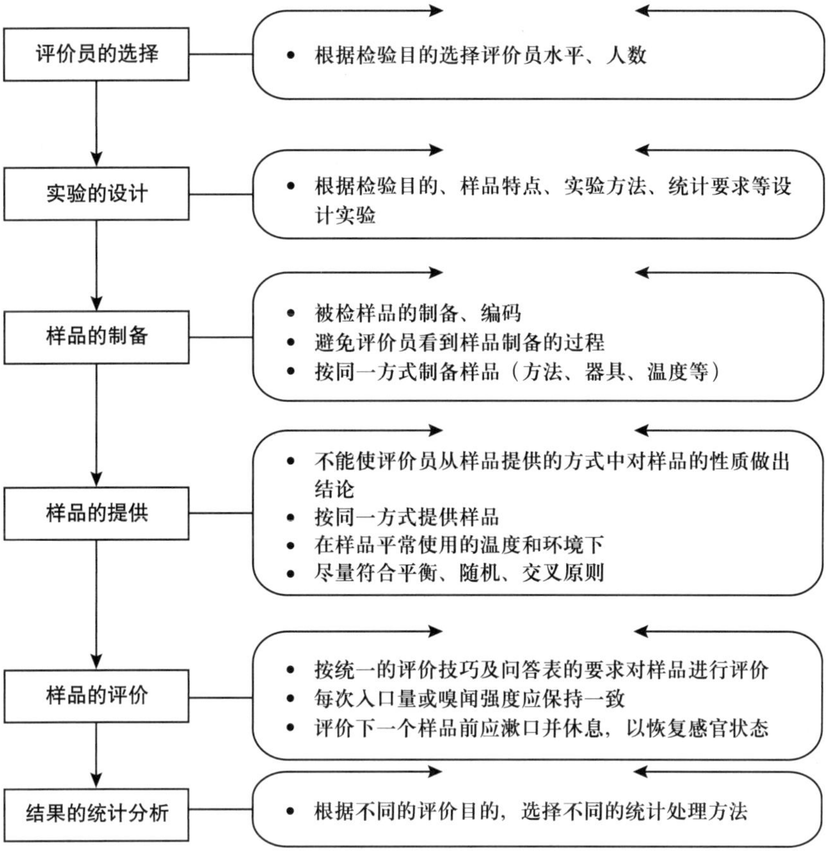

图 2-1　感官分析实验流程

2.4.4　感官分析方法选择与设计

不同的实验目的，采用不同的感官分析方法、不同的设计与不同的统计方式。若为了寻找样品间是否有差异，则采用差别检验法。虽然在度量不同样品间的差异大小时采用标度和类别检验，但是在实际应用中，都是将该方法应用在描述性分析或消费者测试中。

(1)差别检验法　通常用于确定样品间差异或相似的可能性。主要有成对比较测试、三点测试、二-三点测试、五中取二测试、“A”-“非 A”测试等。

(2)描述性分析　适用于一个或多个样品，以便同时定性和定量地表征一个或多个感官特性。主要包括简单定性描述分析、定量描述分析、自由选择剖面等。

(3)消费者测试法　适用于分析消费者对产品的接受性与偏好性。主要有成对偏爱、偏爱排序、喜好标度、恰好标度等。

2.4.5　评价小组建立

评价小组成员可从企业内部和有经验的外部人员中筛选，依次进行人员的选拔、培训与维护。依据所实施的感官评价方法对评价员资质的要求，分别筛选所需要人数与级别的评价人员。具体到某类产品或某个行业，若已颁布标准中规定了其感官评价员的相关资质要求，应遵照执行。

根据实验目的的不同,组织者可组织不同的感官评价小组,通常感官评价小组有生产厂家组织、实验室组织、协作会议组织及地区性和全国性产品评优组织。生产厂家组织的评价小组是为改进生产工艺、提高产品质量和加强原材料及半成品质量而建立的。实验室组织是为开发、研制新产品的需要设置的。会议组织是为各地区之间同行业经验交流、取长补短、改进和提高本行业生产工艺及产品质量而自发设置的。产品评优组织的主要目的是评选地方和国家级优质食品,通常由政府部门召集组织。它的评价员应该具有广泛的代表性,要包括生产部门、商业销售部门和消费者代表及富有经验的专家型评价员,并且要考虑代表的地区分布,避免地区性和习惯性造成的偏差。

2.4.6 感官评价实施与分析

基于前面表述的内容,进行有机贯通。结合味觉、嗅觉、触觉、视觉、听觉的具体评价技巧,根据实验目的所选择的感官分析方法和评价人员水平、数量,依据具体所要评价的样品对象性质特征与所选择的感官分析方法的实施要点,开展具体的感官评价实施。在结果分析环节,可以根据所选择的感官分析方法,开展对应的统计分析,主要有二项式分布、非参数检验、多元统计分析等。

2.4.7 评价人员日常维护与监测

2.4.7.1 评价人员日常维护

(1)实验前注意事项　感官评价员不应处在饥饿状态,不应有精神疲惫现象。评价员在评价时身上不应带有气味,如喷洒香水或涂香气很重的化妆品等。要求评价员在评价食品样品前1 h内不抽烟,否则该评价员的衣服、头发上均会带有香烟的味道,进而影响食品样品的评价结果。最好的解决办法是每一个进入评价区的评价员均换上无味的感官评价实验服。在食品样品评价前1 h内评价员不要进食或嚼口香糖,在评价前30 min内不要喝有浓重气味的饮料等。

(2)实验中注意事项　具体如下。

评价操作顺序:一看、二闻、三品尝。

评价时间:饭后2 h,饭前1 h(上午9:00—11:00,下午3:00—5:00)。

评价区设施的使用:评价区——评价员坐在对应其编号的位置上,打开实验要求的色灯,等待上样或评价,不得说话及左顾右盼;送样口和送样区——勿动送样口,勿进入送样区;提示灯——评价员实验完成需上样时,按下指示灯,样品提供员及时从送样口送样及漱口水等。

漱口水杯:勿与吐水杯混淆,需续水请向样品提供员示意。

吐水杯:将漱口后液体吐入专用的吐水杯中,不要溅出或洒在台面上。对于配有水池的评价小间,评价员可直接吐入水池。

品评杯:将品尝完样品的品评杯叠放起来,等待收集。

评价中操作标准化:味觉——样品量、评价时间、休息时间保持一致,依照感官分析师规定执行;嗅觉——样品量、评价时间、休息时间、力度、距离保持一致,依照感官分析师规定执行;质地——样品量、评价时间、力度保持一致,依照感官分析师规定执行;视觉——样品量、评价时间、休息时间保持一致,依照感官分析师规定执行。

(3)日常感官护理习惯　包括以下几个方面。

味觉保护要保持身体健康,以防味觉感受器或传导神经受疾病影响,加强锻炼,延缓味觉功能衰退。多喝绿茶等清淡的饮料，不喝甜腻的饮料，以减少甜物在口腔中停留而产生酸性物质。如味觉出现迟钝现象，可选择含锌较多的食物，锌能提高味觉的敏感性。锌含量丰富的食物有牡蛎、猪瘦肉、牛肉、羊肉、牛乳、蛋、鱼及坚果类，如核桃、榛子、花生、芝麻等。为避免口内无味，每天应多食新鲜蔬菜和水果。因其含有多种维生素和微量元素，有保护舌乳头味蕾的作用。每日口服维生素C也可刺激舌乳头味蕾生长。不吃过冷过热的食物，少吃过于粗糙的食物，如甘蔗一类，避免舌面出现芒刺，损害味蕾。此外，口腔运动，叩齿咽津，强身健齿，以及"舌保健操"，可以刺激唾液分泌，并加强其流动，能杀菌、湿润、清洁口腔和保护口腔黏膜，延缓味觉退化。

嗅觉保护要做到"三个保持"：保持身体健康，以防嗅觉感受器或传导神经受疾病影响；保持健康全面营养素的摄入，防止维生素和矿物质缺乏；保持心情愉快。维持良好的心理和生活状态，警惕精神抑郁。做到两个少用，一个避免，一个保健操。尽量少使用消鼻液，尽量少抽烟，减少对鼻腔黏膜和嗅觉神经的毒害。避免吸入汽车尾气等有害气体，注意保护鼻子少受刺激。经常按摩鼻翼，促进鼻腔的血液流通，改变局部血液循环，达到通鼻窍之效，能减少冷空气对鼻部的刺激，保护鼻腔、增强体质。但是，按摩鼻翼要注意手法正确和按摩有度。

质地触觉保护要避免上火造成牙龈肿痛、牙周炎等易发疾病。正确及时清理口腔，保持良好卫生。

视觉保护要培养良好的用眼卫生习惯，做好眼睛保健。勤眨眼，缓解视觉疲劳。20～40岁的正常人每分钟眨眼的次数在20次左右，但当凝视屏幕、精力过度集中时，会降到每分钟4～5次，以致泪腺分泌减少，眼睛会出现干涩酸楚等不适。多眨几次眼睛，有助于促进泪液分泌，缓解眼睛的干燥酸涩。此外，还应多摄入对眼睛有益的食物，如具有抗氧化功能的食物三文鱼、虾、蟹等。三文鱼、虾、蟹体内红色物质为虾青素。虾青素能舒缓长期性遭受压力的眼部睫状体肌肉，改善眼球的调焦功能，还可提升眼球内的血液循环，促使更多养分输送至睫状体和视网膜，从而显著改善视觉疲劳综合征。还有维生素A，可预防眼干燥症（干眼病），消除眼睛疲劳。维生素A的最好来源是各种动物的肝脏、鱼肝油、奶类和蛋类，以及胡萝卜、苋菜、菠菜、韭菜、青椒、红心甘薯以及水果中的橘子、杏子、柿子等植物性食物。同时，钙也具有消除眼睛紧张的作用，乳制品、豆类、绿叶蔬菜、虾皮等含钙量都比较丰富。

2.4.7.2 评价人员监测

需要定期地检查评价员能力的有效性和表现。检查的目的在于测试每位评价员的能力，确定其是否能得到可靠的和再现性好的结果。多数情况下该检查可以随感官分析实验工作同时进行，根据检查结果决定是否需要重新培训。根据评价员的应用领域，确定需要开展的特殊感官测试，由评价小组负责人选择测试项目。建议将记录结果作为以后的参考，并用于确定何时需要再培训。

本章小结

食品感官分析是基于人的感官测量的一门科学，而人的感官状态又常受到环境、感情等很多因素的影响，造成个人判断的不稳定。同时，感官分析实操性很强，在实验过程中影响因素较多，如评价员的经验与背景、样品与容器、评价环境、评价方法、评价内容以及结果分析所用的统计分析方法等。归纳起来，就是人（感官分析师能力建设）、机（评价人员选择、培训与维护)、料(样品制备与提供)、法(感官分析方法选择与实施)、环(实验室环境要求)的控制。所有的因素分析与控制,其最终目的是要通过感官分析技术洞察差异结果,这里所指的差异是样品间的真实差异,而非其他因素带来或加入的差异。

思考题

1. 感官分析的本质与核心是什么?
2. 机、料、法、环中通常对感官分析实验结果影响最大的因素是什么?为什么?

第3章

食品感官分析标准与标准化

本章教学要点：了解国内外食品感官分析标准化领域的组织机构与标准的现状及发展趋势。

感官分析的特点是以人为“机”，而人不是被动的、模式化的、在一定程度上可保持不变的物理性的机器，人是主动的、发展的、变化的生物体系。在运用人的感觉器官进行感官评价的过程中会受到生理（感觉适应、感觉增强或抑制等）、心理（时序偏差、期望偏差、光环效应等）、环境（温湿度、噪声、照明等）等多方面因素的影响，而带来比理化分析来源更多、难以评估的测量不确定度。但是，既然作为一种分析技术，就必须考虑感官分析的精度、效度。因此，过程/程序控制、标准化，规范感官评价的关键过程要素，有效控制非实验性影响因素，保证感官分析结果的可比、可靠，显得十分必要且重要。

从定义来看，标准是对一定范围内的重复性事物和概念所做的统一规定。标准化则是为了在一定范围内获得最佳秩序，将标准大而化之、广而化之的行动。对感官分析领域的术语、人员（评价员、感官分析师等）、环境（实验室）、方法、评价用器皿等做出统一规定，依据标准实施良好感官评价实践，是感官分析标准与标准化的重要内容。本章将从“标准由谁来定”“标准有多少”“标准有什么特点”“标准化发展有何趋势”4 个方面来介绍食品感官分析标准与标准化。致力于将标准与标准化的思想根植于感官分析的科学研究与应用之中，落实到每一个感官评价活动的开展之中。无规矩，无以成方圆；有规有矩，结果可期。

3.1 国内外感官分析标准化组织概况

3.1.1 国外感官分析标准化组织

国外感官分析标准有两个主要来源。一个是感官分析国际标准，即国际标准化组织食品技术委员会感官分析分技术委员会（ISO/TC34/SC12）及相关委员会颁布的感官分析标准。另一个是感官分析国外先进标准，主要包括发达国家的国家标准、国际上有权威的团体标准等，如美国材料与试验协会感官分析技术委员会（ASTM/E18）、法国标准化协会（AFNOR）、英国标准学会（BSI）和德国标准化学会（DIN）等颁布的感官分析标准。

3.1.1.1 国际标准化组织（ISO）

国际标准化组织（International Organization for Standardization，ISO）是目前世界上最大、最具权威的国际标准化专门机构，成立于 1947 年 2 月 23 日。ISO 以促进全世界标准化及其有关活动的发展为宗旨，主要任务为：制定、发布和推广国际标准；协调世界范围内的标准化工作；组织各成员国和技术委员会进行信息交流；与其他国际组织共同研究有关标准化问题。ISO 的技术工作主要通过技术委员会（TC）和分委员会（SC）来开展。

针对感官分析领域的标准化，ISO 在食品技术委员会（TC34）下设立了感官分析分技术委员会（SC12）。TC34 主要针对从生产到消费的全产业链食品领域标准化，共设有 16 个分委员会，包括 SC 3 水果、蔬菜及其相关产品，SC 4 谷物和豆类，SC 5 乳与乳制品，SC 7 香料和调味品，SC 8 茶叶，SC 12 感官分析，SC 15 咖啡等。SC 12 是 TC34 中仅有的两个负责制定具体的分析和测试方法标准的横向分技术委员会之一，主要负责 ISO 感官分析领域标准化，包括术语、环境、人员、方法学等。目前有 53 个成员，现拥有 P 成员（participating member）29 个，O 成员（observer member）24 个，3/4 以上成员为发达及中等发达国家，这充分显示工业化发达国家对感官分析标准的重视和兴趣。同时，他们也是感官分析国际标准研制的主力军，如美国、英国、法国、德国等。截至目前，ISO/TC34/SC12 已颁布感官分析国际标准 30 项。

3.1.1.2　美国材料与试验协会(ASTM)

美国材料与试验协会(American Society for Testing and Materials,ASTM),前身是国际材料试验协会(International Association for Testing Materials, IATM),主要制定材料、产品、系统和服务的特性和性能标准。ASTM 以"让世界更好地运转"为使命,主要制定 6 种标准:规范(specifications)、试验方法(test methods)、规程(practices)、指南(guides)、术语(terminology)、分类(classifications)。目前 ASTM 颁布了 12 000 多项 ASTM 标准,满足了 100 多个领域的标准制定需求。

针对感官分析领域,ASTM 成立了专门的感官分析技术委员会(E18),拥有 240 余名成员,为从事感官和消费者研究的专业人士开发和推广良好感官实践,为设计和开展试验、收集数据、分析和解释结果等编写标准操作指南和其他出版物。ASTM/E18 的组织体系较为健全,针对感官分析基础、理论、产品、应用等领域进行细分,分别成立了 E18.01 感官分析术语分委会、E18.02 ISO 标准分委会、E18.03 感官分析理论和统计学分委会、E18.04 感官分析基础分委会、E18.05 感官分析应用分委会、E18.06 食品和饮料的感官评价分委会、E18.07 家庭和个人护理品的感官评价分委会等 7 个分技术委员会(图 3-1)。截至目前,ASTM/E18 颁布了 40 项感官分析标准,主要是感官分析方法标准和导则标准。

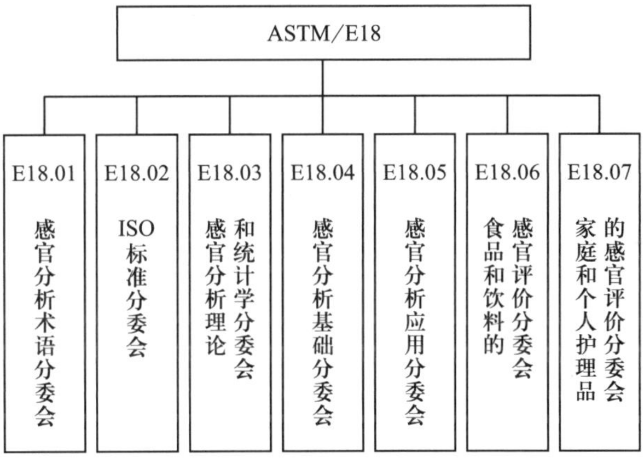

图 3-1　ASTM 组织结构

3.1.1.3　法国标准化协会(AFNOR)

法国标准化协会(Association Francaise de Normalisation,AFNOR)是根据法国民法成立并由政府承认和资助的全国性标准化机构,成立于 1926 年,总部设在首都巴黎。NF 是法国标准的代号,1938 年开始实行。法国标准分为正式标准(HOM)、试行标准(EXP)、注册标准(ENR)和标准化参考文献(RE)4 种。目前,法国共有 30 多个标准化局,承担了 AFNOR 部分标准制修订工作,另一部分则由 AFNOR 直接管理的技术委员会来完成。AFNOR 食品行业领域标准化委员会共有 80 多个,其中专门针对感官分析领域设立的技术委员会为 AFNOR/V09A,其下设 2 个工作组 GE 01 PRBP X10-045 和 GE 02 PRNF V09-503,目前共发布了 30 余项 NF 感官标准及 5 项材料感官特征测试实用建议,并完成了 PR FD X10-045《物理测量值与感官测量值之间的相关性》等 7 项公众调查。此外,AFNOR/V33A 咖啡、AFNOR/V50A 谷类食品等技术委员会也进行了针对具体产品领域的感官分析标准研制,如 NF V03-313-

2008 Green coffee-Preparation of samples for use in sensory analysis、NF V03-714-1-2016 Durum wheat semolina and alimentary pasta-Estimation of cooking quality of alimentary pasta by sensory analysis-Part 1：reference method 等。

3.1.1.4 英国标准学会(BSI)

英国标准学会(British Standards Institution,BSI)是世界上第一个国家标准化机构,成立于1901年,总部设在伦敦,是英国政府承认并支持的非营利性民间团体。它的诞生标志着人类的标准化活动进入一个新的发展阶段。

目前BSI已颁布超过800个与食品和饮料相关的标准,内容涵盖了食品安全、包装和生产加工、化学品和微生物等。针对感官分析标准化,BSI食品技术委员会下设了AW/12负责方法、人员等基础类感官分析标准制修订工作。此外,AW/15咖啡、AW/8茶叶等技术委员会分别颁布了针对具体产品的感官分析标准。截至目前,BSI已颁布的感官分析标准共有41项。

3.1.1.5 德国标准化学会(DIN)

德国标准化学会(Deutsches Institut fur Nor-mung,DIN),是联邦德国和西柏林的标准化主管机构,并代表德国参加非政府性的国际和区域标准化机构,是德国最大的具有广泛代表性的公益性标准化民间机构。目前,DIN制定的标准涉及建筑工程、采矿、冶金、化工、电工、安全技术、环境保护、卫生、消防、运输、家政等各个领域。

DIN的食品和农产品标准委员会是负责食品部门和农业部门标准化的机构,下设食品卫生/安全技术委员会(NA 057-02 FB),农业技术委员会(NA 057-03 FB),烟草技术委员会(NA 057-04 FB),化妆品技术委员会(NA 057-07 FB),一般基础知识、感官与消费者测试技术委员会(NA 057-08 FB)等。其中,NA 057-08 FB下设专门的感官分析分委员会(NA 057-08-01 AA),负责开展德国感官分析领域的标准化工作,目前共颁布德国感官分析标准34项。

3.1.1.6 澳大利亚标准协会(SAA)

1922年,澳大利亚联邦工程标准协会成立,1929年,更名为澳大利亚标准协会(SAA),总部在悉尼,是最早为其标准和技术出版物开发互联网传送系统的国家标准机构之一。1990年,建立了全资子公司Quality Assurance Services Pty Ltd.(QAS),后来更改为澳大利亚标准国际有限公司(SAI Global Limited),SAA与SAI Global作为非独家分销合作伙伴合作。澳大利亚标准涵盖了消费产品和服务、建筑、工程、商业、信息技术、公共服务、能源和水务、环境等方面。其农业、林业、渔业和食品标准化部门,设立了28个技术委员会,包括食品感官分析(FT-022)、食品(FT-024)、与食品接触的材料(FT-029)等。目前FT-022颁布了澳大利亚感官分析标准11项。

3.1.1.7 日本工业标准调查会(JISC)

日本工业标准调查会是根据日本《工业标准化法》建立的全国性标准化管理机构,成立于1949年,总部设在首都东京。调查会由总会、标准会议、部会和专门委员会组成。其主要任务是:组织制定和审议日本工业标准(JIS);调查和审议JIS标志指定产品和技术项目。JISC主要对药品、农药、化学肥料、蚕丝、食品以及其他农林产品制定专门的标准或技术规格,其内容包括:产品标准(产品形状、尺寸、质量、性能等)、方法标准(实验、分析、检测与测量方法和操作标准等)、基础标准(术语、符号、单位、优先数等)。目前,JISC仅颁布了2项感官分析标准,1项为方法学标准总论,1项为感官分析术语。

3.1.2　我国感官分析标准化组织

在中国，国务院标准化行政主管部门统一管理全国标准化工作，国务院有关行政主管部门分工管理本部门、本行业的标准化工作。国家标准化管理委员会负责下达国家标准计划，批准发布国家标准，审议并发布标准化政策、管理制度、规划、公告等重要文件；承担有关国际合作协议签署工作；承担国务院标准化协调机制日常工作。

国家标准化管理委员会内设标准技术管理司、标准创新管理司。其中，标准技术管理司负责拟定标准化战略、规划、政策和管理制度并组织实施，承担强制性国家标准的立项、编号、对外通报和授权批准发布工作；承担推荐性国家标准的立项、审查、批准、编号、发布和复审工作；承担全国专业标准化技术委员会管理工作。标准创新管理司负责协调、指导和监督行业、地方标准化工作；规范、引导和监督团体标准制定及企业标准化活动；开展国家标准的公开、宣传、贯彻和推广实施工作。

中国标准化协会(China Association for Standardization，CAS)，是从事标准化工作的组织和个人自愿参与构成的全国性法人社会团体，接受国家市场监督管理总局及国家标准化管理委员会的领导和业务指导。成立20余年来已从多方位向社会提供了标准制修订、标准化学术研究、国际交流、咨询等服务，与美国标准化协会(ANSI)、德国标准化协会(DIN)、日本规格学会(JSA)等发达国家标准化组织进行长期交流与合作。

技术委员会则是由来自生产者、经营者、使用者、消费者、公共利益方等相关方的委员组成，在一定专业领域内从事国家标准起草和技术审查等标准化工作的非法人技术组织。涉及感官分析领域的标准化工作，主要由全国感官分析标准化技术委员会(SAC/TC 566)及白酒、茶叶、烟草等相关产品或行业技术委员会来分别制定感官分析通用基础中国国家标准和具体产品领域或行业的感官分析标准。

3.1.2.1　全国感官分析标准化技术委员会(SAC/TC 566)

全国感官分析标准化技术委员会(SAC/TC 566)是我国专门从事感官分析领域标准化工作的技术委员会，于2017年成立，由中国标准化研究院筹建，由国家标准化管理委员会提供业务指导，对口国际标准化组织食品技术委员会感官分析分技术委员会(ISO/TC34/SC12)。SAC/TC 566负责我国感官分析通用基础、感官评价方法、感官分析环境与人员管理、感官分析辅助器皿和感官分析应用技术标准等领域的国家标准制修订工作。由来自质量监督检验检测部门、认可中心、科研院所、高校、技术应用龙头企业，涵盖烟、酒、茶、香精香料、化妆品、调味品、肉类、乳业、果蔬汁、面制品、水产品、特色农产品等感官分析相关应用领域选派的专家共同组成(图3-2)。SAC/TC 566通过建立一个既有权威性，又有综合性，同时汇集了不同行业和不同领域专家的组织来进行感官分析领域标准化工作的统一协调与管理，旨在将感官分析的科学理念、方法技术与不同行业的应用实践更好地结合与协调，并为具体行业或产品制定特定的感官分析标准提供基础支撑。

3.1.2.2　其他相关标准化技术委员会

除全国感官分析标准化技术委员会(SAC/TC 566)负责通用基础类感官分析国家标准制修订外，我国还有全国白酒标准化技术委员会(SAC/TC 358)、全国烟草标准化技术委员会(SAC/TC 144)等52个技术委员会，涉及感官分析在具体产品或行业的标准化应用，覆盖了

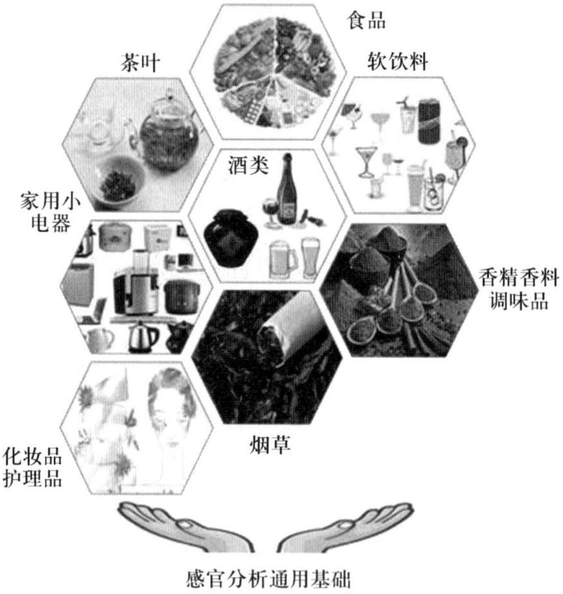

图 3-2　SAC/TC 566 委员所代表行业类别

食品类、酒饮类、织物类、粮油及其制品、调味品、香精香料、茶叶、烟草、日化类、家电类、皮革类、鞋类等众多产品、诸多行业，目前共制定了 36 项产品类专用的感官分析标准（详见本章 3.3.1.2）（图 3-3）。此外，统计学、心理学和生理学等作为感官分析的基础学科或交叉学科，这些领域的标准化由全国统计方法应用标准化技术委员会（SAC/TC 21）等 6 个技术委员负责（图 3-4），它们也制定了一些与感官分析标准化相关的技术标准。

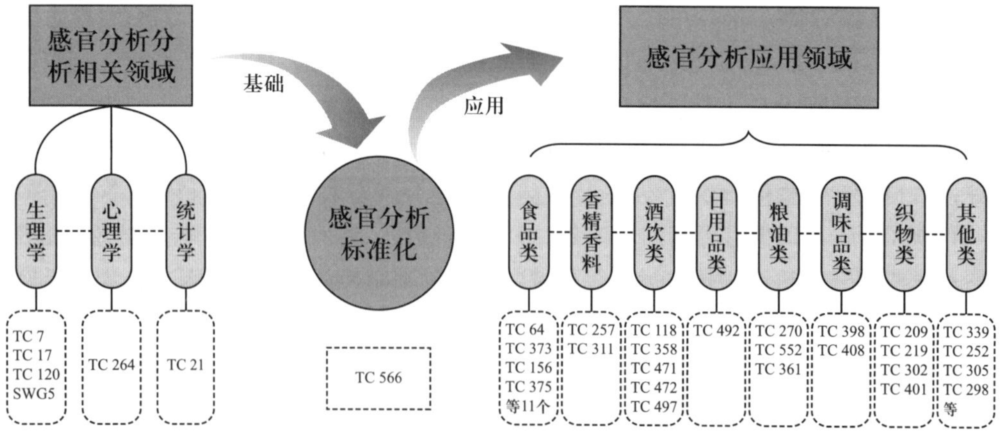

图 3-3　感官分析相关的标准化技术委员会

如全国统计方法应用标准化技术委员会（SAC/TC 21）最新发布的 GB/T 28043－2019《利用实验室间比对进行能力验证的统计方法》，该方法适用于实验室、检验机构能力验证计划和数据分析，为感官分析实验室质量控制中实验室间的能力比对提供了指导。又如全国颜色标准化技术委员会（SAC/TC 120）2019 年发布的 GB/T 37370－2019《中国常见色色名和色度特性》和 2006 发布的 GB/T 15608－2006《中国颜色体系》，都是开展产品颜色感官评价应依据使用的标准。

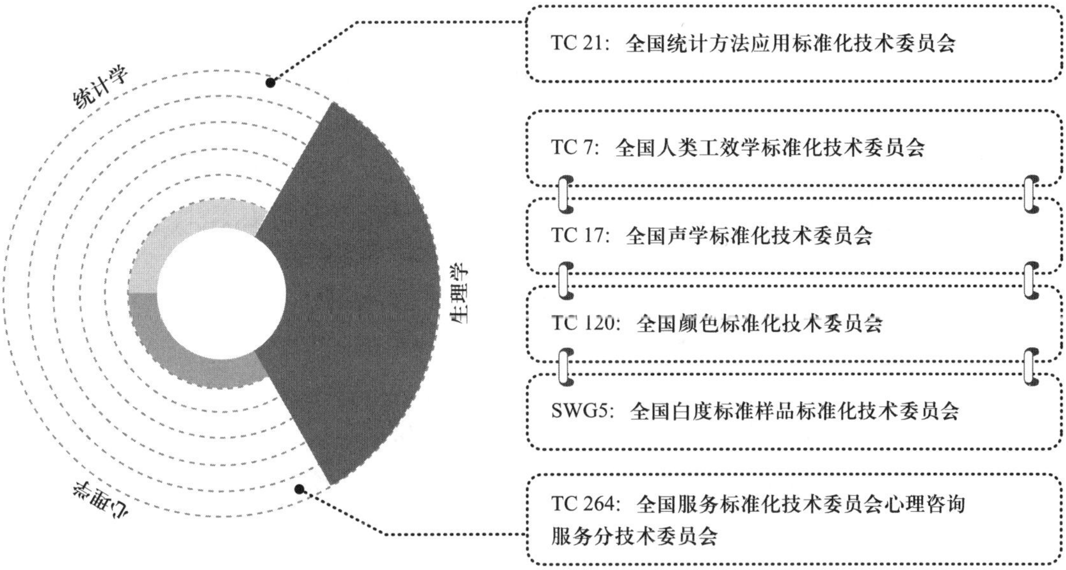

图 3-4　感官分析相关基础学科领域的技术委员会

3.2　国外感官分析标准及特点

从定义来看，标准是对一定范围内的重复性事物和概念所做的统一规定，它以科学、技术和实践经验的综合成果为基础，经有关方面协商一致，由主管机构批准，以特定形式发布，作为共同遵守的准则和依据。标准化则是为了在一定范围内获得最佳秩序，将标准大而化之、广而化之的行动。

3.2.1　国外感官分析标准概况

目前，国际标准化组织食品技术委员会感官分析分技术委员会（ISO/TC34/SC12）、美国材料与试验协会感官分析技术委员会（ASTM/E18）、法国标准化协会（AFNOR）、英国标准学会（BSI）和德国标准化学会（DIN）等颁布的感官分析国际标准和国外发达国家、国际权威团体的标准共计 217 项，近 80%为方法标准。国外主要感官分析标准数量分布见图 3-5。

截至 2022 年底，ISO 共颁布感官分析国际标准 41 项（标准清单见附录 2），其中 TC 34/SC 12 颁布感官分析通用标准 31 项，TC 34 下的其他产品领域分委会如 SC 04 谷物和豆类、SC 05 乳与乳制品、SC 08 茶叶和 SC 15 咖啡分委会则颁布了专门针对其产品领域的感官分析标准，共计 8 项（2 项、3 项、1 项、2 项）。包括评估通心粉蒸煮品质的感官评价方法（参比法和常规法）等面食类感官分析标准 2 项；评价员招募、选拔、培训和考核，感官评价推荐方法及采用评分法对产品感官指标符合性判定的方法等牛奶和乳制品感官分析标准 3 项；用于感官评价的茶汤的制备等茶类感官分析标准 1 项；生咖啡感官评价样品的制备和咖啡感官分析术语等咖啡感官分析标准 2 项。此外，TC 87 软木分委会也颁布了一项有关检测葡萄酒等酒精饮料用的软木塞的气味/风味的感官评价方法标准，TC 146/SC 6 空气质量技术委员会室内空气分委会颁布了有关室内空气感官测试的方法标准。具体标准类型及数量见表 3-1。

图 3-5　国外主要感官分析标准数量分布

TC 34/SC 12 颁布的 31 项感官分析国际标准中，包括基础标准 2 项、方法标准 21 项、分析环境与人员管理标准 6 项和分析辅助器具标准 2 项。其中 ISO 20613：2019 Sensory analysis — General guidance for the application of sensory analysis in quality control(project leader：Zhao Lei，China)(《感官分析　感官分析在产品质量控制中的应用导则》)为我国主导研制的第一项感官分析国际标准。

表 3-1　ISO 感官分析国际标准类型及数量

ISO 技术委员会分委会名称		基础标准	方法标准	分析环境与人员管理标准	分析辅助器具标准	标准总数
TC 34/SC 12	感官分析分委会	2	21	6	2	31
TC 34/SC 04	谷物和豆类分委会	0	2	0	0	2
TC 34/SC 05	乳与乳制品分委会	0	2	1	0	3
TC 34/SC 08	茶叶分委会	0	1	0	0	1
TC 34/SC 15	咖啡分委会	1	1	0	0	2
TC 87	软木分委会	0	0	0	1	1
TC 146/SC 6	空气质量技术委员会室内空气分委会	0	1	0	0	1
ISO	颁布感官分析标准总数	3	28	7	3	41

美国材料与试验协会感官分析技术委员会(ASTM/E18)共颁布了 45 项感官分析标准(标准清单见附录 2)，与 ISO、DIN、AFNOR、BSI 感官分析方法标准不同的是，ASTM 的方法标准不仅涉及食品、饮料和食品包装材料的感官评价，而且还涉及家庭、个人护理品的感官评价，并重视环境的监测(如制定的 ASTM 标准《空气中化学物质引起感官刺激的评价方法》)。其中，ASTM/E18 各分委会颁布标准的情况如表 3-2 所示。

BSI、AFNOR、DIN、SAA 和 JISC 分别颁布了 42 项、42 项、37 项、11 项和 2 项协会或国家

感官分析标准(标准清单见附录2),涉及基础标准、方法标准、分析环境与人员管理标准、分析辅助器具标准等几个方面,具体分布见表3-3。

表3-2　ASTM/E18感官分析国际标准类型及数量

E18分委会名称		基础标准	方法标准	分析环境与人员管理标准	标准总数
E18.01	感官分析术语分委会	1	0	0	1
E18.03	感官分析理论和统计学分委会	0	3	1	4
E18.04	感官分析基础分委会	0	11	0	11
E18.05	感官分析应用分委会	0	7	2	9
E18.06	食品和饮料的感官评价分委会	0	10	0	10
E18.07	家庭和个人护理品的感官评价分委会	0	8	2	10
E18	颁布标准总数	1	39	5	45

表3-3　国外感官分析标准概况

感官分析标准类型	ISO国际标准	美国ASTM标准	德国国家标准	法国国家标准	英国国家标准	澳大利亚国家标准	日本国家标准
基础标准	3	1	1	2	2	1	1
方法标准	28	39	31	31	30	9	1
分析环境与人员管理标准	7	5	3	6	7	1	0
分析辅助器具标准	3	0	2	3	3	0	0
总计	41	45	37	42	42	11	2

3.2.2　国外感官分析标准特点

整体来看,ISO感官分析标准和ASTM、AFNOR、BSI和DIN等国外组织和发达国家感官分析标准具有以下几个特点。

(1)ISO感官分析标准体系健全、标准内容涵盖范围广　ISO感官分析标准分为两层,既有TC 34/SC 12颁布的感官分析通用基础标准,也有具体的产品分委会颁布的产品专用感官分析标准(图3-6)。感官分析通用基础标准涵盖了感官评价活动“人、机、料、法、环”等所有标准化要素,制定了感官分析实验室、人员、方法、辅助器具四大类标准。在方法标准及感官分析综合应用标准方面,ISO针对经典的、成熟的、广泛使用的、普遍认可的技术方法和实践应用制定了全球统一一致的标准,规范感官分析方法的使用,推动感官分析的良好实践。对感官分析中常用的四类检验(差别检验、标度和类别检验、描述性分析、接受性与偏爱测试)均建立了相应的方法标准。如成对比较检验(ISO 5495:2005),三点检验(ISO 4120:2021),二-三点检验(ISO 10399:2017),“A”-“非A”检验(ISO 8588:2017)等差别检验方法标准;量值估计法(ISO 11056:2021)、定量响应标度使用导则(ISO 4121:2003)、排序法(ISO 8587:2006)等标度和类

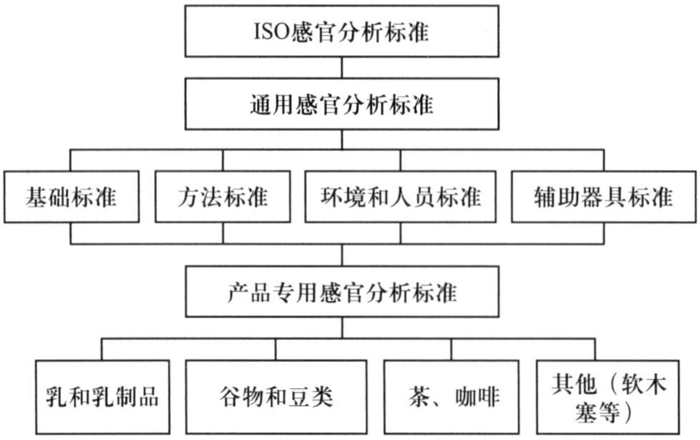

图 3-6　ISO 感官分析标准体系

别检验方法标准；建立感官剖面的导则（ISO 13299：2016）、质地剖面检验（ISO 11036：2020）等描述性分析方法标准；受控区域消费者喜好测试一般导则（ISO 11136：2014）等消费者接受性与偏爱测试方法标准。

（2）ASTM 感官分析标准实用性、可操作性强　ASTM 则针对某种产品或物质的感官评价、常用的感官分析方法、某些领域的感官分析方法综合应用等制定了指南类、规程类和方法类标准。标准内容给出了较多的操作细节和注意事项，具有实用性、可操作性强的特点。以《消费产品感官货架期的感官评价方法标准指南》（Standard guide for sensory evaluation methods to determine the sensory shelf life of consumer products）（ASTM E2454-05）为例，与 ISO 国际标准及其他国外标准不同的是，E2454-05 在适用范围上规定得更为详细、具体，并指出使用中的关键控制环节，明确给出了采用单点评估、多点评估确定感官货架期的流程图。

（3）主要发达国家的感官分析标准保持与 ISO 国际标准一致性、国际通用性强　法国和英国 80%以上的感官分析国家标准采用 ISO 感官分析国际标准。德国相对较少，但也达到了 50%。整体来看，发达国家的感官分析国家标准与 ISO 国际标准保持了较强的一致性。此外，英国、法国、德国的部分感官分析国家标准亦为 EN 欧洲标准，如标识为 BS-EN、DIN-EN 和 AFNOR-EN 的标准。EN（European Norm）是区域性（欧洲部分国家）的标准组织，其制定的标准国际认可度也比较高。

3.3　我国感官分析标准及现状

3.3.1　我国感官分析标准概况

按照标准的适用范围，我国的标准分为国家标准、行业标准、地方标准和团体标准、企业标准。按照标准的性质分为两类：一类是强制性标准，其代号为“GB”；另一类是推荐性国家标准，其代号为“GB/T”。对于强制性标准，国家要求“必须执行”；对于推荐性标准，“国家鼓励采用”。

截至 2022 年底，我国现行感官分析标准 205 项，其中国家标准 110 项、行业标准 24 项、地方标准 21 项、团体标准 50 项。现行国家标准中，106 项为推荐性国家标准，4 项为强制性国家标准。现行国家标准中包括感官分析通用基础国家标准 33 项，产品专用感官分析国家标准 55 项。

3.3.1.1 通用基础类感官分析国家标准

目前,我国已发布的感官分析通用基础国家标准共计33项,包括感官分析基础标准(2项)、方法标准(21项)、分析环境与人员管理标准(6项)、分析辅助器具标准(2项)和综合应用标准(2项),由全国感官分析标准化技术委员会(SAC/TC 566)归口管理。

我国已发布的感官分析通用基础国家标准名录见表3-4。

表3-4 我国感官分析通用基础国家标准名录

序号	标准号	标准名称
基础标准(2项)		
1	GB/T 10221—2021	感官分析 术语
2	GB/T 16861—1997	感官分析 通过多元分析方法鉴定和选择用于建立感官剖面的描述词
方法标准(21项)		
3	GB/T 10220—2012	感官分析 方法学 总论
4	GB/T 39558—2020	感官分析 方法学 "A"-"非A"检验
5	GB/T 19547—2004	感官分析 方法学 量值估计法
6	GB/T 12315—2008	感官分析 方法学 排序法
7	GB/T 12310—2012	感官分析方法 成对比较检验
8	GB/T 12311—2012	感官分析方法 三点检验
9	GB/T 17321—2012	感官分析方法 二-三点检验
10	GB/T 29604—2013	感官分析 建立感官特性参比样的一般导则
11	GB/T 12313—1990	感官分析方法 风味剖面检验
12	GB/T 16860—1997	感官分析方法 质地剖面检验
13	GB/T 21172—2007	感官分析 食品颜色评价的总则和检验方法
14	GB/T 22366—2022	感官分析 方法学 采用三点强迫选择法(3-AFC)测定嗅觉、味觉和风味觉察阈值的一般导则
15	GB/T 25006—2010	感官分析 包装材料引起食品风味改变的评价方法
16	GB/T 12314—1990	感官分析方法 不能直接感官分析的样品制备准则
17	GB/T 12312—2012	感官分析 味觉敏感度的测定方法
18	GB/T 25005—2010	感官分析 方便面感官评价方法
19	GB/T 38495—2020	感官分析 花椒麻度评价 斯科维尔指数法
20	GB/T 39501—2020	感官分析 定量响应标度使用导则
21	GB/T 39625—2020	感官分析 方法学 建立感官剖面的导则
22	GB/T 39992—2021	感官分析 方法学 平衡不完全区组设计
23	GB/T 41408—2022	感官分析 方法学 受控区域消费者喜好测试一般导则

续表3-4

序号	标准号	标准名称
分析环境与人员管理标准(6 项)		
24	GB/T 13868—2009	感官分析　建立感官分析实验室的一般导则
25	GB/T 15549—2022	感官分析　方法学　检测和识别气味方面评价员的入门和培训
26	GB/T 23470.1—2009	感官分析　感官分析实验室人员一般导则　第 1 部分:实验室人员职责
27	GB/T 23470.2—2009	感官分析　感官分析实验室人员一般导则　第 2 部分:评价小组组长的聘用和培训
28	GB/T 16291.1—2012	感官分析　选拔、培训与管理评价员一般导则　第 1 部分:优选评价员
29	GB/T 16291.2—2010	感官分析　选拔、培训和管理评价员一般导则　第 2 部分:专家评价员
分析辅助器具标准(2 项)		
30	GB/T 39991—2021	感官分析　橄榄油品评杯使用要求
31	GB/T 40003—2021	感官分析　葡萄酒品评杯使用要求
综合应用标准(2 项)		
32	GB/T 29605—2013	感官分析　食品感官质量控制导则
33	GB/T 38493—2020	感官分析　食品货架期评估(测评和确定)

目前,我国已将 90%以上 ISO/TC 34/SC 12 颁布的感官分析国际标准转化为我国国家标准,也自行研制了 GB/T 29604—2013《感官分析　建立感官特性参比样的一般导则》和 GB/T 38495—2020《感官分析　花椒麻度评价　斯科维尔指数法》等感官分析标准,在感官分析标准化领域保持与国际同步、接轨,又有我国特色。

3.3.1.2　应用类感官分析国家标准

针对具体产品领域的感官标准,可以说是感官分析通用基础标准的应用和在产品领域的细化,对于进行某类产品的感官评价而言能提供更具体的指导,但其科学性、先进性、合理性应与感官分析通用基础标准保持一致。无论开展哪类产品的感官评价或感官检验,均须遵从良好感官实践的原则和要求。比如:实验室的建设应参考 GB/T 13868—2009《感官分析　建立感官分析实验室的一般导则》,评价员的筛选、培训、评估应参考 GB/T 16291.1—2012《感官分析　选拔、培训与管理评价员一般导则　第 1 部分:优选评价员》、GB/T 16291.2—2010《感官分析　选拔、培训和管理评价员一般导则　第 2 部分:专家评价员》;方法的选用、实施应参考 GB/T 10220—2012《感官分析　方法学　总论》等方法标准。

感官分析技术在诸多领域、众多行业有着广泛的应用,目前这些产品/行业相关的标准委员会制修订的产品感官分析及其相关标准(现行标准)共计 55 项,其中粮油 17 项、茶叶 3 项、白酒 3 项、烟草 6 项、其他食品 4 项、日化 2 项、珠宝 10 项、织物 4 项、颜色 4 项、其他 2 项。具体见表 3-5。

表 3-5　应用类感官分析国家标准名录

序号	应用领域	标准号	标准名称
1	粮油	GB/T 22504.1—2008	粮油检验　粮食感官检验辅助图谱　第1部分:小麦
2		GB/T 22504.2—2018	粮油检验　粮食感官检验辅助图谱　第2部分:玉米
3		GB/T 22504.3—2018	粮油检验　粮食感官检验辅助图谱　第3部分:稻谷
4		GB/T 35991—2018	粮油检验　小麦粉馒头加工品质评价
5		GB/T 35875—2018	粮油检验　小麦粉面条加工品质评价
6		GB/T 35869—2018	粮油检验　小麦粉面包烘焙品质评价　快速烘焙法
7		GB/T 14611—2008	粮油检验　小麦粉面包烘焙品质试验　直接发酵法
8		GB/T 14612—2008	粮油检验　小麦粉面包烘焙品质试验　中种发酵法
9		GB/T 24303—2009	粮油检验　小麦粉蛋糕烘焙品质试验　海绵蛋糕法
10		GB/T 20569—2006	稻谷储存品质判定规则
11		GB/T 20571—2006	小麦储存品质判定规则
12		GB/T 20570—2015	玉米储存品质判定规则
13		GB/T 31785—2015	大豆储存品质判定规则
14		GB/T 5492—2008	粮油检验　粮食、油料的色泽、气味、口味鉴定
15		GB/T 15682—2008	粮油检验　稻谷、大米蒸煮食用品质感官评价方法
16		GB/T 22505—2008	粮油检验　感官检验环境照明
17		GB/T 5525—2008	植物油脂　透明度、气味、滋味鉴定法
18	茶叶	GB/T 23776—2018	茶叶感官审评方法
19		GB/T 14487—2017	茶叶感官审评术语
20		GB/T 18797—2012	茶叶感官审评室基本条件
21	白酒	GB/T 33404—2016	白酒感官品评导则
22		GB/T 33405—2016	白酒感官品评术语
23		GB/T 33406—2016	白酒风味物质阈值测定指南
24	烟草	GB/T 18771.4—2015	烟草术语　第4部分:品质评价和检测
25		GB 15269.4—2011	雪茄烟　第4部分:感官技术要求
26		GB 2635—1992	烤烟
27		GB/T 8966—2005	白肋烟
28		GB 41700—2022	电子烟
29		GB 5606.4—2005	卷烟　第4部分:感官技术要求
30	其他食品	GB/T 22210—2008	肉与肉制品感官评定规范
31		GB/T 37062—2018	水产品感官评价指南
32		GB/T 15033—2009	生咖啡　嗅觉和肉眼检验以及杂质和缺陷的测定
33		GB/T 21265—2007	辣椒辣度的感官评价方法

续表3-5

序号	应用领域	标准号	标准名称
34	日化	GB/T 14454.2—2008	香料　香气评定法
35		GB/T 28006—2011	家用卫生杀虫用品　气味等级
36	珠宝	GB/T 18303—2008	钻石色级目视评价方法
37		GB/T 18781—2008	珍珠分级
38		GB/T 16554—2017	钻石分级
39		GB/T 36169—2018	绿松石分级
40		GB/T 34543—2017	黄色钻石分级
41		GB/T 34545—2017	祖母绿分级
42		GB/T 34545—2018	蓝宝石分级
43		GB/T 34545—2019	红宝石分级
44		GB/T 34545—2020	透明翡翠(无色)分级
45		GB/T 34545—2021	翡翠分级
46	织物	GB/T 35263—2017	纺织品　接触瞬间凉感性能的检测和评价
47		GB/T 31901—2015	服装穿着试验及评价方法
48		GB/T 17759—2018	本色布布面疵点检验方法
49		GB/T 13769—2009	纺织品　评定织物经洗涤后外观平整度的试验方法
50	颜色	GB/T 37370—2019	中国常见色色名和色度特性
51		GB/T 15608—2006	中国颜色体系
52		GB/T 31430—2015	中国传统色色名及色度特性
53		GB/T 15610—2008	同色异谱的目视评价方法
54	其他	GB/T 14675—1993	空气质量　恶臭的测定　三点比较式臭袋法
55		GB/T 3903.5—2011	鞋类　整鞋试验方法 感官质量

3.3.2　我国感官分析标准体系框架

现有的通用基础感官分析标准和针对专门产品领域和行业的感官标准，以及根据技术发展需求和应用需求拟研制的标准，构成了我国感官分析标准体系框架(图 3-7)。在此标准体系框架下，我国感官分析标准的研制以及相关标准化基础研究得以顺利开展。

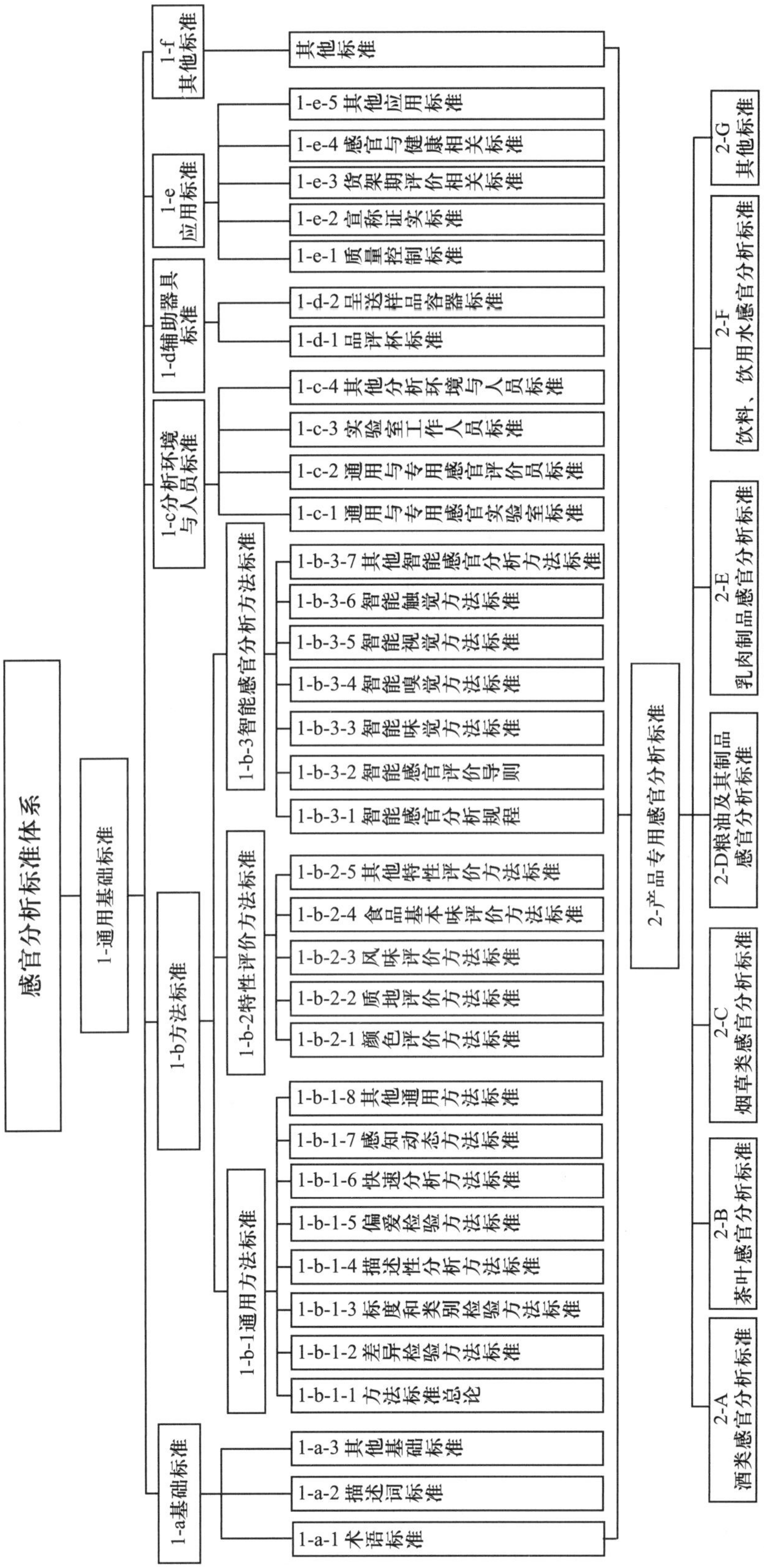

图 3-7　我国感官分析标准体系框架

3.4 感官分析标准应用与发展趋势

感官分析标准被应用于规范化感官分析能力建设和有效应用的方方面面。如建设感官实验室可参考 GB/T 13868—2009《感官分析　建立感官分析实验室的一般导则》;感官分析人员的配置、选拔、表现评估可参考 GB/T 23470.1—2009《感官分析　感官分析实验室人员一般导则　第 1 部分:实验室人员职责》和 GB/T 23470.2—2009《感官分析　感官分析实验室人员一般导则　第 2 部分:评价小组组长的聘用和培训》、ISO 8586:2012《感官分析　优选评价员和专家评价员选拔、培训和管理导则》、ISO 11132:2012《感官分析　方法学　定量感官评价小组表现评估与核查》等;感官分析样品的制备与提供可参考 GB/T 12314—1990《感官分析方法　不能直接感官分析的样品制备准则》、ASTM E1871-17《食品和饮料感官评价样品的制备和提供指南》等;差别检验、标度和类别检验、描述性分析、接受性与偏爱测试等感官分析四大类技术中的主要方法也均有标准方法可参考。这些方法标准和综合应用标准被广泛应用于新产品研发、原料替换、工艺改进、质量控制、消费者测试、感官营销等食品和其他消费品从研发、生产到流通的各个环节。在实际应用中,根据感官评价的目的可参考表 3-6 合理采用。

表 3-6　通用感官评价标准方法

感官评价项目	采用方法	方法标准化
整体差别检验(有无差别?)	成对比较检验	GB/T 12310—2012;ISO 5495:2005《感官分析方法　方法学　成对比较检验》
	三点检验	GB/T 12311—2012;ISO 4120:2021《感官分析方法　方法学　三点检验》
	二-三点检验	GB/T 17321—2012;ISO 10399:2017《感官分析方法　方法学　二-三点检验》
	"A"-"非 A"检验	GB/T 39558—2020;ISO 8588:2017《感官分析方法　方法学"A"-"非 A"检验》
	五中取二检验	GB/T 10220—2012;ISO 6658:2017《感官分析　方法学　总论》
	序贯分析	ISO 16820:2019《感官分析　方法学　序贯分析》
特性差别检验(差别大小?)	排序法	GB/T 12315—2008;ISO 8587:2006《感官分析　方法学　排序法》
	分类法	GB/T 10220—2012;ISO 6658:2017《感官分析　方法学　总论》
	分等法	
	评分法	
	标度法	GB/T 19547—2004;ISO 11056:2021《感官分析　方法学　量值估计法》;GB/T 39501—2020;ISO 4121:2003《感官分析　定量响应标度的使用导则》
接受性与偏爱检验(差别是否接受或偏爱?)	成对偏爱检验	GB/T 12310—2012;ISO 5495:2005《感官分析　方法学　成对比较检验》
	排序偏爱检验	GB/T 12315—2008;ISO 8587:2006《感官分析　方法学　排序法》
	喜好标度	GB/T 41408—2022;ISO 11136:2014《感官分析　方法学　受控区域消费者喜好测试一般导则》

续表3-6

感官评价项目	采用方法	方法标准化
颜色感官检验	目视比色	GB/T 21172—2007;ISO 11037:2011《感官分析　产品颜色感官评价导则》
质地感官检验	质地剖面	GB/T 16860—1997;ISO 11036:2020《感官分析　方法学　质地剖面检验》
风味感官检验	风味剖面	GB/T 12313—1990《感官分析方法　风味剖面检验》;GB/T 39625—2020;ISO 13299:2016《感官分析　方法学　建立感官剖面的导则》
感官质量描述分析	感官特性的定性描述	GB/T 10221—2021;ISO 5492:2008《感官分析　术语》 GB/T 16861—1997;ISO 11035:1994《感官分析　通过多元分析方法鉴定和选择用于建立感官剖面的描述词》
	感官特性强度的评价(标度法)	GB/T 19547—2004;ISO 11056:2021《感官分析　方法学　量值估计法》;GB/T 39501—2020;ISO 4121:2003《感官分析　定量响应标度使用导则》
	感官剖面的建立(剖面法)	GB/T 16860—1997;ISO 11036:2020《感官分析方法　质地剖面检验》;GB/T 12313—1990《感官分析方法　风味剖面检验》;GB/T 39625—2020;ISO 13299:2016《感官分析 方法学　建立感官剖面的导则》

随着国内外感官分析标准化的深入实践和感官分析技术的发展,整体来看,感官分析标准化主要呈现出以下三大趋势:

①技术方法标准是感官分析领域标准化的重点。除差别检验、描述性分析、消费喜好测试等三大类方法标准外,评价员表现评估、感官实验设计、感官分析技术综合应用等方法及方法导则标准构成感官分析标准的主体。

②感官分析技术综合应用标准日趋增多。将感官分析应用于产品质量控制、食品货架期确定、产品感官质量宣称证实等研发、质控和营销的方法标准成为近五年来主要研制的新标准。

③消费者测试与感官数据分析标准将逐步加强。研制消费者测试相关标准及将感官数据尤其是消费者测试数据和感官描述性分析数据结合起来进行分析,揭示消费喜好分布与市场分割的方法导则类标准将成为未来新标准研制的方向。

本章小结

1. 标准由谁来定

国外感官分析标准化组织有国际标准化组织食品技术委员会感官分析分技术委员会(ISO/TC 34/SC 12)及相关委员会、美国材料与试验协会感官分析技术委员会(ASTM/E 18)、法国标准化协会(AFNOR)、英国标准学会(BSI)和德国标准化学会(DIN)、澳大利亚标准协会(SAA)和日本工业标准调查会(JISC)等。国内感官分析标准化组织有全国感官分析标准化技术委员会(SAC/TC 566)及其他52个感官分析相关的标准化技术委员会。

2. 标准有多少、有什么特点

目前颁布的感官分析国际标准和国外发达国家、国际权威团体的标准共计 217 项，近 80％为方法标准。ISO 共颁布感官分析国际标准 41 项，ASTM 颁布感官分析国际标准 45 项，AFNOR、BSI、DIN、SAA 和 JISC 分别颁布了 42 项、42 项、37 项、11 项和 2 项感官分析标准。国外感官分析标准具有三大特点：ISO 感官分析标准体系健全、标准内容涵盖范围广；ASTM 感官分析标准实用性、可操作性强；主要发达国家的感官分析标准保持与 ISO 国际标准一致性、国际通用性强。

截至 2022 年底，我国现行感官分析标准 205 项，其中现行国家标准 110 项、行业标准 24 项、地方标准 21 项、团体标准 50 项。其中感官分析通用基础标准 33 项，由全国感官分析标准化技术委员会（SAC/TC 566）负责制修订和归口管理。SAC/TC 566 构建了我国感官分析标准体系框架。在此标准体系框架下，我国感官分析标准的研制以及相关标准化基础研究得以顺利开展。

3. 标准化发展有何趋势

感官评价标准的应用也日益受到重视，感官分析实践应用中常用的四类检验（差别检验、标度和类别检验、描述性分析、接受性与偏爱测试）均有相应的方法标准提供技术支撑和操作指导。整体来看，感官分析标准化主要呈现出以下三大趋势：技术方法标准是感官分析领域标准化的重点；感官分析技术综合应用标准日趋增多；消费者测试与感官数据分析标准将逐步加强。

思考题

1. 标准和标准化的本质是什么？
2. 从研究和应用的角度来看，你觉得还需要制定哪些方面的食品感官分析标准？

推荐网站

[1] 国际标准化组织食品技术委员会感官分析分技术委员会（ISO/TC 34/SC 12）官方网站 https://www.iso.org/committee/47942.html
[2] 美国材料与试验协会感官分析技术委员会（ASTM/E 18）官方网站 https://www.astm.org/COMMIT/SUBCOMMIT/E18.html
[3] 法国标准化协会感官分析技术委员会（AFNOR/V09A）官方网站 https://norminfo.afnor.org/structure/afnorv09a/analyse-sensorielle/2028#presentation
[4] 英国标准学会（BSI）现行标准检索网站 https://knowledge.bsigroup.com/
[5] 德国标准化学会（DIN）感官分析分委员会（NA 057-08-01 AA）官方网站 https://www.din.de/en/getting-involved/standards-committees/nal/national-committees/wdc-grem:din21:292046876
[6] 澳大利亚标准协会（SAA）食品感官分析（FT-022）官方网站 https://www.standards.org.au/
[7] 全国标准信息公共服务平台（SAC）国外标准组织机构检索网站 http://std.samr.gov.cn/gw/org
[8] 全国标准信息公共服务平台（SAC）国内标准化技术委员会检索网站 http://std.samr.gov.cn/org/orgTcQuery
[9] 全国标准信息公共服务平台（SAC）国家标准检索网站 http://std.samr.gov.cn/gb/gbQuery

第 4 章

食品口腔加工与感官评价

本章教学要点：理解食品口腔加工及感官分析的基本概念和范畴，了解相关领域的主要研究状况及发展趋势。

食品口腔加工学以研究食品与人体口腔环境相互作用为基本出发点，通过食品物理学、口腔生理学、感官心理学、大脑神经科学等多学科交叉的研究手段探索食品在口腔加工过程中的物化性质变化和感官心理响应。

传统的食品感官分析一直以食品风味和口感作为核心关注点，主要通过材料学的方法与技术对食品的质构、风味的组成与含量等进行体外测试分析，以此来解释食品的感知机理，并预测消费者喜好。然而，传统食品感官研究存在两个明显的误区。一是忽略了食品的材料性质与感官性质间的本质差异。材料性质是食品的本身属性，取决于食品自身的组成、结构以及不同的加工过程等，同时也受贮藏条件，如环境温度、湿度等的影响。而感官性质则是人对于食品材料性质的感性认知，是食品与人相互作用所产生的结果，包含强烈的“人”的因素。因此，将食品的材料性质等同于感官性质是不妥当的。二是把食品的气味、滋味和质构这三种感官性质分割处理，以致形成三个几乎完全独立的学术领域和研究群体。而事实上，这三类感官行为在饮食过程中同时发生而且相互关联，甚至在很大程度上相互影响。更重要的是，消费者往往基于各种感官性质的组合感受，而最终形成对食品的综合性的喜好评价。

正是基于这样的背景，食品口腔加工学的概念（图 4-1）最近几年受到了广泛的重视。食品口腔加工学研究推动了两个方面的发展：一是将食品感官研究从传统的材料学研究延伸至食品在口腔环境中的结构性质变化的研究，即从简单的体外食品性质测试转变为食品与口腔之间相互作用的研究；二是合理组合食品的气味、滋味和质构性质研究，形成以心理响应与大脑行为科学为基础的新型交叉学科。

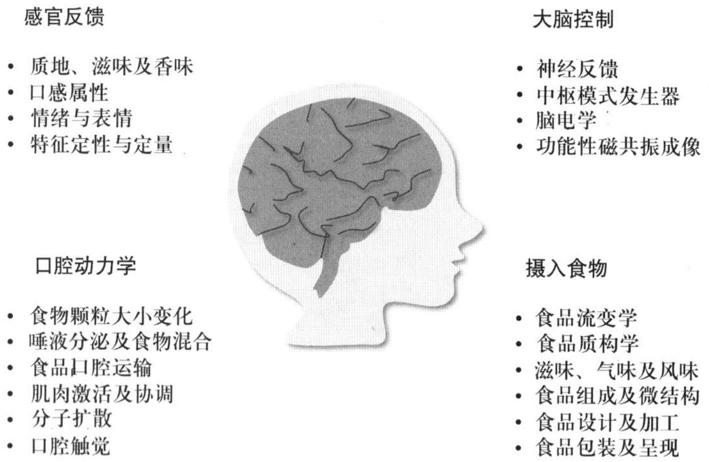

图 4-1 食品口腔加工研究概念

本章从食品口腔行为与感官的动态特征、食品口腔加工的物理学原理和口腔生理学原理出发，介绍食品口腔加工与感官评价的关系。

4.1 食品口腔行为与感官的动态特征

在研究食品口腔行为及其感官特性时，常将食品分为流体、软固体和硬固体（表 4-1）。流体食物不需要咀嚼，它的口腔加工行为主要是运输；软固体具有屈服应力，它的口腔加工行为还包括了舌头与硬腭之间的挤压；固体则需要咀嚼以降低颗粒的大小和形成适合吞咽的食团。

表 4-1　不同材质食品的口腔行为和感官特性(KOÇ et al. ,2013)

材质	口腔加工	感官特性
流体	经口、舌、咽和食道肌肉组织运输	厚/薄、光滑/粗糙感、奶油感、口腔黏附
软固体	舌头挤压	硬度、颗粒特性、黏结性、黏附性、口腔黏附
硬固体	咀嚼	同软固体＋声音

食品的感官体验是一个动态的过程，在口腔加工过程中其强度和属性不断变化，常通过定义不同阶段的感官体验来描述食品的感官特征。现以固体食品的口腔加工为例，介绍不同口腔加工阶段的感官特征(图 4-2)。

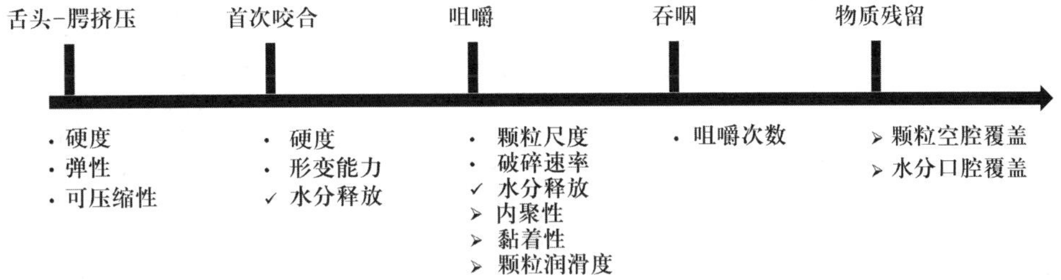

·、✓和➢分别代指与形变和断裂有关的性质、与微结构有关的性质和与唾液、食团或口腔表面相关的性质。

图 4-2　不同口腔加工阶段下的感官体验(KOÇ et al. ,2013)

4.1.1　舌头-腭挤压

一些软固体并不需要咀嚼，而是直接通过舌头与腭之间的挤压进行破碎，在这个过程中食品的弹性和可压缩性会被感知，同时食品也会释放自身的风味物质。探索舌头-腭挤压过程中的感官特性，可以提升我们对软固体食品的理解和设计能力，帮助我们研发出针对老年人等特殊消费者人群的食品。

◇ **案例 1**：利用软凝胶测试香气分布均匀度对感官强度和进食行为的影响(Funami et al. , 2016)

a)研究背景及目的：食品内部的香气成分分布会影响口腔加工过程中的质构和香气强度感知；利用软胶体作为模型食品，研究香气分布的不均匀程度对口腔加工行为的影响规律，不但可以提升我们对于该规律的认识，还可以提升我们对软固体食品的设计能力。

b)研究方法：利用结冷胶和卡拉胶制备胶体包裹胶体(gel-in-gel)的软固体结构，其在口腔中无须咀嚼，只需要舌与腭之间的挤压即可破碎。采用感官分析和质构仪对样品进行分析。实验流程如图 4-3 所示。

c)研究结论：香气的不均匀分布影响了香气的感知和口腔的行为。香气分布的不均匀程度越高，则感受到的香气越强烈，且相同口腔肌肉的活动量产生的食品硬度感知更小。

4.1.2　首次咬合

虽然只有一次咀嚼周期，但是首次咬合能够形成硬度、变形性、断裂性、水分释放和黏度等感官体验。首次咀嚼时采用的力度和速度是这个阶段口腔行为的重要参数，影响感官体验的

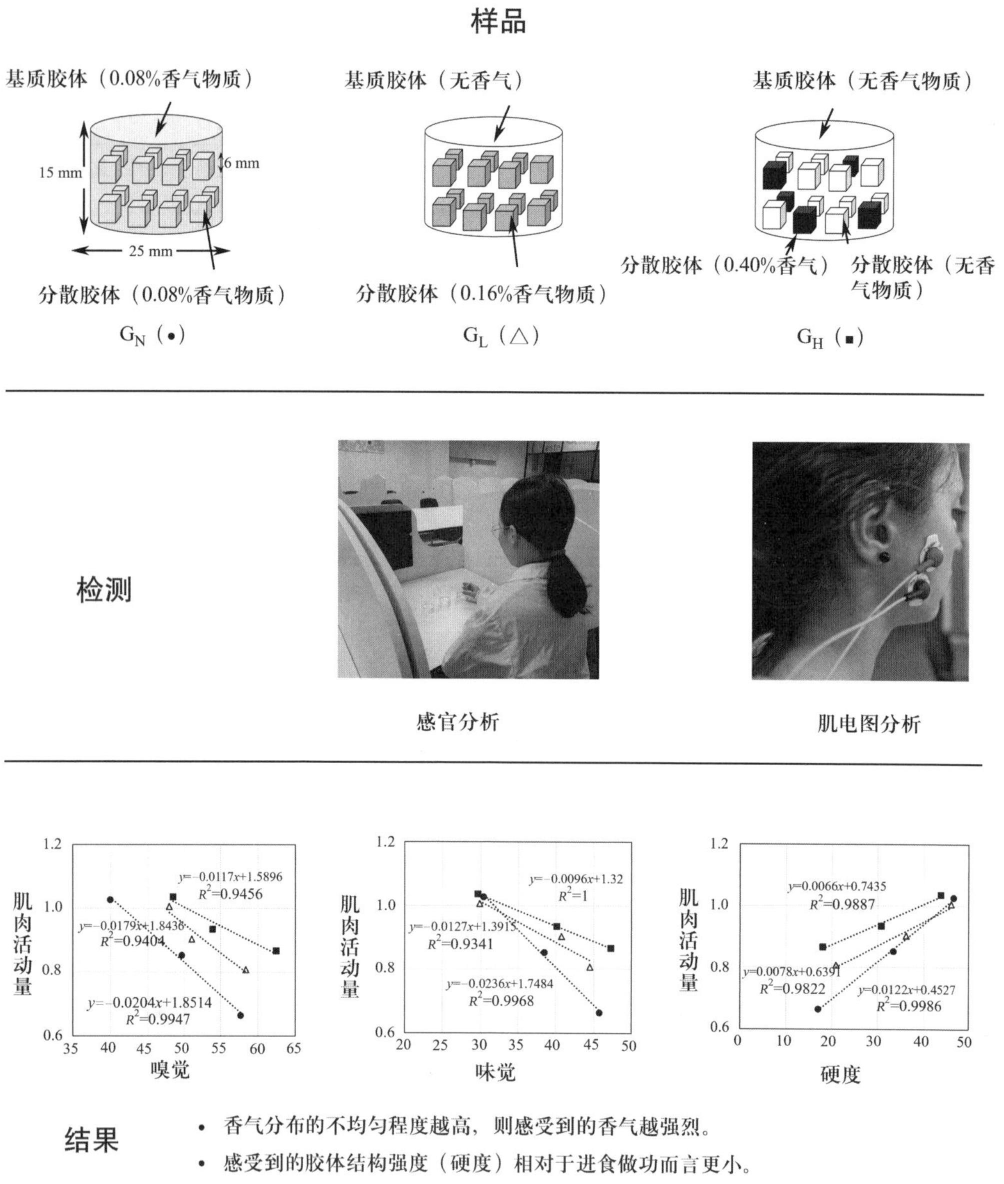

图 4-3　案例 1 示意

形成，受到食品机械性质和几何性质的影响。Mioche 和 Peyron（1995）通过比较弹性和塑性食品的首次咀嚼行为发现前者呈现出对称的咬合力，咬合力从最高点恢复到 0 的过程中，食品并没有发生断裂；后者在咬合力超过屈服点后，就开始流动并最终断裂。Kohyama 等（2005）发现随着食品厚度的增加，硬且脆的食品在断裂点时的最大力度、接触面积和最高压力也随之增加；而韧性食品在断裂点时的最大力度和接触面积随着厚度增加而增加，最高压力则保持不变。Mioche 和 Peyron（1995）发现咀嚼速度与食品的机械性质，尤其是流变性、流动性和破裂性有关。

◇ **案例 2**：不同质构食品在切牙穿透过程中的颌骨运动模式（Xu et al.，2013）

a）研究目的：首次咀嚼过程中牙齿的活动规律还不够清晰，研究不同材质和尺寸食品的首次咬合行为，能帮助我们理解这个过程。

b)研究方法：选用苹果和奶酪作为软食品的代表，选用胡萝卜和呼啦圈(一种环形马铃薯零食)作为硬食品的代表。受试者为一位 55 岁戴有植入式完整假牙的女性，通过假牙内的传感器感知受试者在首次咬合时所使用的力。

c)研究结论：如图 4-4 所示，首次咬合的过程被分成了载入(图中 T_1)、卸载(图中 T_2)和加速(图中 T_3)。结果表明：相同尺寸食品的载入和加速时间以及距离均没有显著差异(奶酪除外)，而软食品的卸载时间和距离要显著高于硬食品；同一食品(除了苹果)的载入、卸载和加速时间和距离都随着厚度的增加而增加。这些信息能帮助我们更好地理解不同食材的首次咬合行为。

4.1.3　咀嚼

食品在口腔中的破碎是高度复杂的过程，在咀嚼过程中形成的感官体验包括粒径大小、粒径分布、黏结性、黏附性、光滑度、水分释放度、破碎程度、干燥度、油腻感和咀嚼次数等。

咀嚼行为与食品的性质密切相关。有学者利用下颌运动扫描仪对人食用苹果、香蕉和饼干时的咀嚼行为进行监测，结果发现不同食品所需要的咀嚼次数具有显著差异，而咀嚼速率则是相近的(Hiiemae et al.，1996)。Foster 等(2006)比较了相同硬度的弹性食品(明胶胶体)和塑性食品(焦糖)的咀嚼行为，结果发现两者的咀嚼周期、肌肉活动量和咀嚼次数都随着食品硬度的增加而增加，而咀嚼过程中的下腭移动则有明显的不同：前者的腭部运动是高度重复性的；而后者的腭部运动则是不规则的，且在横向和竖向上的移动距离更大。食品的体积也会显著影响口腔的咀嚼行为。Kohyama 等(2007b)发现体积更小的米糕所需要的咀嚼时间和肌肉活动量更小。Kohyama 等(2007a)对比了相同质量的大块和切碎食品(烤猪肉、鱼糜肉)，结果发现两者的咀嚼次数、咀嚼时间和肌肉活动量并没有显著差异，而后者的咀嚼效率显著更高。

人体的生理状态也会影响口腔的咀嚼行为。Peyron 等(2004)研究发现人类每增加 1 岁，每个进食周期就会增加 0.3 个咀嚼次数。Kohyama 等(2002)的研究发现老年人每次咀嚼时所使用的肌肉活动量显著小于年轻人。需要注意的是，年轻和老年群体在食品咀嚼过程中使用的肌肉活动总量并没有显著差异，这意味着将食品转变为可吞咽的食团所需要的能量是一样的。牙齿的状态是另一个影响咀嚼功能的生理学因素。Karkazis(2002)发现牙套佩戴者具有更多常规性的咀嚼模式(意味着他们对食品结构变化适应力的下降)，而且需要更高的咬肌肌肉活动量。Yven 等(2006)发现牙套佩戴者的口腔咀嚼模式被强烈破坏，且不能适应食团形成过程中的结构变化，最终形成的食团也更为粗糙。

对咀嚼效率的量化研究是食品从业者关切的焦点领域。更好的量化方法可以帮助人们更准确地掌握不同人群的咀嚼能力，并据此开发出更有针对性的食品。Heath(1982)通过对咀嚼 20 次口香糖过程中释放的糖含量进行定量来评价咀嚼能力。Käyser 和 van der Hoeven (1997)通过比色法测量咀嚼胡萝卜时释放的染料含量来评价咀嚼能力。此外，为了控制测试食物的一致性，提高实验的准确度和可重复性，有学者采用了人造测试食物[果冻、长方形聚醋酸乙烯酯胶囊、Optosil(一种牙齿印模材料)]来测试咀嚼能力(Cunha et al.，2013；Glas et al.，2020；Kosaka et al.，2016；Zhang et al.，2019)。

◇ **案例 3**：食物在后牙间的锁定及其对咀嚼效率的影响(Zhang et al.，2019)

a)研究目的：在每个咀嚼周期中，部分食物颗粒会被锁定在一对后牙间，从而增强口腔对后续待破碎食物颗粒的选择能力，这是咀嚼效率的决定因素之一。该项研究旨在探索食物锁

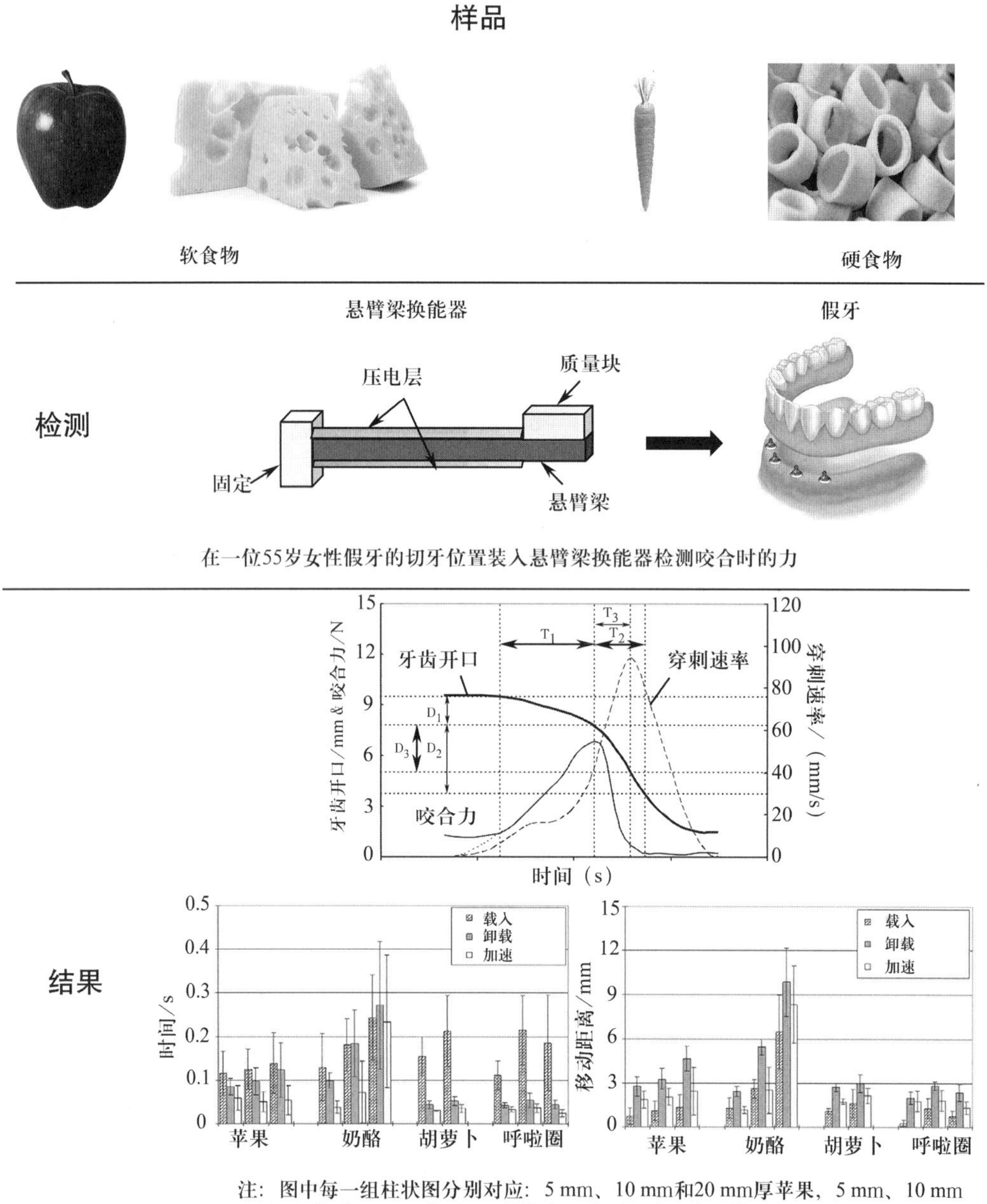

注：图中每一组柱状图分别对应：5 mm、10 mm和20 mm厚苹果，5 mm、10 mm和20 mm奶酪，5 mm和10 mm胡萝卜，水平、直立放置的呼啦圈和饼干

图 4-4　案例 2 示意

定与咀嚼效率之间的关系。

b）研究方法：①利用 1.3 cm^3 球形胶团的塑性变形来测试食物锁定能力。咀嚼过程中，舌头、牙齿和面颊的加压会增加胶团的长宽比，而食物锁定能力越强则胶团长宽比越大。胶团达到 0.5 的长宽比（原始比例为 1）所需的咀嚼次数，即代表食物锁定能力。②利用方形牙齿印模材料 Optosil 作为模型食品来测试咀嚼效率。咀嚼效率被定义为将模型食品的颗粒大小降低一半所需要的咀嚼次数。

c）研究结论：如图 4-5 所示，食物锁定能力和咀嚼效率分别为 3.21±1.14 和 4.04±1.87。咀嚼效率小于中位数的志愿者的食物锁定能力和咀嚼效率缺乏相关性；而咀嚼效率更高的志愿者的食物锁定能力和咀嚼效率则存在显著的相关性。这种关系反映了舌头两大功能之间的关系：传输和随后的食物颗粒锁定。

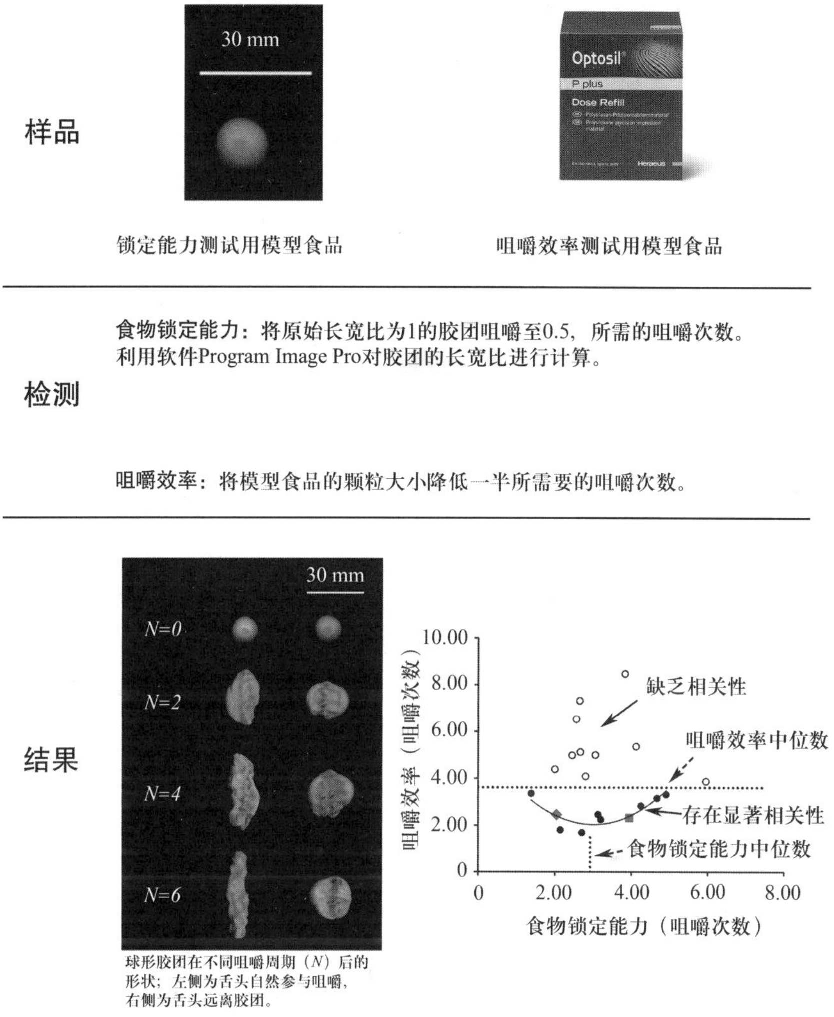

图 4-5　案例 3 示意

4.1.4　吞咽

吞咽常被视为口腔加工的最后过程。Okada 等(2007)认为人类需要至少 2 个阶段的吞咽：食团吞咽(发生在咀嚼周期之前和之后)和独立的最终吞咽(清除口腔和咽部的残留)。每一个吞咽又包含 3 个阶段：口腔阶段、咽阶段和食道阶段。口腔阶段的吞咽是指将食品和唾液制作成食团，并将它们推送至口腔后部。咽阶段被定义为从吞咽反射触发到食管括约肌关闭，持续时间大约为 0.7 s。口腔后部的刺激引发咽阶段的激活，肌肉的收缩导致喉和软腭被抬升。喉上升到会厌的下部以作为一个被动的盖子，防止食品的进入，而软腭的上升则从鼻腔封住。在食道阶段，食团通过主要蠕动和次要蠕动被运往胃部。口咽的压力帮助食团进入压力更小的食道。一种蠕动波由咽上缩肌的顺序性收缩开始，然后依次由中和后收缩肌驱使，接着由位于食道前 1/3 处的横纹肌驱动。食道阶段需要几秒钟的时间去完成。食团的吞咽过程如图 4-6 所示。

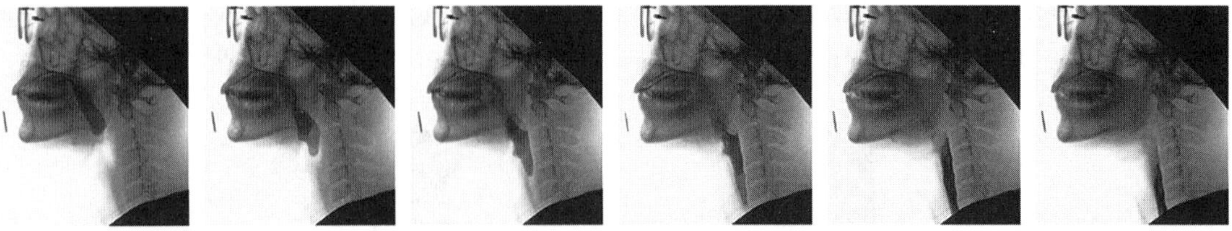

图 4-6 食团的吞咽过程(Hadde et al. ,2019)

一般认为口腔和咽喉的感知对于正常吞咽很重要,然而 Bastian 和 Riggs(1999)通过将 13 个健康人类个体的口腔、口咽、下咽和喉依次麻醉后发现,事实并非如此。Palmer(1998) 还发现食团的形成和吞咽与重力无关,人即使是在倒立的情况下还是能完成吞咽动作。虽然有可能产生后鼻香气刺激,但是没有证据表明在吞咽过程中有质构或风味的形成。因此可以认为吞咽过程大体上是一个运送加工后食品的过程,将其从口腔中传送到咽和食道,并最终达到胃部。

4.1.5 物质残留

在吞咽完成后,仍然会有一部分的食品物质残留在口腔内,这部分物质的残留也会形成相应的感官体验,并影响后续的食品感官体验。

◇ **案例 4:**口腔涂层的形成及其对甜度感知的影响(Camacho et al. ,2015)

a)研究目的:在日常进食饮料的过程中,人们的口腔内会形成油涂层,而涂层的存在可能会对味觉产生遮蔽效应。本研究探索口腔涂层的形成及其对后续味觉感知的影响。

b)研究方法:如图 4-7 所示,志愿者在口中加工食油/水乳液一定时间后吐出,在口中形成油涂层,然后被要求喝葡萄糖溶液,并对其甜度打分。

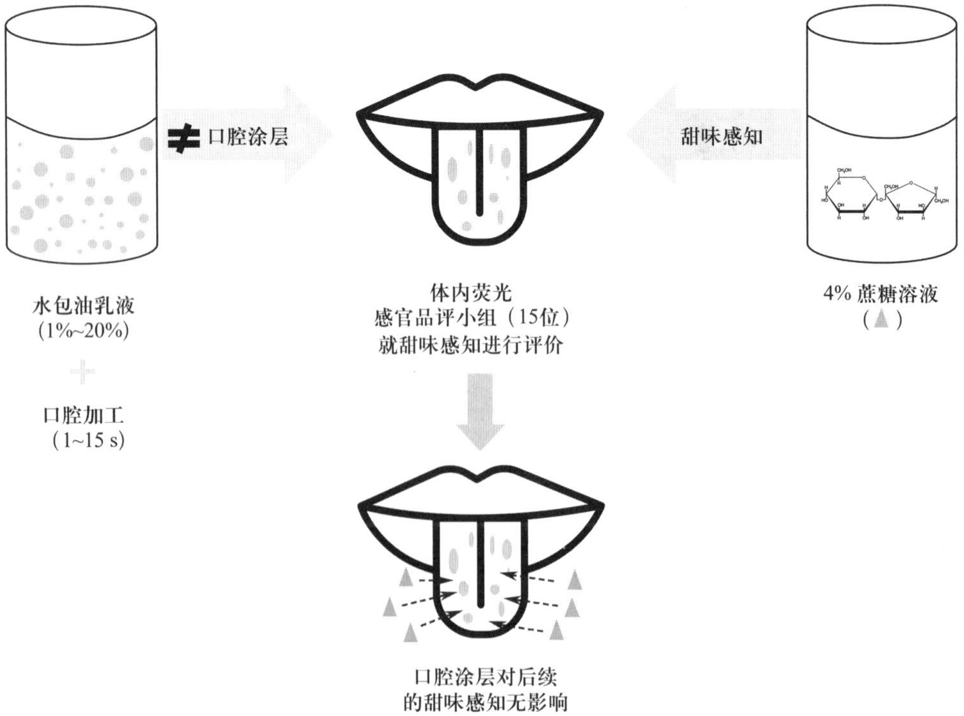

图 4-7 案例 4 示意

c)研究结论:舌头上残留的油涂层并未能影响志愿者对后续葡萄糖甜味的感知,这可能是由于舌头上附着的油含量较少,不足以在舌头表面形成能阻止蔗糖与味蕾接触的疏水性屏障。此外舌头上的味蕾密度非常高。

4.2　食品口腔加工的物理学原理

Lucas 等(1986)将食品的物理性质分成为内在性质和外在性质。内在性质是通过力量-形变行为感知的,包括强度、变形性、模量、韧性和弹性等;外在性质则与表面性质有关,并在咀嚼过程中通过舌头和口腔黏膜感知,如颗粒大小和形状、摩擦力、黏度和粗糙度等。这意味着传统的流变学和断裂-机械性质可以被用于测定与食品感官相关的内在性质。

4.2.1　流变学

流变学是研究物质如何响应应力或应变的科学。应力是指单位面积上的力(单位为 Pa),而应变是单位长度内的形变,不具有量纲。两种极端的流变学行为是弹性和黏性。对于理想的弹性材料,应力和应变之间的关系是线性的(遵守 Hooke's law);对于理想的黏性材料,应力和应变速率是线性的(遵守 Newton's Law)。大部分的食品是黏弹性物质,即兼具固体和液体行为。通常采用小形变、大形变和断裂后行为来描述食品的流变学性质(图 4-8)。

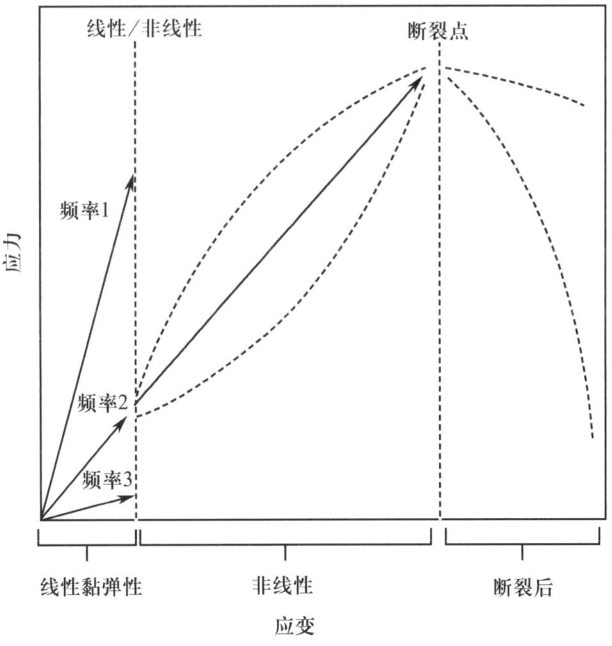

图 4-8　应力与应变关系(KOÇ et al. ,2013)

1)小形变行为

线性黏弹区域的性质是通过小应变流变测试、小振幅振荡剪切(SAOS)和瞬态试验(蠕变柔度和应力松弛)得到的。在线性黏弹区域,应力与应变是线性相关的。在 SAOS 测试中,正弦应力或应变被施加于材料上,然后检测它的反应。这个检测方法被广泛用于胶体网络和黏弹性质的检测。该测试得到的主要数据为储存模量(G')、损耗模量(G'')和相位角(δ)。储存模量代表着以弹性形式储存在样品中的能量,损耗模量指的是损耗的能量,相位角($\tan\delta=G''/G'$)指的是特定频率下的相对黏弹性。对于一个理想的固体材料,应力和应变是同相的,相位角为 0 °;而对于一个理想的液体,应力和应变的相位角是 90 °。在线性黏弹区域内进行频率扫描,可以了解材料的机械性质和描述材料的黏弹性质。但因为不包含结构的断裂,小形变行为与材料的质构性质之间的关联性较弱。

2)大形变行为

大形变包括图 4-8 中的非线性区域和断裂点。大应变测试(如剪切、压缩和扭转)和大幅度振动测试可用来研究该区域内的应力-应变关系。非线性区域包含从应力-应变偏离线性关系开始到断裂点之间的区域。此区域内的形变包括两个部分,即可恢复形变和不可恢复形变。前者与材料的弹性模量相关,而后者与黏性模量相关。在形变过程中,当材料发生一定程度的损伤时,其应力-应变是不可恢复的。当应力增加到引发大规模的结构损伤,断裂就会出现。断裂性质与食品的风味感知和形变高度相关。断裂压力和形变是重要的参数,前者反映材料的强度,后者反映材料的形变能力。此外,应变-应力所覆盖的面积是断裂所需的能量。对于理想的弹性材料,所有的能量都会以形变能的方式储存直到断裂;而对于理想的黏性材料,所有的能量都会以热量的形式损耗掉,不会发生断裂。食品的黏弹性质会影响断裂,因为它决定哪部分能量被储存而哪部分又会以热量的形式被消耗。

◇ **案例 5**:不同类型的水溶性胶体对胡萝卜果泥流变性质的影响(Sharma,2017)

a)研究目的:理解不同水溶胶对果泥食品流变性质和风味的影响,并探索果泥吞咽安全的量化指标。

b)研究方法:胡萝卜去皮后煮沸 30 min,搅拌的同时加入水溶胶(成品最终的表观黏度都控制在 50 s^{-1})。利用流变仪检测样品的流变性质,由感官品评小组对样品进行感官分析。检测流程见图 4-9。

c)研究结论:虽然最终成品的表观黏度相近,但不同水溶胶产生的流变性质有较大差异。在小形变测试中,淀粉胶混合物具有相对较大的相位角(δ)和较小的储存模量(G'),意味着它的结构更松散,因此容易被吞咽。而卡拉胶具有较高的储存模量和较小的相位角,意味着它的结构更加致密,因此不容易被吞咽。在大形变测试中,卡拉胶的屈服点最高,而淀粉胶混合物的屈服点最低。因此,表观黏度不能作为果泥吞咽安全性的唯一指标。

4.2.2 断裂力学

与大形变测试不同,断裂力学考虑了材料的缺陷,它能提供更多大形变和断裂后的材料性质。断裂力学的基本假设是:所有材料都是不均匀的且都存在小缺陷,而这些小缺陷可以增长以致引发断裂。缺陷的尺度和分布决定了材料的强度。一旦材料发生形变,这些缺陷处的压力是最大的。缺陷增长并导致断裂的要求:(a)缺陷处的压力大于材料间的黏性和内聚应力;(b)断裂生长导致的储存能量的释放大于新表面形成所需的能量。满足以上 2 个条件,则断裂会自发地传播。断裂的机制可以从以下 2 个方面研究:断裂敏感度与断裂表面能。断裂敏感度指的是裂纹压力与裂纹长度的关系,它提供关于导致断裂的最大结构元素的尺寸;断裂表面能指的是断裂一单位材料所需的功,是断裂传播的指标。

以上的分析是基于易碎材料的,即在断裂过程中裂纹迅速传播,没有或仅有很少的应力增

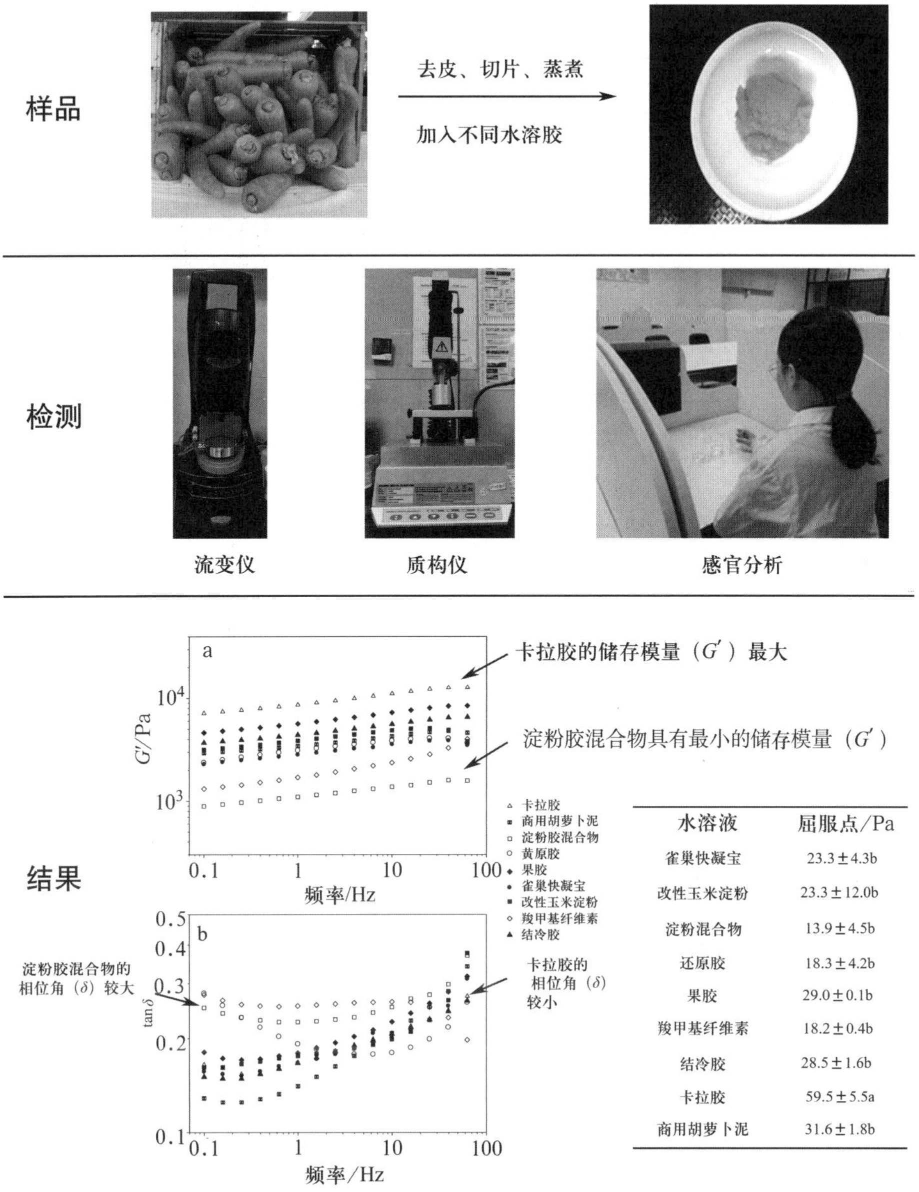

水溶液	屈服点/Pa
雀巢快凝宝	23.3±4.3b
改性玉米淀粉	23.3±12.0b
淀粉混合物	13.9±4.5b
还原胶	18.3±4.2b
果胶	29.0±0.1b
羧甲基纤维素	18.2±0.4b
结冷胶	28.5±1.6b
卡拉胶	59.5±5.5a
商用胡萝卜泥	31.6±1.8b

图 4-9　案例 5 示意

加和很小的塑形流变发生。而大多数食品是黏弹性材料，在断裂的过程中会发生塑性流动，即断裂后的碎片不能再准确地拼凑回去，裂纹移动的速度也更慢，且能观察到断裂表面的形变。应变的能量不会被断裂过程全部吸收，而是部分转变为损耗。

◇ **案例 6**：声学探测器在饼干脆性检测中的应用（Chen et al.，2005）

a）研究目的：基于声学和力学性质对饼干的脆性进行评估。

b）研究方法：实验采用的装置如图 4-10 所示，声学检测器（AED）被连接在质构仪上。该实验装置能同时记录饼干在断裂过程中的力学和声学性质。

c）研究结论：力量的二阶导数和声学性质间存在线性关系，表明被测饼干在断裂过程中向空气中释放了能量。饼干的声学行为是通过分析最大声学压力和声学事件次数评估的，声学

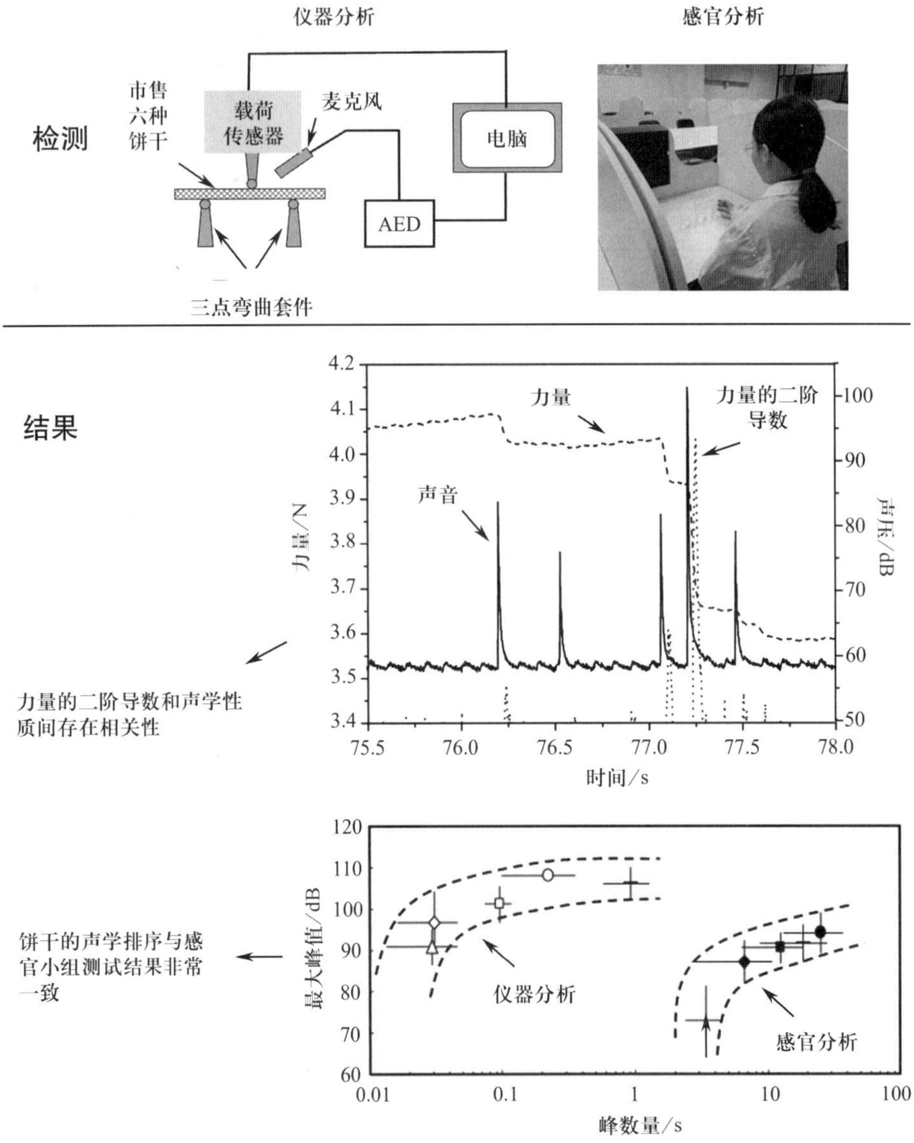

注：每种图形代表一种饼干

图 4-10 案例 6 示意

事件可以被解读为新产生的每单位面积声学事件和每单位时间内的声学事件。饼干的声学排序与感官小组测试结果非常一致。AED 的正常积分时间(1.25 ms)对于检测脆饼干的声音信号大体上是有效的,而较短的积分时间(0.25 ms)有利于检测在很短时间内出现的声音信号,并能更好地区分饼干的脆度。

4.2.3 摩擦学

摩擦指的是两个界面在相互移动的情况下的相互作用,包括摩擦、润滑和表面损耗。流体和软固体食品的口腔加工过程存在食物与口腔表面以及食物颗粒之间的相互移动。口腔和腭之间的摩擦和挤压形成了食物与唾液的混合薄层,起到一定的润滑作用。摩擦学研究通常采用斯特里贝克曲线(Stribeck curve)分析,如图 4-11 所示,斯特里贝克曲线可以分为边界润滑(boundary lubrication),混合润滑(mixed lubrication)和流体动力润滑(hydrodynamic lubrication)。

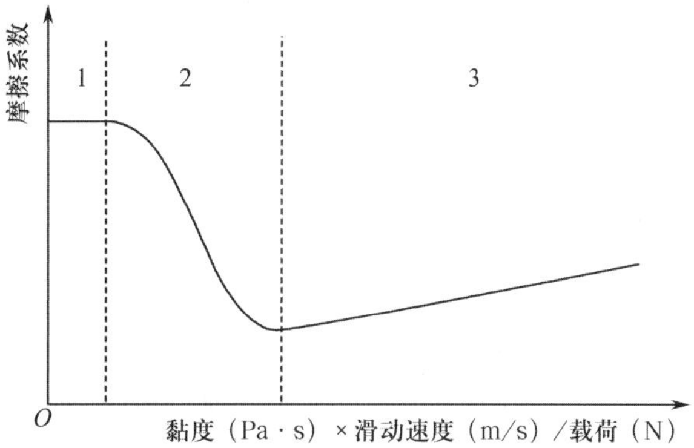

1、2和3分别为边界润滑、混合润滑和流体动力润滑

图 4-11　斯特里贝克曲线

◇ **案例 7**:口腔摩擦与风味感知的关联性(Upadhyay 和 Chen,2019)

a)研究目的:同时检测水包油乳液的摩擦性质和润滑度的感官分析值,并以此探索和建立摩擦系数与润滑度之间的关联性。

b)研究方法:采用摩擦仪对乳液进行检测,并利用口腔和手指的触觉来分析乳液的润滑度(图 4-12)。采用的乳化剂为乳清蛋白(pH 6.7 和 pH 3.5)、改性淀粉和溶菌酶,油的质量分数为 30%、20%、10%、5%和 1%。

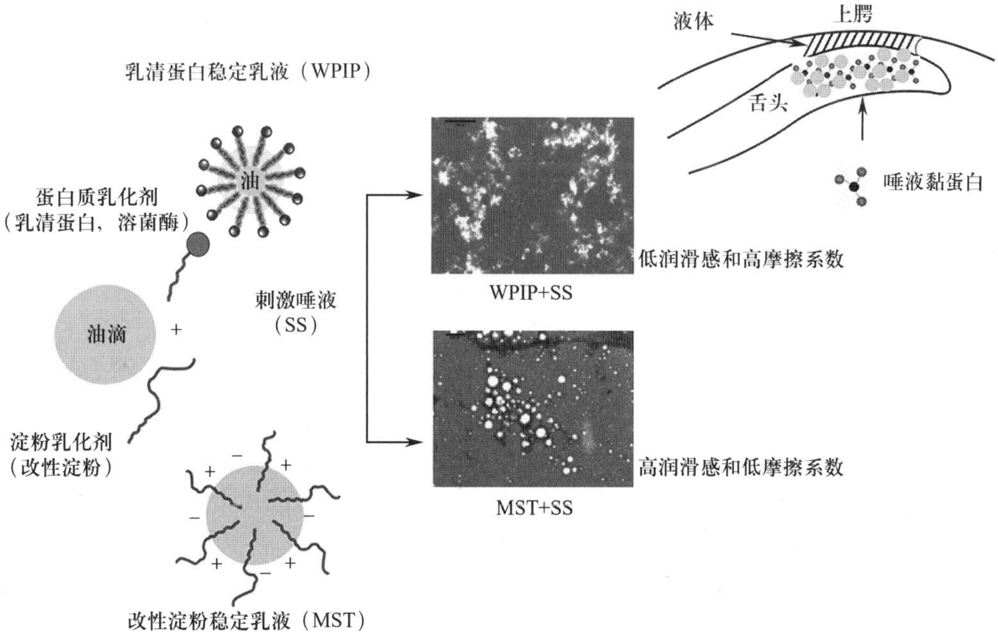

图 4-12　案例 7 示意(Upadhyay 和 Chen,2019)

c)研究结论:摩擦学和感官分析能够区分不同组分的乳液润滑度;润滑度和摩擦系数显著相关(且口腔触觉感知的平滑度与摩擦系数相关性更高)(图 4-12)。

4.3 食品口腔加工的口腔生理学原理

食品口腔加工过程的感官体验不仅与食品的材料性质有关,也与口腔的生理性质密切相关。因此,在理解食品口腔加工性质前,有必要了解基本的口腔生理学知识。

4.3.1 口腔的基本组成

口腔是指嘴唇和软腭之间的空隙空间,其表面由嘴唇、脸颊、硬腭、舌头和牙齿组成(图 4-13)。上下唇是口腔重要的入口器官,与面-颊部肌肉相连。上下颌位于口腔前侧的顶部与底部,下颌可以进行水平与垂直的运动,其开闭运动可以灵活调整口腔的大小。下腭的垂直移动产生口腔的咬合力,而下腭的水平移动则产生咀嚼时的剪切力。嘴唇的内侧为牙,可以切咬与磨碎食品。口腔的根部为咽,并与食管相通。唾液腺位于口腔周围,其分泌的唾液经过导管进入口腔,并发挥重要的口腔润滑作用。

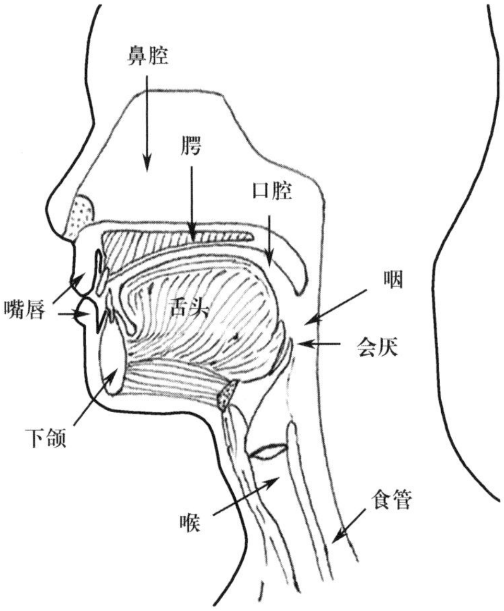

图 4-13 口腔的组成(Chen,2009)

男性和女性的口腔大小具有较大差异:进行水吞咽时,成年男性能一次性吞咽(30.5±0.1) g 的水,而女性则为(25.2±8.1) g (Medicis 和 Hiiemae,1998)。食品的物理性质也会显著影响口腔的容量。据报道,一个成年男性的口腔能处理(18±4.9)g 的香蕉,而女性则为(13.1± 4.0) g(Medicis 和 Hiiemae,1998)。口腔处理固体食品的量一般要小于液体的量,这可能是由于口腔需要一定的操作空间来分解固体食品。

4.3.2　牙齿与咀嚼肌

每颗牙均由牙冠、牙颈与牙根组成，肉眼可见的为牙冠，牙颈和牙根部分被牙龈和牙周膜覆盖(图 4-14A)。牙齿最外围包裹的物质称为牙釉质，是人体最坚硬和矿质化最高的部分；牙齿的中间部位是牙髓，包含血管和神经的连接组织通过牙根顶部的洞进入牙齿内部；牙周组织是牙齿的支撑结构，帮助牙齿附着于周围组织，并且能够对触碰和压力形成感知；牙周韧带将牙齿的牙骨质附着于牙槽骨，每个韧带的宽度为 0.15～0.38 mm，并由一定数量的纤维束组成。成人的全齿列由上下各 16 颗牙齿组成，包括切牙、尖牙、前磨牙和磨牙(图 4-14B)。切牙位于口腔前部的中线两侧，主要功能为切割食品；尖牙位于侧切牙远中，主要功能为穿刺和撕裂食品；前磨牙位于尖牙与磨牙之间，主要功能为协助撕裂并捣碎食品；磨牙位于前磨牙远中，具有磨细食品的作用。

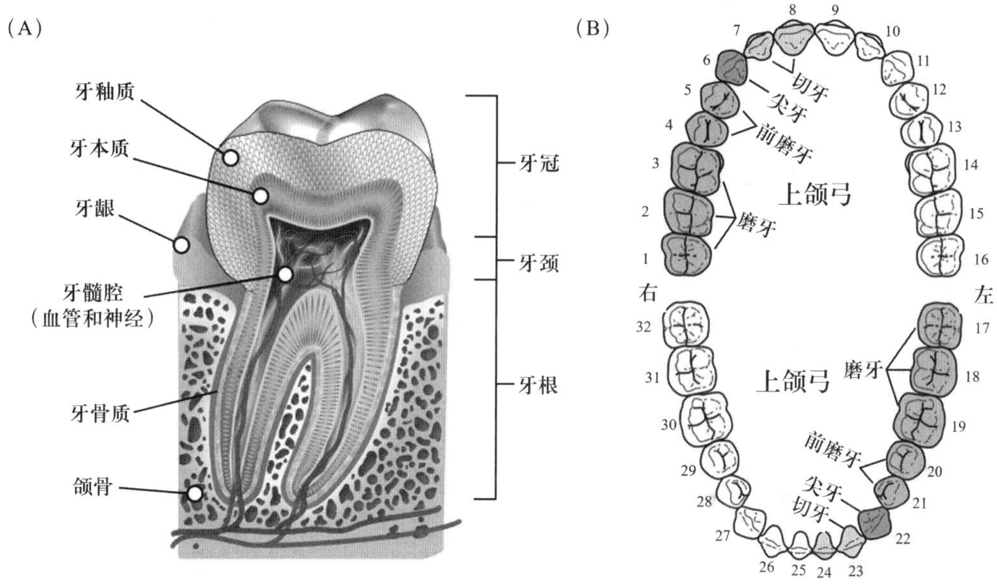

图 4-14　牙齿的组成(A)和分布(B)

咀嚼肌又称颌骨肌，狭义的咀嚼肌包括咬肌、颞肌、翼内肌和翼外肌四对肌肉，它们与下颌骨的运动关系最为密切，其排列与颞下颌关节的运动特点相适应。广义的咀嚼肌还包括与下颌骨运动相关的肌群，如舌骨上肌群。咬肌、颞肌和翼内肌的下颌附着点低于起点，可在收缩时产生闭颌运动；舌骨上肌群位于下颌骨和舌骨之间，收缩时可下降下颌骨，产生开颌运动；当下颌骨固定时，舌骨上肌群收缩产生使舌骨向上的运动。翼外肌位于水平方向，主要参与前伸和开颌运动。这些肌肉收缩时产生的生物电活动可以被记录和量化。由于物理特性的变化，食品的抵抗能力随着咀嚼周期的变化而变化。因此，需要立即的肌肉反应来维持相对一致的咀嚼节奏。在咀嚼过程的早期，肌肉的主要活动用来克服食品的抵抗力；而在咀嚼中期，肌肉的活动量会减少很多。肌肉的活动既反映了对食品材质的预期，也反映了感官真实的反馈。预期性肌肉活动可在闭颌开始后立即发生，而外部诱导的活动则在负荷开始后 25 ms 才开始。

不同个体、种族和性别间的牙齿力量存在显著差异。有研究发现，在相同的实验条件下，不同个体间的咬合力可以在 110～370 N(Paphangkorakit 和 Osborn，1997)。感官体验的形成也与个体的牙齿咬合力密切相关：一个需要 200 N 穿刺力的食品，有些人觉得是脆弱和易碎的，有些人觉得是坚硬的(Chen，2009)。不同位置的牙齿能产生的力量也不同。例如，门齿产生的力最小(最大约为 150 N)，犬齿能够产生的力量为中等(最大约为 300 N)，而臼齿能够产生的力量最大可达 500 N 甚至 800 N(Chen，2009)。虽然人类的牙齿能够产生相当大的咬合力，但在进食时，通常不会使用那么大的力量。

除了咬合力，人类的牙齿对振动也非常敏感。Robertson 等(2003)使用电动振动器来测试上颌和下颌的触觉敏感性，结果发现两者的敏感性没有显著性差异，且平均的阈值随振动频率的增加而增加。牙齿对振动的感知可能是听力障碍的人仍然喜欢吃松脆食品的原因之一。有研究发现，牙套会显著降低佩戴者根据食品材质调整咀嚼行为的能力(Veyrune 和 Mioche，2000)。

◇ **案例 8**：牙齿状态与饮食多样性的相关性调查(Iwasaki et al.，2015)

a)研究方法：将 252 名志愿者(84 名男性，168 名女性，平均年龄 81.2 岁)的牙齿数目分为 3 组：1～9 颗牙齿，10～19 颗牙齿和 20 颗或更多牙齿。使用京都 11 项食品多样性评分标准(11-item food diversity score Kyoto，FDSK-11)来评估 11 个主要食品组的消费频率。采用一般线性模型，对 3 个牙科状态组间 FDSK-11 评分的差异进行了多变量分析，得分在 0～11 分，较高的分值表明食品差异较大。

b)研究结论：牙齿数目越少，则 FDSK-11 的得分就越低；女性的这一规律要强于男性(表 4-2)。

表 4-2　牙齿完整性与饮食多样性之间的相关性(Iwakaki et al.，2015)

性别	20 颗牙齿	10～19 颗牙齿	1～9 颗牙齿
FDSK-II (男性)	10.5±0.5[a]	10.0±0.5[a]	11.0±0.7[a]
FDSK-II (女性)	11.0±0.6[a]	9.7±0.7[b]	9.0±0.7[b]

注：同一行中具有不同上标字母的数值存在显著性差异($P<0.05$)。

4.3.3　舌与舌肌肉

舌头是口腔内的一个大型条纹肌肉束，没有骨头的支撑，完全依赖外附肌锚定在周边的骨头上。舌头的上表面(背)可分为 2 个部分：口腔部分(约前 2/3 的舌头)和咽部分(约后 1/3 的舌头)。舌头的背侧黏膜表面由复层鳞状上皮组成，带有数量众多的乳头状突起和味蕾。乳头状突起有 4 种类型：丝状、菌状、轮廓和叶状。除丝状乳头外，其他的 3 种乳头都含有味蕾。图 4-15 为舌的结构示意。

舌头对食品的感知能力主要体现在温度、滋味和质构等方面。当食品开始进入口腔时，舌体会先延伸并接受食品，并在此过程中感测食品的温度。舌体对于食品温度的感知作用可以辅助大脑判断食品是否符合食用标准，进而避免过高温度的食品对黏膜的损伤。食品进入口腔后，舌体上的味蕾会感知食品的滋味，辅助大脑形成对该食品的喜好，并判断是继续咀嚼还是吐出该食品。人舌与硬腭之间的接触抵抗作用是对食品质构形成感知的主要方式。人体口腔中牙龈、舌头、软腭与硬腭等黏膜中含有的机械刺激感受器，使得口腔表面具有高度的触觉灵敏性。在食品口腔加工过程中，舌体持续接触口腔内壁表面，食品颗粒刺激口腔黏膜中的机械接受神经末梢，传递信号给大脑，从而判断食品的质构特征、位置、含量与形状等信息。随着食品颗粒在口腔加工过程中的不断减小，口腔的质构感知主导机制由流变学逐渐转变为摩擦学。口腔摩擦学以摩擦系数为表征物理参数，研究并预测食品的口腔感官。口腔摩擦学

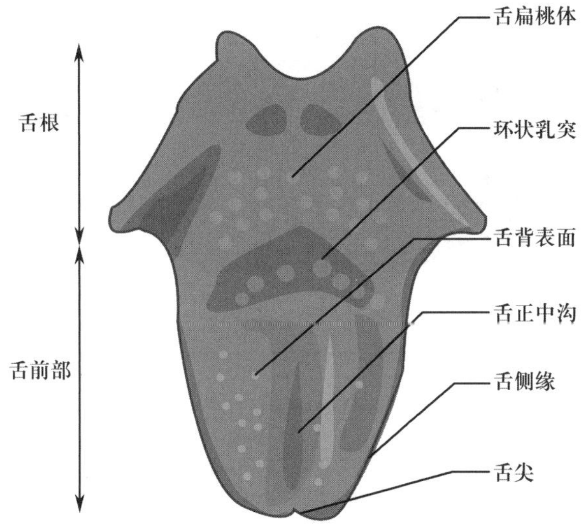

图 4-15　舌的结构示意

既包含了食品唾液混合物的材料性质，又考虑了不同个体舌面形貌的差异和同一个体舌面不同区域形貌的差异，更为合理地解释食品口腔感官的食品差异和个体差异。

◇ **案例 9**：舌头力量强度对口腔黏度鉴别敏锐度的影响（Steele，2018）

a）研究目的：研究舌头力量对舌头感知食团黏性的影响。

b）研究方法：对 346 名健康的志愿者（年龄从 12～86 岁）进行舌头力量测试和液体黏度鉴别测试。舌头力量测试采用的是爱荷华口腔行为仪（IOPI）。液体黏度鉴别测试采用三角测试法，即 3 个样品中有 1 个的浓度与其他的不同，然后要求志愿者鉴别出哪一个样品是不同的。检测流程见图 4-16。

c）研究结论：健康的成年人能够区别液体间微小的黏度差异。舌头的力量会随着年龄的增加而逐渐下降，但舌头对液体黏度的敏锐度似乎并未有显著下降。

4.3.4　唾液与唾液腺

唾液是一个复杂的生物液体，大致由 98%以上的水分和少量的有机物和无机物组成，包括黏蛋白、电解质、蛋白质、抑菌物质、酶及其他。天然唾液的 pH 范围为 5.6～7.6，平均值为 6.75。对于同一个个体，唾液的 pH 在一天中还会随时间的变化而变化。

口腔唾液来自 3 个主要的唾液分泌腺：腮腺（位于上颌第一颗臼齿的对面）、舌下腺（位于口腔底部的中央部位）以及颌下腺（口腔底部的前部和两侧）。90%的唾液来源于这三大唾液腺，此外还有 10%的唾液来自舌腺、腭腺、唇腺、颊腺等小唾液腺。唾液腺的分泌能力在不同情况下差异巨大。腮腺在睡眠的时候几乎停止工作，但一旦被刺激，就会贡献 58%（机械刺激）或 45%（酸刺激）的唾液分泌量（Aps 和 Martens，2005）。非刺激唾液的平均流速为 0.43 mL/min，波动范围为 0.042～1.83。在被刺激的情况下，流速就可以达到 0.77～4.15 mL/min（Chen，2009）。Engelen 等（2005）基于 266 名成年人的研究发现，非刺激性唾液流速的平均值为（0.45±0.25）mL/min，而刺激后的唾液流速可以达到（1.25±0.67）mL/min。Engelen 等（2005）还研究了一天中不同时间内的唾液流速，结果发现，非刺激性唾液的流速在一天内的波动很小，而刺激性唾液的流速在早上和中午的时候达到最高值。现在还不确定不同的唾

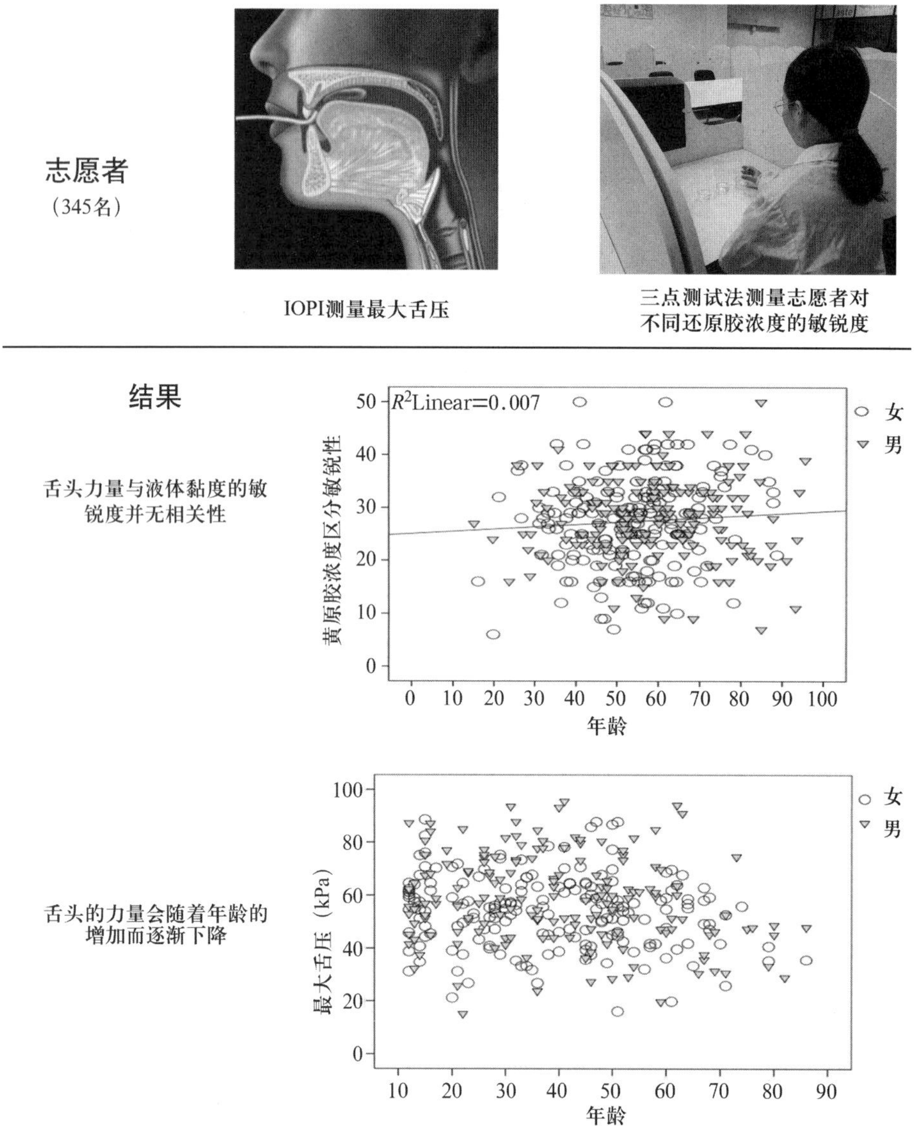

图 4-16　案例 9 示意

液流速是否影响人们对于食品材质的感知，但是可以肯定的是人们一天中对于食品种类的喜好会有所不同。唾液腺的大小被认为是不同唾液产生能力的主要影响因素。Ono 等(2006)利用磁共振成像技术测量了青年人的腺体大小，结果发现对于腮腺和颌下腺，更大的尺寸与更高的唾液流速有关。年龄、健康状况以及药物的使用也对唾液分泌产生重要的影响。老年人的唾液产生能力显著下降，分泌的行为也显著改变。70 多岁人的平均唾液流速只有 30 多岁人的一半(Dodds et al.，2005)

唾液在食品口腔加工与感官体验的形成中起着重要的作用(图 4-17)，能润滑食品并促进食团的形成、缓冲食品的刺激、增强风味感知和降解食品成分。

唾液具有良好的润滑效应[(唾液的边界摩擦系数比水小两个维度(Bongaerts et al.，2007)]，能减少食品在口腔中移动对口腔软组织的刺激。唾液还可以软化食品成分，降低其摩

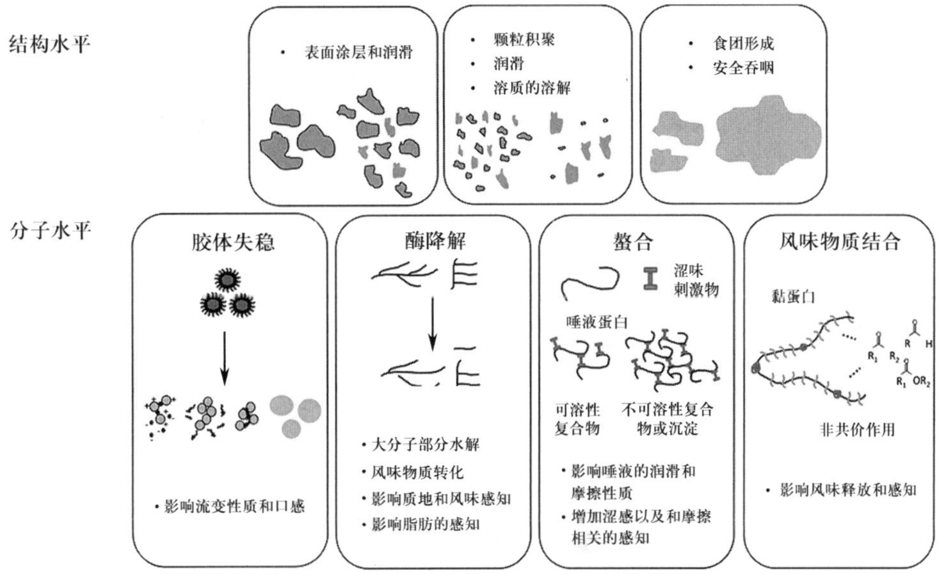

图 4-17　唾液在食品口腔加工中的作用(Mosca 和 Chen, 2017)

擦力，帮助食品颗粒聚集并形成有凝聚力的食团。在这个过程中，黏蛋白起到了非常关键的作用。黏蛋白是分子量在 0.5～20 MDa 的一种大型细胞外糖蛋白，高度糖基化，包含 80% 的碳水化合物(主要由 *N*-乙酰半乳酰胺、*N*-乙酰葡萄糖胺、果糖、半乳糖、西亚利酸以及痕量的甘露糖和硫酸盐组成)和 20% 的蛋白质。Prinz 和 Lucas(2000)等研究表明，唾液的润滑作用在更高的表面速度和荷载情况下更明显，很可能是由于唾液的剪切变稀性质。

唾液还可以响应食品的摄入，并提供缓冲作用。在食品被摄入后的 5 min 内，唾液的 pH 会有所增加，在之后的 15 min 则回落至最低 6.1 左右。上腭的 pH 也会随之恢复到它静态时的状态。唾液的这种缓冲能力，可以对口腔，尤其是牙齿提供保护作用，减少食品带来的直接刺激(Humphrey 和 Williamson, 2001)。

唾液对风味的感知具有重要影响。唾液能够溶解味觉物质，并将其运输到受体部位。由于具有较低的表面张力，唾液能够迅速湿润食物颗粒，促进味觉物质的迅速扩散。食物与唾液在口中的混合行为将决定味觉的感知强度。Ferry 等(2006a, b)研究发现，与唾液的有效混合有助于味觉物质从食物基质中释放和被运输到味觉受体，从而增强味觉的感知强度。相比食物中的味觉物质浓度，唾液中溶解的味觉物质浓度与味觉感知间存在更强的关联性。唾液还可以与香气化合物相互作用。对空气/液体进行量化的研究发现，黏蛋白可降低高挥发性化合物的保留率，并增加疏水性化合物的保留率(van Ruth et al., 2001)。Pagès-Hélary 等(2014)研究了黏蛋白和 α-淀粉酶对不同疏水性酯和酮的空气/液体分配系数的影响，结果发现黏蛋白和 α-淀粉酶都能减少香气物质的释放。疏水结合被认为是唾液蛋白与芳香物质之间的主要相互作用类型，但其他非共价的相互作用(如静电作用)似乎也参与其中。

唾液中包含的酶可以与食品的成分进行作用，导致特定结构的形成或降解。据研究报道，唾液能导致中性或带弱负电的乳液颗粒发生排斥絮凝，并因此增强对乳液的风味感知(Silletti et al., 2007)。唾液中的淀粉酶可以将食品中的淀粉颗粒水解，使得食品更容易混合和在胃中被消化。有研究发现，在短暂的口腔加工过程中，唾液中的淀粉酶能将面包中的 50% 和面条中的25%淀粉水解和转化成更小的分子(Hoebler et al.,1998,2000)。一项基于体外实验的研究发现,奶油在与唾液混合10 s后,其黏度下降了10倍(Janssen et al.,2007)。唾液淀粉酶的最佳pH是7.4,因此它只在口腔中保持高活性,而在胃中则会迅速失去活性。此外,唾液淀粉酶对淀粉的降解不是完全的,大部分的淀粉降解还是由胰腺淀粉酶完成。

◇ **案例10**:红酒涩味的摩擦学研究(Brossard et al.,2016)

a)研究目的:涩味是一种特殊的口腔感知,主要表现为干燥和收敛感,是红酒、茶和一些水果产品的特征风味之一。关于涩味的假说有许多种,但是确切的机理还不够清晰。该研究通过摩擦学的方法验证涩味是否是一种物理感知。

b)研究方法:测量唾液红酒混合物的摩擦系数,并将其与涩味的风味感知相联系(图4-18)。

c)研究结论:摩擦系数与涩味感知之间具有强烈的相关性($R^2=0.93$),证明多酚类物质引发的涩味感知可以通过摩擦学进行量化。

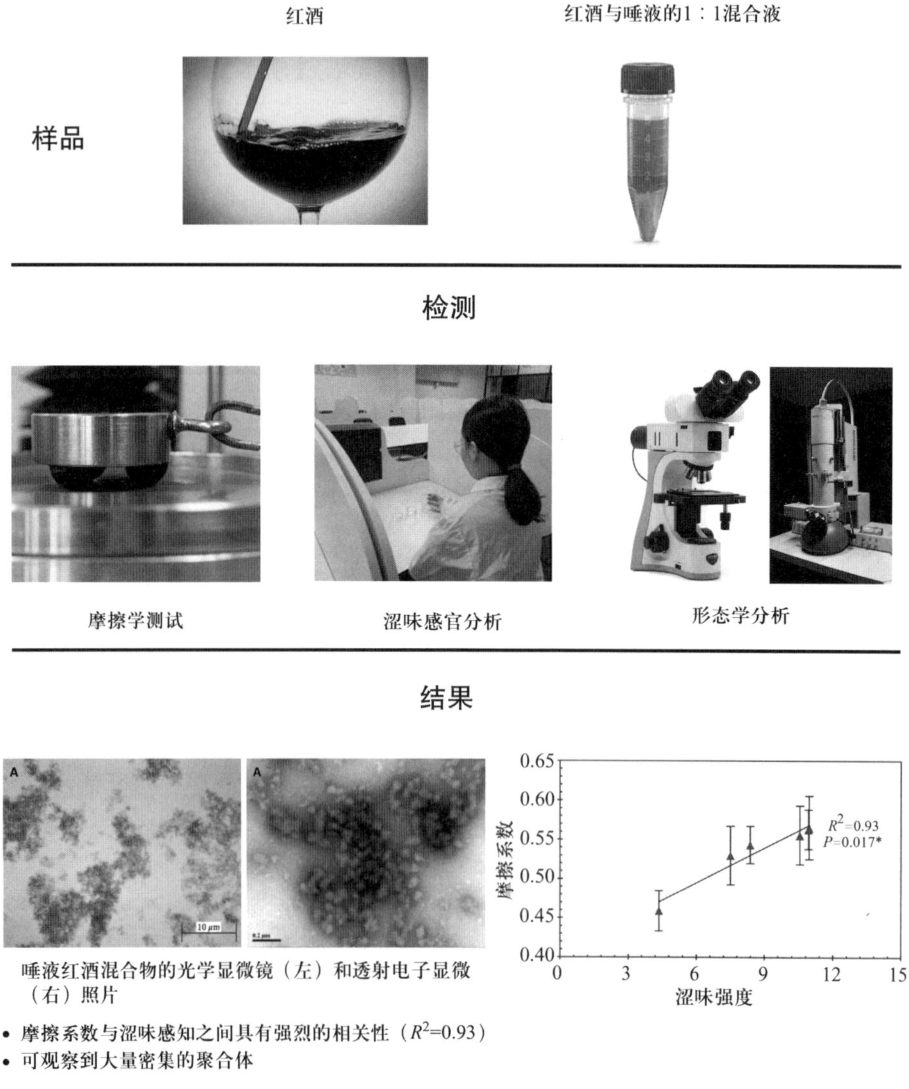

图4-18 案例10示意

4.4　食品口腔加工研究的展望

食品口腔加工领域在近些年引起了学术界和业界的巨大兴趣，推动了食品感官分析领域几个重要的概念性转变：①从简单的食品材料学研究转变为食品与人体相互作用为基础的研究；②从单纯的食品材料的成分分析转变为食品和唾液混合物的研究；③从食品的气味、滋味和质构的独立研究转变为食品感官与口感的交叉综合研究；④从体外研究转变为体内原位研究；⑤从简单的饮食研究拓展为入口至吞咽的全过程研究。

食品口腔加工领域的主要活跃领域有以下 7 个方面：①食品口腔加工研究的新技术开发；②食品口腔摩擦学的理论与技术；③食品感官刺激的心理物理学规律；④食品（食品成分）与唾液的相互作用；⑤食品感官的大脑行为解释；⑥特殊消费者的食品口腔处理与控制以及特殊膳食用食品的设计；⑦食品口腔加工与健康的关系。

本章小结

食品口腔加工概念的提出和一系列理论的发展，将食品感官研究从传统的材料学方法研究延伸至食品在口腔环境中的结构性质变化的研究，即从简单的体外食品性质测试转变为食品与口腔之间的相互作用研究，使得人们对食品的感官评价更能反映人体的真实感受。食品的口腔加工行为是一个动态的过程，食品的材料性质在此过程中不断发生变化并逐渐转变为食团，口腔中的相关肌肉活动也随食品材料性质的变化而变化，人对食品质构的感官认知也从起初入口时的视觉、嗅觉感官评价逐渐形成更为丰富的综合评价。此外，个体间甚至同一个个体在不同时期的口腔生理差异也会对食品的感官性质产生重大影响。因此，在食品感官评价中，引入对食品口腔加工学的考虑是必须且非常重要的。食品在口腔中的动态性质和结构变化是食品感官分析领域的重要研究方向。

此外，在对食品感官风味的形成机理进行基础性研究时，食品口腔加工领域的研究也是不可缺失的。例如，口腔中不断产生的唾液对食品感官风味的形成有重要的影响。唾液是一个非常复杂并具有强烈个体差异的胶体体系，是风味成分的释放媒介。所有的风味分子都须经过唾液才能到达味觉和嗅觉受体，因此唾液的性质会显著影响风味分子的感受机制；唾液中的黏蛋白等会与多酚类物质相互作用而改变口腔唾液薄层的理化性质，并产生涩感，或与食品大分子相互作用进而改变食品乳状液在口腔中的稳定性。

思考题

1. 如何客观地分析不同口腔加工阶段的感官体验？
2. 流变学、断裂力学和摩擦学在感官分析中的应用和发展前景如何？
3. 个体的生理差异是如何影响其感官体验的？

参考文献

APS J K M, MARTENS L C, 2005. Review: the physiology of saliva and transfer of drugs into saliva [J]. Forensic Science International, 150(2): 119-131.

BASTIAN R W,RIGGS L C,1999. Role of Sensation in Swallowing Function [J]. The Laryngoscope,109: 1974-1977.

BONGAERTS J H H, ROSSETTI D, STOKES J R, 2007. The lubricating properties of human whole saliva [J]. Tribology Letters, 27(3): 277-287.

BROSSARD N, CAI H, OSORIO F, et al., 2016. "Oral" tribological study on the astringencysensation of red wines: oral tribological study on astringency sensation [J]. Journal of Texture Studies, 47(5): 392-402.

CAMACHO S, VAN ECK A, VAN DE VELDE F, et al., 2015. Formation dynamics of oral oil coatings and their effect on subsequent sweetness perception of liquid stimuli [J]. Journal of Agricultural and Food Chemistry, 63(36): 8025-8030.

CARPENTER G, 2012. Role of saliva in the oral processing of food [M]. Food Oral Processing. Wiley-Blackwell.

CATRIONA M STEELE, 2018. The influence of tongue strength on oral viscosity discrimination acuity [J]. Journal of Texture Studies, 49(3):249-255.

CHEN J, KARLSSON C, POVEY M, 2005. Acoustic envelope detector for crispness assessment of biscuits [J]. Journal of Texture Studies, 36(2): 139-156.

CHEN J, STOKES J R, 2012. Rheology and tribology: Two distinctive regimes of food texture sensation [J]. Trends in Food Science & Technology, 25(1): 4-12.

CHEN J, 2009. Food oral processing: A review [J]. Food Hydrocolloids, 23(1): 1-25.

CUNHA T R, DELLA VECCHIA M P, REGIS R R, et al., 2013. A randomised trial on simplified and conventional methods for complete denture fabrication: masticatory performanceand ability [J]. Journal of Dentistry, 41(2): 133-142.

DODDS M W J, JOHNSON D A, YEH C-K, 2005. Health benefits of saliva: a review [J]. Journal of Dentistry, 33(3): 223-233.

ENGELEN L, FONTIJN-TEKAMP A, VAN DER BILT A, 2005. The influence of product and oral characteristics on swallowing [J]. Archives of Oral Biology, 50(8): 739-746.

FERRY A-L S, MITCHELL J R, HORT J, et al., 2006a. In-mouth amylase activity can reduce perception of saltiness in starch-thickened foods [J]. Journal of Agricultural & Food Chemistry, 54(23): 8869-8873.

FERRY A-L S, HORT J, MITCHELL J R, et al., 2006b. Viscosity and flavour perception: Why is starch different from hydrocolloids? [J]. Food Hydrocolloids, 20(6): 855-862.

FOSTER K D, WODA A, PEYRON M A, 2006. Effect of texture of plastic and elastic model foods on the parameters of mastication [J]. Journal of Neurophysiology, 95(6): 3469-3479.

FUNAMI T, NAKAO S, ISONO M, et al., 2016. Effects of food consistency on perceived intensity and eating behavior using soft gels with varying aroma inhomogeneity [J]. Food Hydrocolloids, 52: 896-905.

GLAS H W VAN DER, LIU T, ZHANG Y, et al., 2020. Optimizing a determination of chewing efficiency using a solid test food [J]. Journal of Texture Studies, 51(1): 169-184.

HADDE E K, CICHERO J A Y, ZHAO S, et al., 2019. The importance of extensional rheology in bolus control during swallowing [J]. Scientific Reports, 9(1): 16106.

HEATH M R, 1982. The effect of maximum biting force and bone loss upon masticatory function and dietary selection of the elderly [J]. International Dental Journal, 32(4): 345-356.

HIIEMAE K, HEATH M R, HEATH G, et al., 1996. Natural bites, food consistency and feeding behaviour in man [J]. Archives of Oral Biology, 41(2): 175-189.

HOEBLER C, DEVAUX M-F, KARINTHI A, et al., 2000. Particle size of solid food after human mastication and in vitro simulation of oral breakdown [J]. International journal of food sciences and nutrition, 51: 353-66.

HOEBLER C, KARINTHI A, DEVAUX M-F, et al., 1998. Physical and chemical transformations of cereal food during oral digestion in human subjects [J]. The British journal of nutrition, 80: 429-436.

HUMPHREY S P, WILLIAMSON R T, 2001. A review of saliva: normal composition, flow, and function [J]. The Journal of Prosthetic Dentistry, 85(2): 162-169.

IWASAKI M, KIMURA Y, YOSHIHARA A, et al., 2015. Association between dental status and food diversity among older japanese [J]. Community Dental Health, 32(2): 104-110.

JANSSEN A M, TERPSTRA M E J, DE WIJK R A, et al., 2007. Relations between rheological properties, saliva-induced structure breakdown and sensory texture attributes of custards [J]. Journal of Texture Studies, 38(1): 42-69.

KARKAZIS H C, 2002. Emg activity of the masseter muscle in implant supported overdenture wearers during chewing of hard and soft food [J]. Journal of Oral Rehabilitation, 29(10): 986-991.

KOHYAMA K, HATAKEYAMA E, DAN H, et al., 2005. Effects of sample thickness on bite force for raw carrots and fish gels [J]. Journal of Texture Studies, 36(2): 157-173.

KOHYAMA K, MIOCHE L, MARTIN J-F, 2002. Chewing patterns of various texture foods studied by electromyography in young and elderly populations [J]. Journal of Texture Studies, 33(4): 269-283.

KOHYAMA K, NAKAYAMA Y, YAMAGUCHI I, et al., 2007a. Mastication efforts on block and finely cut foods studied by electromyography [J]. Food Quality and Preference, 18(2): 313-320.

KOHYAMA K, SAWADA H, NONAKA M, et al., 2007b. Textural evaluation of rice cake by chewing and swallowing measurements on human subjects [J]. Bioscience, Biotechnology, and Biochemistry, 71(2): 358-365.

KOSAKA T, ONO T, KIDA M, et al., 2016. A multifactorial model of masticatory performance: the suita study [J]. Journal of Oral Rehabilitation, 43(5): 340-347.

KOÇ H, VINYARD C J, ESSICK G K, et al., 2013. Food oral processing: conversion of food structure to textural perception: 1 [J]. Annual Review of Food Science and Technology, 4(1): 237-266.

KÄYSER A F, VAN DER HOEVEN J S, 1977. Colorimetric determination of the masticatory performance [J]. Journal of Oral Rehabilitation, 4(2): 145-148.

LUCAS P W, CORLETT R T, LUKE D A, 1986. Postcanine tooth size and diet in anthropoid primates [J]. Zeitschrift Fur Morphologie Und Anthropologie, 76(3): 253-276.

MEDICIS S W, HIIEMAE K H, 1998. Natural bite sizes for common foods [J]. J Dent Res, 77.

MIOCHE L, PEYRON M A, 1995. Bite force displayed during assessment of hardness in various texture contexts [J]. Archives of Oral Biology, 40(5): 415-423.

MOSCA A C, CHEN J, 2017. Food-saliva interactions: mechanisms and implications [J]. Trends in Food Science & Technology, 66: 125-134.

NEYRAUD E, PRINZ J, DRANSFIELD E, 2003. NaCl and sugar release, salivation and taste during mastication of salted chewing gum [J]. Physiology & Behavior, 79(4-5): 731-737.

OKADA A, HONMA M, NOMURA S, et al., 2007. Oral behavior from food intake until terminal swallow [J]. Physiology & Behavior, 90(1): 172-179.

OKIYAMA S, IKEBE K, NOKUBI T, 2003. Association between masticatory performance and maximal occlusal force in young men [J]. Journal of Oral Rehabilitation, 30(3): 278-282.

ONO K, MORIMOTO Y, INOUE H, et al., 2006. Relationship of the unstimulated whole saliva flow rate and salivary gland size estimated by magnetic resonance image in healthy young humans [J]. Archives of Oral Biology, 51(4): 345-349.

PAGÈS-HÉLARY S, ANDRIOT I, GUICHARD E, et al., 2014. Retention effect of human saliva on aroma release and respective contribution of salivary mucin and α-amylase [J]. Food Research International, 64: 424-431.

PALMER J B, 1998. Bolus aggregation in the oropharynx does not depend on gravity [J]. Archives of Physical Medicine and Rehabilitation, 79(6): 691-696.

PAPHANGKORAKIT J, OSBORN J W. 1997. The effect of pressure on a maximum incisal bite force in man [J]. Archives of Oral Biology, 42(1): 11-17.

PEYRON M-A, BLANC O, LUND J P, et al., 2004. Influence of age on adaptability of human mastication [J]. Journal of Neurophysiology, 92(2): 773-779.

PRINZ J F, LUCAS P W, 2000. Saliva tannin interactions [J]. Journal of Oral Rehabilitation, 27(11): 991-994.

ROBERTSON L T, LEVY J H, PETRISOR D, et al., 2003. Vibration perception thresholds of human maxillary and mandibular central incisors [J]. Archives of Oral Biology, 48(4): 309-316.

SHARMA M, 2017. Effect of hydrocolloid type on texture of pureed carrots: Rheological and sensory measures [J]. Food Hydrocolloids, 63(2):478-487.

SHEWAN H M, PRADAL C, STOKES J R, 2020. Tribology and Its Growing Use toward the Study of Food Oral Processing and Sensory Perception [J]. Journal of Texture Studies, 51(1):7-22.

SHUPE G E, RESMONDO Z N, LUCKETT C R, 2018. Characterization of oral tactile sensitivity and masticatory performance across adulthood [J]. Journal of Texture Studies, 49(6): 560-568.

SILLETTI E, VINGERHOEDS M H, NORDE W, et al., 2007. The role of electrostatics in saliva-induced emulsion flocculation [J]. Food Hydrocolloids, 21(4): 596-606.

STEELE C M, 2018. The influence of tongue strength on oral viscosity discrimination acuity [J]. Journal of Texture Studies, 49(3): 249-255.

UPADHYAY R, CHEN J, 2019. Smoothness as a tactile percept: correlating 'oral' tribology with sensory measurements [J]. Food Hydrocolloids, 87: 38-47.

VAN RUTH S M , GROSSMANN I , GEARY M , et al., 2001, Interactions between artificial saliva and 20 aroma compounds in water and oil model systems [J]. Journal of Agricultural & Food Chemistry, 2001, 49(5):2409-2413.

VEYRUNE J, MIOCHE L, 2000. Complete denture wearers: electromyography of mastication and texture perception whilst eating meat [J]. European journal of oral sciences, 108: 83-92.

WANG X, WANG X, UPADHYAY R, et al., 2019. Topographic study of human tongue in relation to oral tribology [J]. Food Hydrocolloids, 95: 116-121.

XU X, LIU D, LIU W, et al., 2013. Jaw movement patterns during incisor penetration on different textural foods: effects of food type and size on jaw movement [J]. Journal of Texture Studies, 44(2): 124-131.

YVEN C, BONNET L, CORMIER D, et al., 2006. Impaired mastication modifies the dynamics of bolus formation [J]. European Journal of Oral Sciences, 114(3): 184-190.

ZHANG Y, LIU T, WANG X, et al., 2019. Locking up of food between posterior teeth and its influence on chewing efficiency [J]. Archives of Oral Biology, 107: 104524.

第5章

现代食品感官分析仪器介绍

本章教学要点：了解目前国内外食品感官评价中应用的各类感官分析仪器及其操作方法。

5.1　嗅觉感官分析仪器与使用流程

5.1.1　电子鼻原理

目前,电子鼻作为一种新颖的检测复杂风味的仪器受到各领域的广泛关注。传统化学分析仪器得到的是待检测样品中化学成分的定性及定量结果。与传统分析方法不同,电子鼻能够模仿人类鼻子的嗅觉功能,可获取待测样品挥发性风味成分的整体信息(指纹数据),通过与仪器数据库中的信号进行比较、识别和判断,从而确定样品的气味特征。其原理为:待分析样品的挥发性气体与传感器接触,并与之相互作用从而引起传感器阵列的电信号变化,这种变化被计算机的信号处理系统接收,通过相应的数据转换处理软件(多元模式识别算法),最后输出指纹数据结果。传感器阵列种类是电子鼻的核心,其工作原理如图 5-1 所示。传感器对香气分子的灵敏度主要取决于:①传感器的利用系数、传感功能和受体功能;②传感器的灵敏度、响应时间和恢复时间。

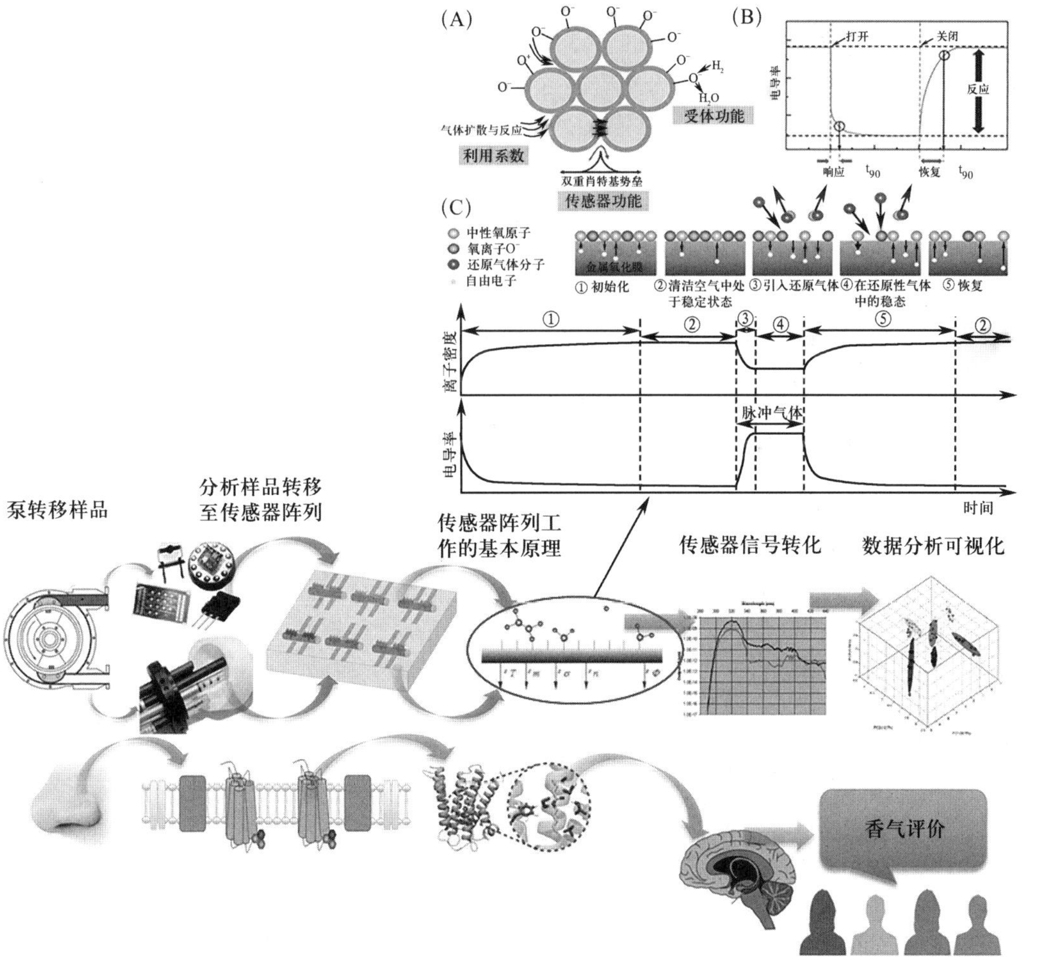

图 5-1　电子鼻传感器工作基本原理

当前常用的传感器种类包括金属氧化物半导体(metal oxide semiconductor,MOS)、导电聚合物(conducting polymer,CP)、声表面波传感器(surface acoustic wave,SAW)、石英晶体微天平(quartz crystal microbalance,QCM)、表面等离子体共振(surface plasmon resonance,SPR)等。MOS型传感器利用其处于工作温度时金属氧化物材料在与扩散的待测气体分子接触时,MOS型器件释放或被夺取电子使得其电导率发生变化的原理来检测气体,具有灵敏度高、选择性好、稳定性高、寿命长且对环境的变化不敏感的特点,也是应用最为广泛的一种传感器。CP型传感器利用气体分子与导电聚合物复合材料结合时引起材料发生溶胀或者化学反应而改变导电率来检测气体分子,但在常温工作时响应信号随时间延长存在漂移且对湿度极为敏感。SAW型传感器是沿着物体表面传播的一种弹性机械波,将交流电信号转化为二维表面声波信号,该传感器具有涂层种类繁多、灵敏度高、响应时间快且可集成的特点,但重现性和信噪比性能较差且电路复杂。QCM型传感器利用气体组分与石英晶体接触后其振动频率的变化来推导吸附气体的分子量,具有结构简单、成本低、灵敏度高、测量精度高的特点。SPR型传感器利用气体分子与传感器键合后增加传感表面的质量进而引起光表面反射的折射率变化来检测气体分子。SPR型传感器灵敏度高,不仅能够应用在小分子物质的检测上,还能够检测生物大分子。

电子鼻的高灵敏度和快速响应的特点使其在食品的诸多领域都得到了广泛的应用,如利用电子鼻分析技术可对食品的风味品质进行快速检测,并结合相关软件进行食品的货架期预测、气味指纹模型分析等。电子鼻在肉类品质的检验中也能发挥重要作用,可以利用电子鼻分析技术判断肉类的成熟期、检测肉类的掺杂掺伪、对肉类进行分级等。电子鼻分析技术还可被用来检测果汁中食品添加剂,如苯甲酸和壳聚糖的添加量,通过建立果汁的电子鼻信号与食品添加剂含量的回归模型,快速检测食品添加剂的含量。电子鼻分析技术与气相色谱-质谱联用技术以及定量描述性感官分析法结合,能够实现对猪肉丸品质和中国绿茶、黑茶的高、中、低档风味的监测和分类,随着检测和监测质量的移动式电子鼻的出现,这样的结合能很好地实现对鲜牛肉和变质牛肉的快速区分。

5.1.2 电子鼻操作流程

以德国Airsense analytical公司PEN3型电子鼻(图5-2)为例,其操作流程如图5-3所示。

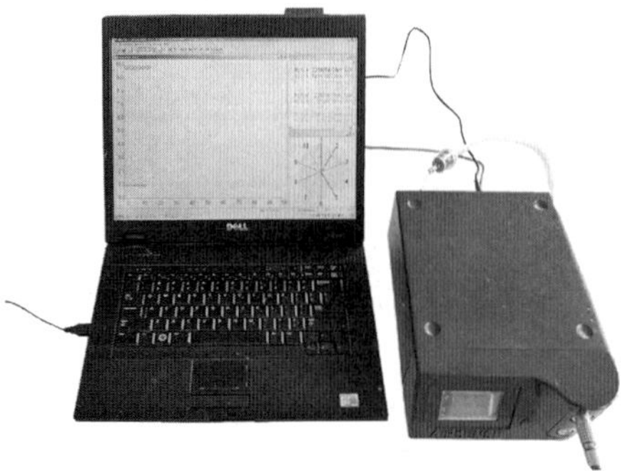

图5-2 PEN3型电子鼻装置

①准备仪器,用无味橡胶管将干净空气连接至活性炭过滤器,随后接入电子鼻。

②打开计算机和电子鼻电源,接好信号传输线,连接计算机和电子鼻。

③打开计算机的电子鼻分析软件,并搜索电子鼻设备进行配对连接。

④在测样前确定电子鼻传感器清洁状态,对电子鼻传感器进行清洗,设定清洗时间(通常为数小时),待各传感器轮廓(信号响应强度)接近,即右下角雷达图呈圆形时,说明电子鼻的各传感器已清洗干净,可以进行样品测试。

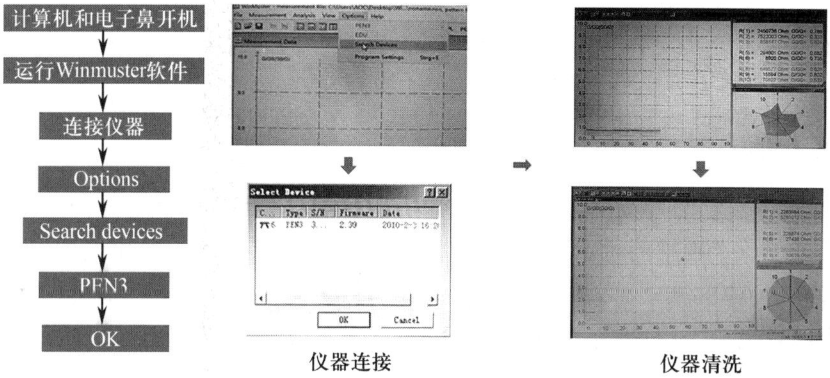

图 5-3　PEN3 型电子鼻连接操作流程

样品测试步骤如下：

①在测试之前需要对所在环境进行本底分析，检测环境是否适合样品分析。测试方法：单击菜单栏里的 Options，Settings，选择 Control 界面下部 Load Settings，选择"空气测试"程序，开始测试。如空气测试通过，即可进行样品测试。

②单击菜单栏里的 Options，Settings，在 Control 界面对分析的参数进行设置。参数设置如图 5-4 所示：首先根据预实验确定最佳分析时间，即样品测试时间，需根据样品的香气强弱进行优化，通常设定分析时间为 2 min，电子鼻传感器响应趋于平稳的时间为最佳测试时间；样品间需要设置清洗时间，通常设定为 300～600 s，以减少样品残留对检测结果的干扰，如果样品残留量较多，则需要设定更长的清洗时间；根据实验者操作的熟练程度，设定样品检测的准备时间，通常设定为 5～10 s。

③设定分析参数后保存方法，开始样品检测。点击 Load Setting，选择"样品测试"程序，点击 Load 后选择确定，待到"空气测试"最后 1 s 时将进样针头插入样品袋中开始测试。

④样品测试结束时设定的倒计时为 5～10 s，待到最后 1 s 时将针头拔出，测试完毕后点击保存，选择保存路径并对测试结果进行命名和保存。

关于电子鼻的介绍见二维码 5-1。

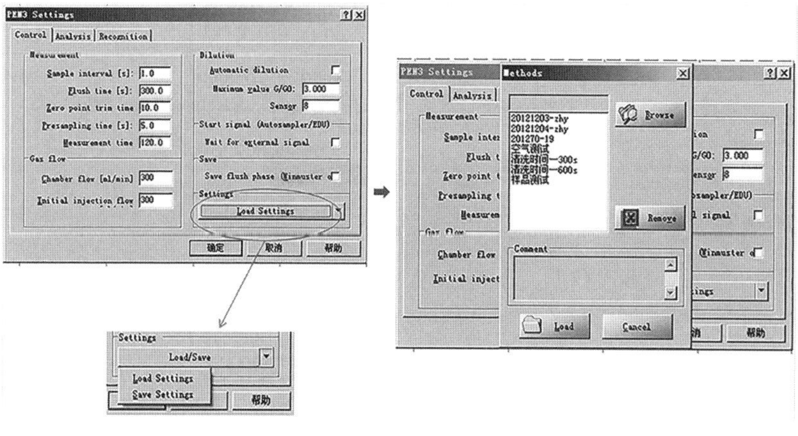

图 5-4　电子鼻分析参数设置

二维码 5-1　电子鼻

5.2 味觉感官分析仪器与使用流程

5.2.1 电子舌原理

味觉是指食物在人的口腔内对味觉器官化学感受系统产生刺激的感官感知。在味觉系统中，舌头表面味蕾上味觉细胞的生物膜可与滋味物质特异性结合并产生特定电信号，随后经神经纤维处理后传至大脑形成味觉感知。人们对味觉的感受机制虽然是相同的，但是由于人种、性别、区域及食物颜色等不同，人们对味觉物质的感受程度存在明显的差异。此外，味觉还受到其他感官的影响，如视力、嗅觉、触觉和心理作用等。基于人类味觉感受机理，电子舌通过传感器阵列对滋味物质的信号响应和数据处理模拟待测样品的滋味信息，同时结合特定数据库对被测样品的整体品质进行分析。电子舌能够克服人为主观因素和外界环境等的影响，给出客观的待测样品整体品质的评价结果。

目前，电子舌依据的经典电化学方法主要有 3 种，包括电势法、阻抗谱法和伏安法。此外，还有裸电极电子舌、修饰电极电子舌和生物传感器电子舌。其中，生物传感器电子舌可以测两种味道，分别是先期味道和回味。先期味道包括酸味、苦味、涩味、鲜味、咸味、甜味，回味包括苦味回味、涩味回味、丰富度。味觉分析的基本原理有两个：一个是基于选择性传感器的设计基础，另一个是采用与味蕾细胞工作原理相类似的人工脂膜传感技术。

SA-402B 味觉分析系统采用的是与味蕾细胞工作原理相类似的人工脂膜传感技术。该技术的核心基础是脂质膜的成分和配比，各种呈味物质对脂质膜的影响不同。当脂类双分子膜（生物膜）表面吸附呈味物质时，会产生膜电势变化，该变化通过神经网络传输到大脑，变成我们认知的“味道”。人工脂膜通过与呈味物质之间的静电作用或疏水性相互作用产生膜电势的变化，该电势作为传感器的输出信号，被传输到计算机进行分析，以此认知味觉强度及味觉特征。人工脂膜的工作原理如图 5-5 所示。

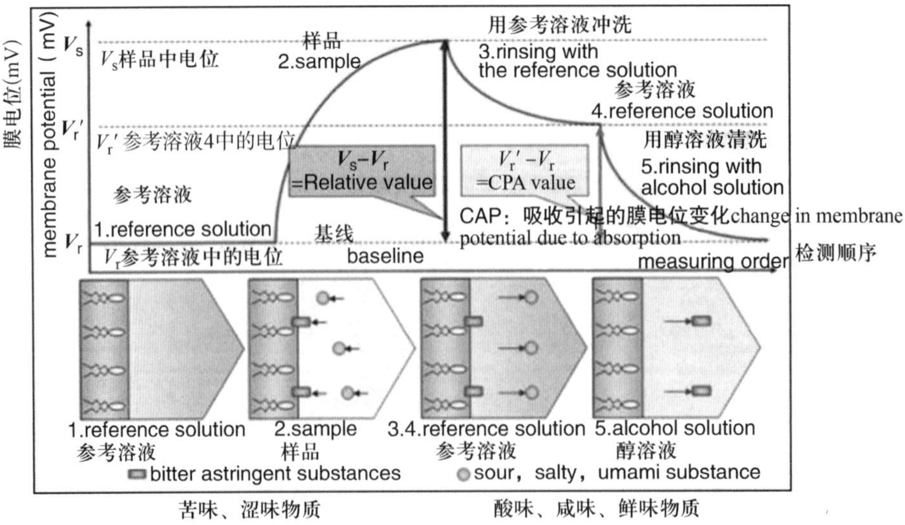

图 5-5　人工脂膜工作原理

5.2.2　电子舌操作流程

以日本 Insent 公司 SA-402B 型味觉分析系统为例，其装置如图 5-6 所示。

5.2.2.1　测试用试剂的准备

在测试之前需要准备好以下试剂：

①基准液[30 mmol/L KCl＋0.3 mmol/L *L*(＋)-酒石酸]；

②正、负极清洗液(此两种试剂必须按顺序添加)，正极清洗液(7.46 g KCl＋500 mL 蒸馏水＋300 mL 无水乙醇＋0.56 g KOH，定容至 1 L)，负极清洗液(500 mL 蒸馏水＋300 mL 无水乙醇＋8.3 mL 浓 HCl，定容至 1 L)；

③传感器、参比电极内部液(3.33 mol/L KCl＋饱和 AgCl 溶液)；

④甜味传感器专用浸泡液；

⑤参比电极浸泡液(3.33 mol/L KCl)。

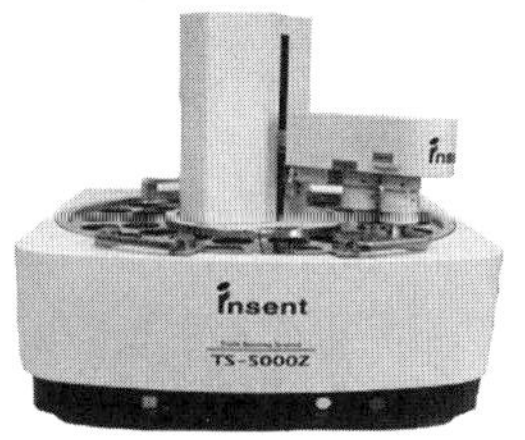

图 5-6　SA-402B 味觉分析系统

5.2.2.2　味觉传感器的准备

味觉传感器由传感器探针主体、人工脂膜、Ag/AgCl 电极和针插型电极端组成(图 5-7)。脂膜厚度只有几百微米，非常薄，因此需要小心操作。当传感器没有内部液时，在使用前，需进行传感器的预活化。在活化传感器的过程中，为确保不直接接触人工脂膜，必须戴手套操作。

首先，从传感器探针主体部逆时针旋转取下针插型电极端。

接着，用注射器或微量吸样管注射 200 μL 内部液到传感器中，确保完全充满电极芯，内部液浸没脂膜。手持时确保电极端总是向上的，如果倾斜或者向下，会使气泡进入脂膜和 Ag/AgCl 电极，导致结果不准确(图 5-8)。如果有气泡进入，可轻轻地拍打传感器以赶走气泡。

装满内部液后，将带电极芯的电极端装入传感器中，顺时针旋紧。若没有旋紧，内部液可能漏出或挥发。

将带电极芯的电极端旋紧装好后，需倒少量 3.33 mol/L KCl 于烧杯中，立即浸没传感器，且确保浸没深度达到 10 mm。传感器活化需一天(24 h)，若时间太短可能达不到理想的效果。在活化过程中，用保鲜膜盖住烧杯，防止挥发。

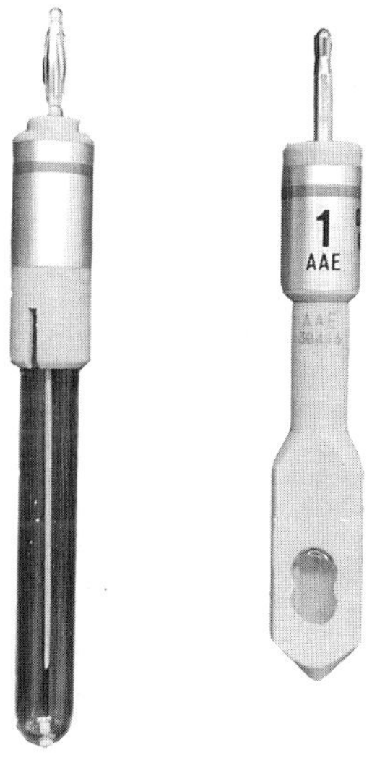

图 5-7　陶瓷参比电极(左)及味觉传感器(右)

活化传感器时需要注意以下 2 点：

①不要在冷藏室中活化传感器，否则会导致脂膜的退化。

②活化时，把不同的传感器放置在不同的烧杯中。因为传感器会相互污染，引起测试的不准确，一个烧杯中只放置一个传感器。

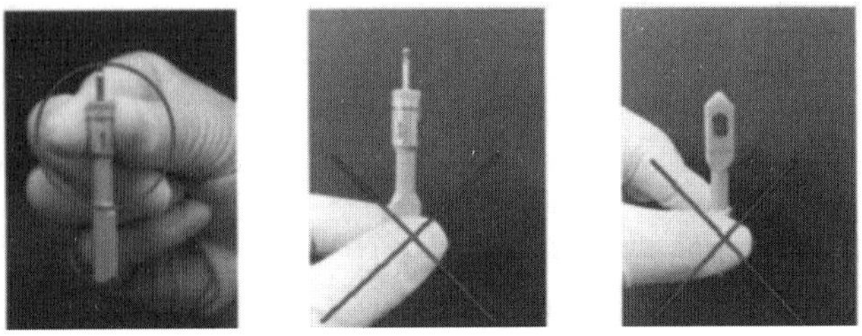

手持传感器末端　　禁止手持类脂膜　　禁止倒置传感器

图 5-8　手持味觉传感器的正确操作

5.2.2.3　陶瓷参比电极的准备

陶瓷参比电极由内置一个陶瓷连接点的玻璃管、Ag/AgCl 电极、内部液(3.33 mol/L KCl+饱和 AgCl 溶液)、针插型电极端组成(图 5-7)。当陶瓷参比电极没有内部液时,在使用前,需进行活化。在活化的过程中,为确保不直接接触玻璃管,需要戴手套操作。

首先,拔出针插型电极端。它是插入在玻璃管中的,因此只需慢慢地拔出。当安装过紧,不易拔出时,可轻轻左右拧松再拔。

接着,用注射器或微量吸样管注射内部液到玻璃管中,达到距玻璃管顶端 5 mm 处。然后将针插型电极端插进管中。如果有气泡,轻轻地拍打玻璃管以赶走气泡。

针插型电极端旋紧装好后,需立即放入盛有 3.33 mol/L KCl 溶液的烧杯中,浸没陶瓷参比电极,确保浸没深度达到 15 mm。陶瓷参比电极活化需一天(24 h),若时间太短可能达不到理想的效果。在活化过程中,用保鲜膜盖住烧杯,防止挥发。

手持时确保针插型电极端总是向上的,如果参比电极一边倾斜或者向下,会使气泡进入,导致结果不准确(图 5-9)。如果有气泡进入,可轻轻地拍打玻璃管以赶走气泡。

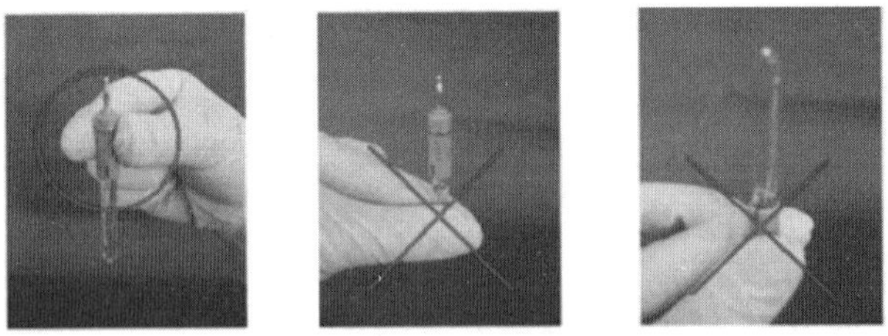

手持传感器末端　　禁止手持玻璃管处　　禁止倒置传感器

图 5-9　手持参比电极的正确操作

此外,在陶瓷参比电极的准备阶段需注意以下 3 点:

①不要在冷藏室中活化参比电极,否则会导致参比电极异常。

②陶瓷参比电极使用完毕后,传感器溶解出的少量污染物会残留在玻璃管的表面。也就是说,不同的传感器可能会引起间接污染,从而引起测试不准确。因此,应确保一个烧杯中只放置一个陶瓷参比电极。

③不同属性的味觉传感器要分别用不同的陶瓷参比电极,不要用同一个陶瓷参比电极测不同属性的味觉传感器。

5.2.2.4　连接传感器

当味觉传感器和陶瓷参比电极活化完成后，连接味觉传感器、陶瓷参比电极到传感器头上。图5-10显示的是从底部看到的传感器头的外部结构。味觉传感器的特制槽标记为1～8号，参比电极的特制槽标记为“R”，连接它们到相应的位置。

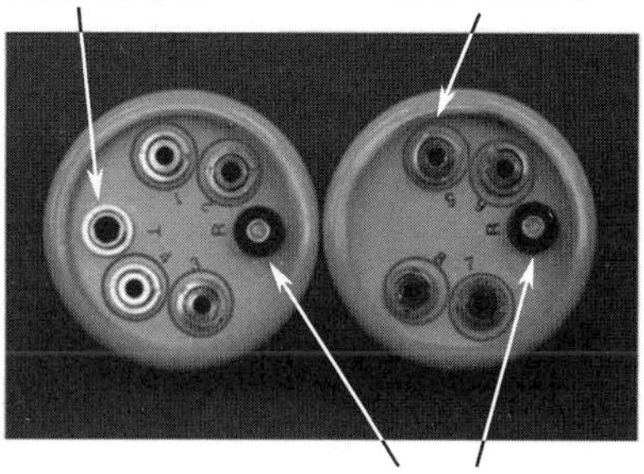

图5-10　传感器头的外部结构(底端视图)

把所有传感器和电极连接到传感器头后，再连接传感器头到机械臂上。注意两个传感器头的位置，不能互换位置。安装传感器头时，对准连接口之后，顺时针拧最上面的螺环部位，达到合适位置时，如图5-11所示，会发出清脆的声响，此时传感器头完全和机械臂连接上。

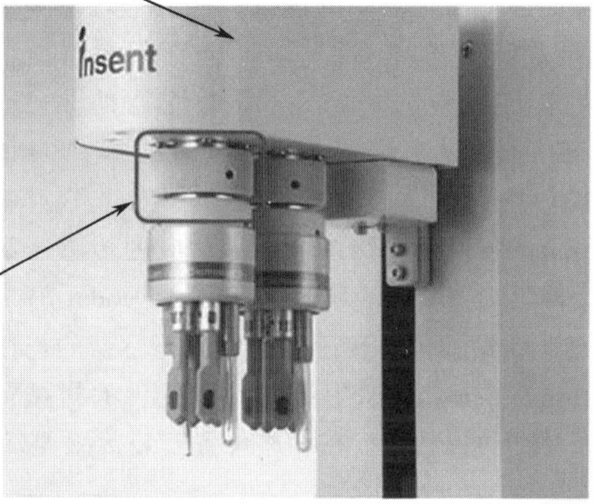

图5-11　传感器头和机械臂连接

5.2.2.5　测试软件运用部分

①点击主菜单里面的“Measurement”，进入测试设置界面(图5-12)。

②循环次数“Measurement times”：设置样品测试的次数，一般设置为4次，测试甜味时一般设置为5次。

③测试数据文件名称“Date file”：在此可以设置测试数据文件保存的名称，在该处输入该实验的名称，实验结束后数据则以该名称保存。注意，文件名称中不能出现特殊符号，如/；！＞＜＊等。

④样品设置“Sample”：在此设置样品的数量和名称，该味觉分析系统一次可测试10个样品，首先需要清除现有的样品名称，点击屏幕右下角的“Clear”；然后选择样品的数量，可以手动输入也可以按上下键修改样品数量；依次输入样品的名称，注意不要输入特殊符号，并注意在“Sample name file”中输入样品的名称。

⑤选择测试方法“Select a method file”：点击“Select a method file”，然后点击“File”，选择

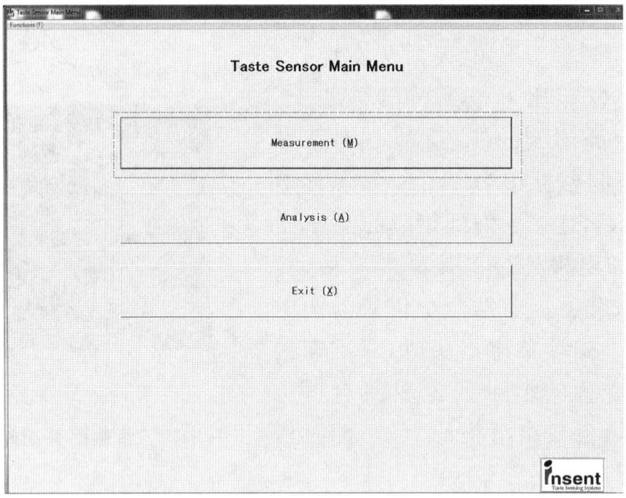

图 5-12 主菜单

里面的“Open”,然后在里面选择一个需要的测试方法。常规检测常选用“Sample_Measurement (2steps_washing)”,测试甜味时选择 GL1_test,对于不易清洗的样品,如酸奶等建议选择“Sample_Measurement(3steps_washing)”。需要注意的是,选择“Sample_Measurement (3steps_washing)”后,会占用一个样品的位置,故选择“Sample_Measurement(3steps_washing)”最多只能测试 9 个样品。

⑥传感器的设置“Sensor”:根据实验情况选择对应的传感器集合,点击“Browse”,根据实验内容选择对应的传感器集合,常规 5 味检测选择“Foodstuff_sensors”,测试甜味时选择“Sweetness_sensor”。在此介绍如何将传感器安装到传感器的连接头上,点击“Sensor”里面的“Mount sensors”和“Remove sensors”来上下移动电子舌的机械臂。选择好本次实验的传感器,点击“Mount sensors”将机械臂抬起,在相应位置安装传感器,注意在安装的过程中保证传感器不能倒置。

⑦传感器的自检“Sensor check”:传感器的自检并不需要每次实验前都进行,当传感器输出不稳定时可在实验前执行传感器检测。

⑧检查传感器及试剂:检查传感器是否安装正确,测试所需的溶液是否放置合理。确定没有问题后点击“Exit”。

⑨执行传感器检测:保证电子舌周围没有可能影响电子舌机械臂运行的东西。点击“Start”,仪器自动开始进行传感器的检测。检查所有传感器的输出是否在允许范围内,同时执行传感器检查。

检测完成后,如果对应的传感器检测结果均为“蓝色”,则传感器正常,如果检测结果显示为“红色”,则对应的传感器有问题,应更换。结束后点击“Exit”退出界面。

⑩开始测试:点击“Measurement”,同样是检测传感器、样品和清洗试剂是否放置合适。确认无误后点击“Exit”(图 5-13)。退出后点击“Start”开始实验。

⑪实验结束:测试完成后,点击“Exit”即可。

⑫移除传感器:在传感器设置面板上点击“Remove sensors”后,机械臂会抬起,抬起后便可将传感器连接头从臂上拧下,然后将传感器从传感器连接头上取下。此时整个实验过程全

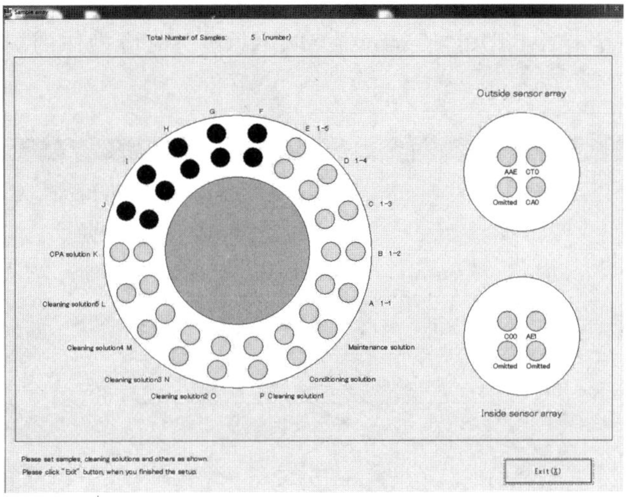

图 5-13　传感器正常

部完成，点击“Exit”即可。

5.2.2.6　测试数据的分析

实验数据分析主要包括 4 个方面：①删除第一次循环；②数据链接（可选）；③数据修正；④转化成味觉值。

1）进入分析软件

打开计算机上的数据分析软件“Taste analysis application”。第一个界面为“Basic process”（图 5-14），它显示的是数据分析可能用到的所有命令，也是数据分析的最常用命令。

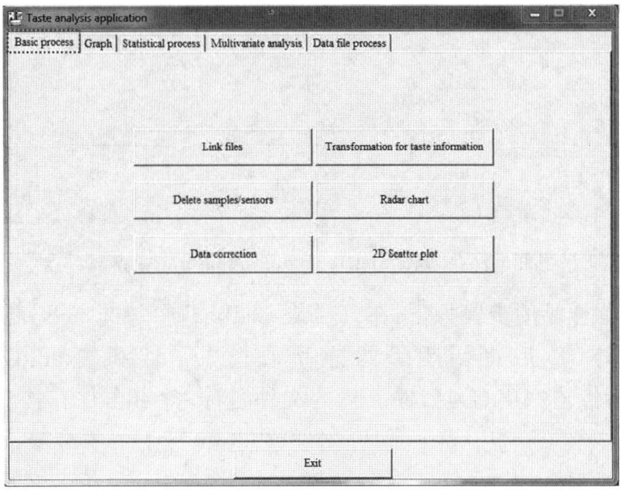

图 5-14　Basic process 界面

2）删除样品/传感器“Delete samples/sensors”

这个过程中可以删除结果文件中的任何数据（数据文件中的列）或传感器（数据文件中的行）。一般要删除第一次的测试数据，操作如下：点击“Basic process”→“Delete samples/

sensors”→“Browse(R)(选择要处理的测试数据)→选择“Individual delete”→选择第一次测试的所有样品的数据→点击“Add”和“Remove”→“OK(O)”,对应操作的屏幕显示如图 5-15 和图 5-16 所示。

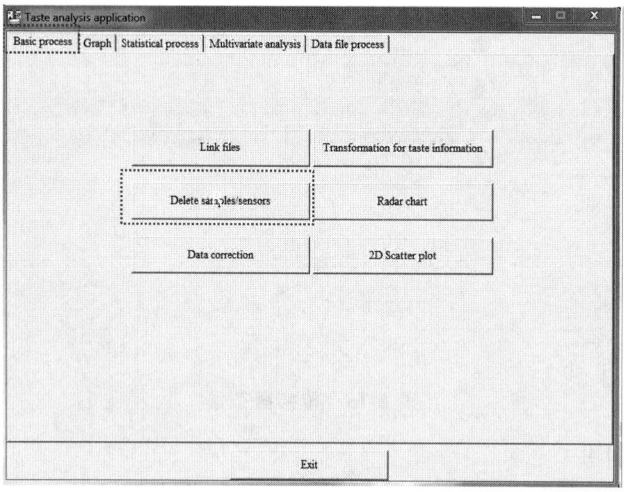

图 5-15 Delete samples/sensors 界面

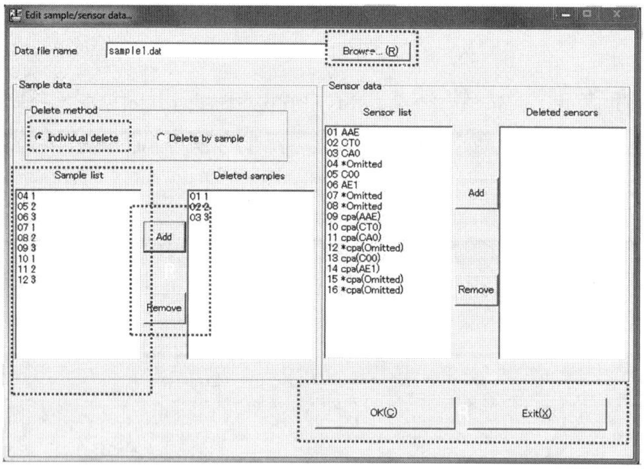

图 5-16 操作“Delete samples/sensors”后界面

从数据文件中删除样品的步骤如下:在“Delete method”中勾选“Individual delete”,然后选择第一次测量中的样本,然后将要删除的样品通过“Add”和“Remove”移动到“Deleted samples”,操作完成后点击“OK(O)”,输入新的文件名称,并点击保存按钮。执行完以上步骤后点击“Exit(X)”。

3)数据链接“Link files”

数据链接分两种情况。一种情况是,当测试样品较多时,分几次实验完成,需要将所有样品链接在一起分析。另一种情况是,当样品相同,但测试了不同味觉指标,如相同的样品测试了甜味和其他五味。在这两种情况下需要进行数据的链接,所以数据链接有两种方式,即横向合并和纵向合并。样品相同味觉指标不同时需进行横向合并,样品不同传感器相同时则需要进行纵向合并,无须合并时直接跳过该步骤即可。具体步骤如下:点击“Link files”,进入数据链接界面,点击“Browse(A)”和“Browse(B)”打开需要链接的两个文件;根据需要选择 A 到 B,或 B 到 A,A 到 B 是 A 文件中的数据在前 B 文件中的数据在后,B 到 A 则相反;点击横向/纵向合并,如果合并错误则出现下图所示的叉号;正确合并后点击“Save(S)”,重新命名保存即可(图 5-17)。需要注意的是,要合并的两个文件必须具有相同的实验循环次数。

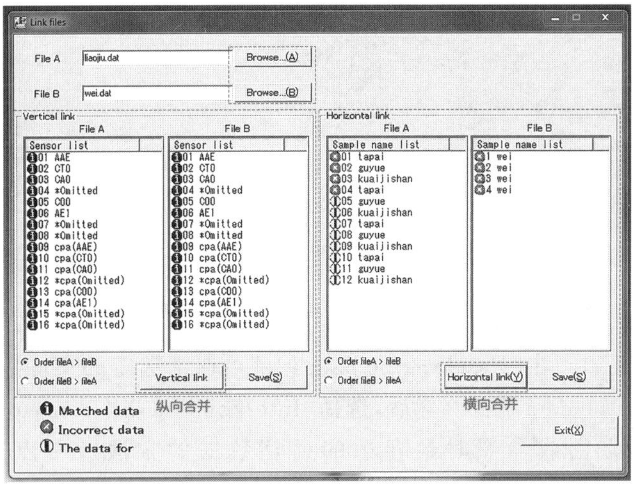

图 5-17　横向合并/纵向合并

4)数据修正

该过程能够通过最小化数据的测量误差来修正味觉传感器获得的数据。数据修正有两大类修正方式,点击“Statistical process”即可看到(图 5-18)。

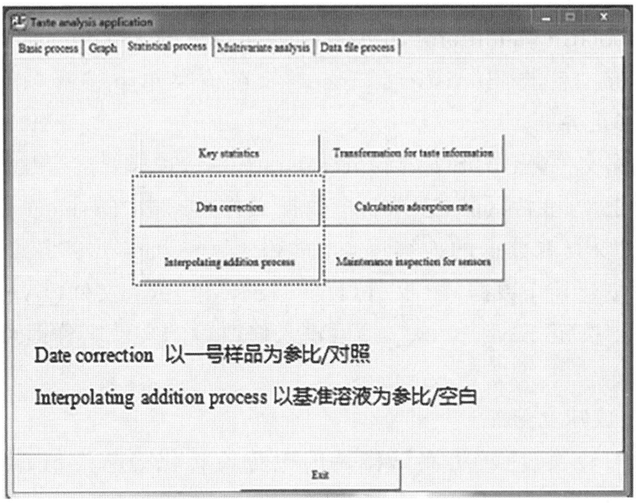

图 5-18　Statistical process 界面

第一种,如果将放置在 A 号位的样品(一号样品)作为参照,在“Statistical process”菜单中点击“Date correction”进入修正界面(图 5-19)。

第一步,选择数据文件,点击“Select plural data files”,选择要进行数据修正的结果文件。

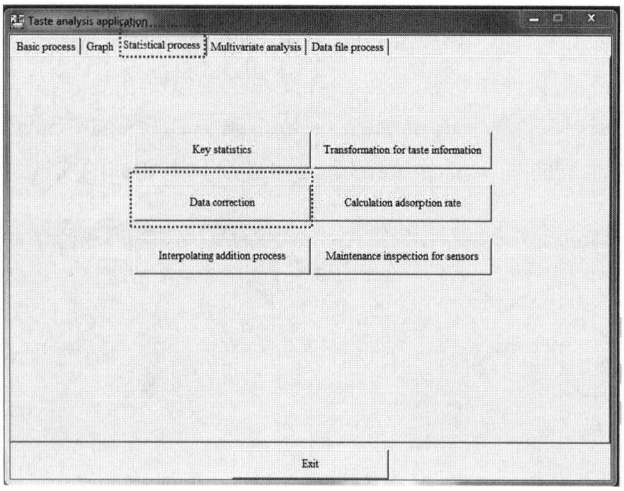

图 5-19　在 Statistical process 界面点击"Date correction"

第二步,数据修正。点击"Deselect the data file"可取消选定的文件。如果想要查看数据的内容可点击"View the data file"。然后,选择"Interpolating difference process"(内插差法是处理第一个样品为空白或参照时最合适的处理数据的方法);再点击"Apply statistics analyze"和"Regard sample placed at first place as standard sample"。此操作将创建校正数据 dat 文件(ID＊ .dat)和 PRT 文件(ID＊.PRT)。

注:PRT 文件是一个数据文件,dat 文件是相关的统计结果文件,如平均值、标准差等。如果想要更改文件名称,可点击"Save as..."，然后输入自定义的文件名称。全部设置完成后点击"OK"。

第二种,如果以参比溶液作为参照,插值差分过程通过将置于第一位置的传感器输出信号转换为零来校正数据,但转换后的输出"零"与原标准样品传感器输出为"零"的情况无法区分。插值添加过程"Interpolating addition process"以标准溶液的无味为对照,提供的不是相对的而是绝对的味道分析。点击"Statistical process",在该菜单下选择"Interpolating addition process",进入数据修正界面。

第一步,选择数据文件,点击"Select plural data files",选择要进行数据修正的结果文件。

第二步,数据修正。此时可同时选择 5 个数据文件。点击"Deselect the data file"可取消选定的文件。如果想要查看数据的内容可点击"View the data file"。点击"Apply statistics analyze"。此操作将创建校正数据 dat 文件(IA＊ .dat)和 PRT 文件(IA＊.PRT)。如果想改变文件的名称,可单击按钮"Save as..."，然后输入修改后的文件名称即可。全部设置完成后点击"OK"。

5)将电势值转化成味觉值

通过"味觉信息的转换过程"将测试样品的电势值转化为味觉值,点击菜单栏的"Basic process",选择"Transformation for tastes information"。

(1)选择数据文件　选择需要转化为味觉信息的测试文件(该文件应为去除第一次测试样品并进行了数据修正的文件),点击"Select data file"选择数据文件。勾选"Apply statistics analyze",此操作将创建"Estimate-.dat"和"Estimate-.prt"数据文件。更改文件名称可以点击"Save as..."，输入自定义的文件名称。全部设置完成后点击"OK"。

(2)图形　可在“Basic process”中选择，也可在“Graph”中选择。

(3)雷达图　可显示测试样品的所有味觉指标情况，且在图中可以看出样品之间味道的关系。点击菜单栏的“Graph”，选择“Radar chart”；也可在“Basic process”菜单下选择。点击“Open data...”，选择要显示的结果文件；也可以使用样品的平均值来做雷达图，点击“Graph”→“Switch data...”→“Mean”。

5.2.2.7　传感器和陶瓷参比电极的维护

(1)测试前传感器的清洗　食物和饮料可能残留在味觉传感器上造成污染。在这种情况下，测试前需用去离子水清洗脂质膜和探针的后面(非脂质膜面)。脂质膜需用不起绒毛的纸巾轻轻擦拭去除水分，探针的后面可用不起绒毛的纸巾擦干。用去离子水清洗时，手部不要和脂质膜接触或施加压力，否则会损坏传感器。特别需要注意：不要用有机溶剂或清洗剂来清洗味觉传感器，否则会导致脂质膜和探针的溶解；如果传感器活化时间过长可能会发霉，需每三天更换一次容器中活化液。

(2)测试前传感器的脱水　如果两周或更长时间不使用味觉传感器，需按照以下步骤将它储存在干燥的环境状态下。不要接触脂质膜的表面，否则会导致传感器测试结果不准确。在对味觉传感器进行脱水的过程中，为确保不直接接触脂质膜，需戴手套进行操作。

①从传感器探针中拔下针插型电极端，如图5-20所示。

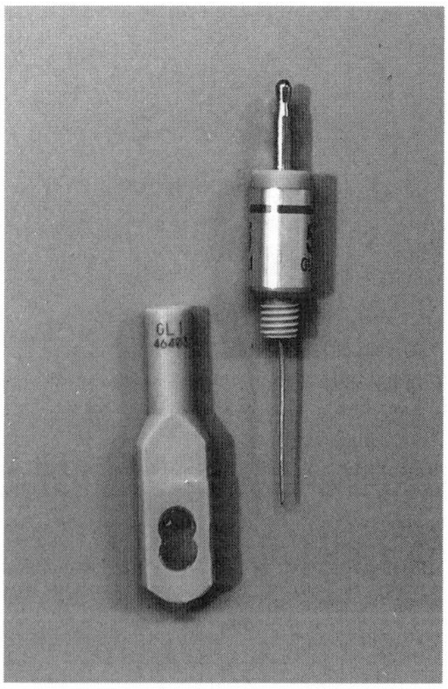

图5-20　传感器探针组成

②拿出传感器探针，晃动它将内部液倒出。然后，用洗瓶或注射器注射去离子水来清洗探针的内部，接着，晃动它使去离子水倒出(图5-21)。至少重复操作3次，确保内部液完全倒出。如果次数不够，残存的内部液可能会形成盐分结晶。

③完全去除内部液后，用去离子水洗干净脂质膜的表面和探针的后面。

④用去离子水清洗针插型电极端的Ag/AgCl电极。如果这个过程不充分，残存的内部液可能会导致盐分结晶。

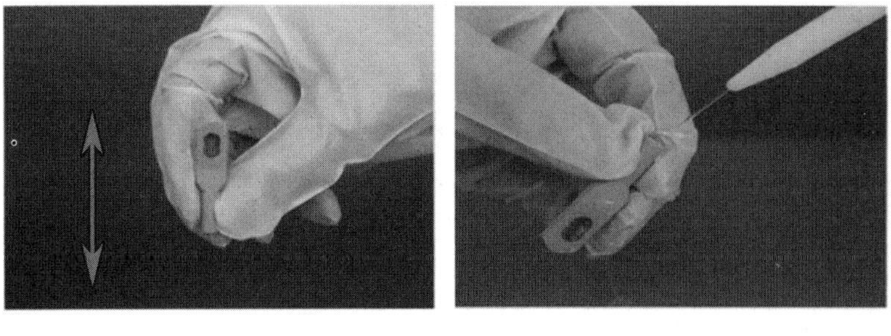

图5-21　清洗探针

⑤用不起绒毛的纸巾擦干传感器探针(不包括脂质膜)和电极末端。

⑥自然状态下风干，待探针的内外部都完全干燥后，将传感器放置在烧杯或其他容器中，然后储存在凉爽干燥的地方。不要放置在冰箱中，否则，水分会冷凝在金属的末端，使金属生

锈,也会造成脂质膜的损坏。

当拿插针型电极末端时应注意:

①Ag/AgCl 电极很容易弯曲,如果太过弯曲会使电极脱离探针,也会使 AgCl 涂层脱落。这会导致传感器测试结果不准确,所以要小心操作。

②不要直接用手接触 Ag/AgCl 电极,否则导致传感器测试结果不准确。

③当储存 Ag/AgCl 电极时,确保它不和其他金属物质接触,避免其被 Al 等金属腐蚀。

④针插型电极末端的金属上有溶液接触时,会导致金属的腐蚀。要立即擦干,否则传感器测试结果不准确。

(3)测试后传感器的清洗　食物和饮料可能残留在玻璃管上造成污染。在这种情况下,测试后需用去离子水清洗玻璃管。然后,用 3.33 mol/L KCl 溶液进行浸泡。盐分在 3.33 mol/L KCl 溶液中很容易结晶,可能会引起针插型电极末端金属的腐蚀。在浸泡的过程中,用保鲜膜包裹电极末端。

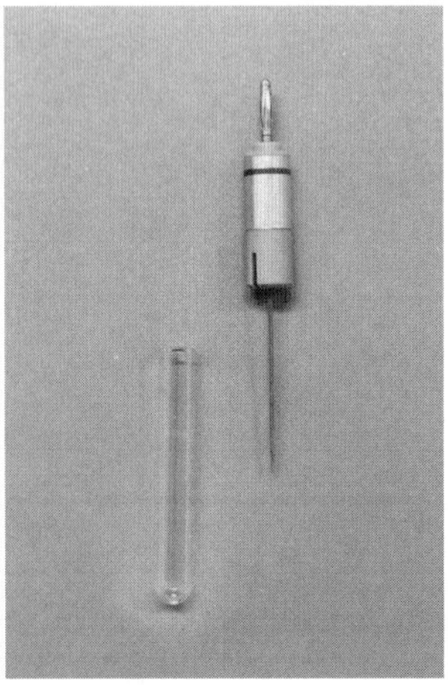

图 5-22　参比电极组成

(4)陶瓷参比电极的脱水　如果两周或更长时间不使用陶瓷参比电极,需按照以下步骤将它储存在干燥的环境状态下。

①从玻璃管中拔下针插型电极末端,如图 5-22 所示。

②手持玻璃管,晃动它将内部液倒出。

③用去离子水冲洗玻璃管内部,保证玻璃管内没有内部液的残留。

④同样用去离子水冲洗干净 Ag/AgCl 电极。

⑤然后将玻璃管浸泡在蒸馏水中至少 24 h。

⑥擦干玻璃管,再自然风干。

特别需要注意的是:不要用酸碱度大的清洗液来清洗玻璃管,否则会引起玻璃管的腐蚀。干燥时确保无内部液的残留。因为 KCl 会结晶在陶瓷连接处,使陶瓷参比电极不稳定。

(5)注意事项　为了避免污染,每次操作传感器和电极时都需要戴一次性手套。

①操作传感器和电极时,电极头须一直保持向上,避免倒置使电极针与传感器膜之间产生气泡,造成结果输出异常。

②预处理时,传感器不可以放置在冰箱中,环境中的水分可能会使传感器电极头生锈。

③活化时,传感器和参比电极都需要单根分别放置在不同的烧杯中。

④不同属性的味觉传感器要分别用不同的参比电极,不可混用。

⑤传感器的输出与温度有关,因此,存放在冰箱里的样品,测试前均需恢复至室温或测试要求的温度。

⑥参比电极和传感器的内部液须保持同样的状态,即同时添加、同时更换、同时风干,以确保输出稳定。

⑦常规测试 4 次循环,维护测试 3 次循环,使用甜味传感器 GL1 应该进行 5 次循环。

二维码 5-2　电子舌

关于电子舌的介绍见二维码 5-2。

5.3　眼动仪与使用流程

眼睛是人类感官中最重要的器官之一，人们可以依靠眼睛获得大部分外界信息。眼睛可以分辨不同颜色和亮度的光线，并进一步将信息转化为神经信号传送到大脑。通过对眼动的追踪结合所看到的画面，能够了解人们对信息的获取和加工的过程。

5.3.1　眼动的基本概念

眼动的方式主要为注视、跳动、平滑追随运动。

(1)注视　人们获取和加工大部分信息的途径。在观察目标上的停留时间至少持续 100 ms 其才能被充分地加工以形成清晰的像。但在注视时，眼并不绝对静止，眼球为了看清物体总是不停地做轻微的抖动，其幅度一般小于 1°。

(2)跳动　当观察对象发生变换时，注视点改变，此时眼睛在注视点间飞速跳跃，是一种联合眼动(即双眼同时移动)，其视角为 1°～40°，持续时间为 30～120 ms，最高速度为 400～600°/s。

(3)平滑追随运动　当个体与被观察物体发生相对运动时，眼球会追随物体移动来确保眼睛注视该物体，眼睛能平滑地追踪运动速度为 1～30°/s 的目标。

5.3.2　眼动测量设备

眼动测量最初期采用直接观察法(直接用肉眼观察被试者的眼球运动)、机械记录法(支点杠杆法、角膜吸附环状物法、气动记录法)，随着科学的发展，瞳孔-角膜反射向量法、眼电图法、虹膜-巩膜边缘法、角膜反射法、双普金野象法、接触镜法等陆续诞生。其中，瞳孔-角膜反射向量法是目前眼动追踪领域应用最广泛的方法之一。最新的还有视频电视法，基于微电子机械系统技术的方法也正逐步走向应用。表 5-1 列出了常见测量方法的性能特点。

表 5-1　常见测量方法的性能特点

跟踪方法	应用场合	技术特点	参照系
瞳孔-角膜反射向量	注视点	准确、头具误差小、干扰小、低带宽，对计算机图像处理能力要求较高	头具或室内
眼电图	眼动力学	高带宽、低精度、对人干扰大	头
虹膜-巩膜边缘	眼动力学、注视点	垂直精度低、干扰大、头具误差大	头具
角膜反射	眼动力学、注视点	高带宽、头具误差大	头具
双普金野象	眼动力学、注视点、网膜图像	高精度、高带宽、对人干扰大	室内
接触镜	眼动力学、微小眼动	具有入侵性、高精度、高带宽，对人干扰大、不舒适	头

依据使用场景和设计类型进行分类，可分为穿戴式眼动仪(图 5-23)和屏幕式眼动仪(图 5-24)。

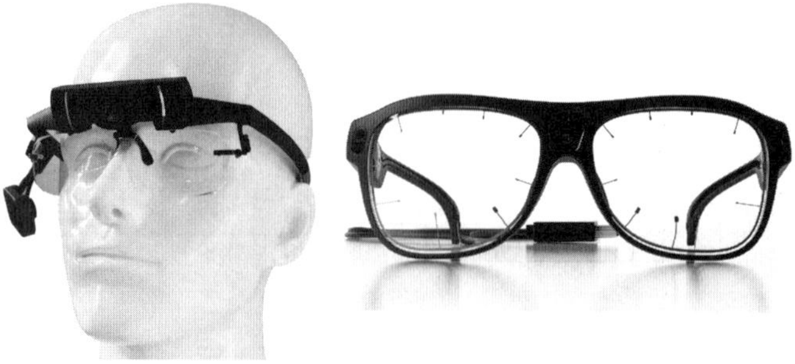

图 5-23　穿戴式眼动仪

（图片来源：心拓英启科技 Eyeso 眼动系统，Tobii 中国）

图 5-24　屏幕式眼动仪

（图片来源：心拓英启科技 Eyeso 眼动系统，Tobii 中国）

5.3.3　眼动跟踪的基本原理

由光源发出的红外线经过半反射镜、反射镜后发射到达眼球，眼球对红外线的反射光经反射镜到达瞳孔摄像机，通过连续地记录从人的眼角膜和瞳孔反射的红外线，利用图像处理技术经软件处理后获得视线变化的数据，达到视线跟踪的目的。

5.3.4　眼动跟踪的主要参数

眼动追踪的主要参数及其含义如表 5-2 所示。

表 5-2　眼动追踪的主要参数及其含义

参数	含义
兴趣区	某个人为划定的区域，国际上一般称为 area of interest（AOI）。通过划分兴趣区，可以对屏幕上某个特定的内容进行重点分析
首次注视时间	视线落在 AOI 区域第一个注视点的时间
注视时长	视线落在 AOI 区域所有注视时间的总和
注视点个数	视线落在 AOI 区域的注视点数量
平均注视时间	视线停留在 AOI 区域的注视时长除以注视点个数
扫视路径	被试在某个页面上全部注视点按时间先后所组成的路径

5.3.5　眼动技术的应用

随着眼动跟踪技术的发展，其应用领域也在不断拓展，已经广泛应用到教育、医学、市场调研、心理学等诸多领域，逐渐显示出该技术强大的应用前景和价值。目前主要应用如下。

①心理学与神经科学研究。认知心理学研究、神经科学研究、社会心理学研究、视觉感知研究、灵长类和犬类动物研究等，如情绪识别、注意力研究。

②用户体验与交互研究。网页可用性、移动端可用性、软件可用性、游戏可用性以及视线交互研究。

③市场研究与消费者调研。购物行为研究、包装设计研究、广告研究，如不同因素对消费者偏好的影响。

④人的效能研究。成功率研究、新手专家对比研究、高效培训方式的开发以及认知策略的评估等。

⑤医学研究与医疗应用。眼病以及大脑和神经障碍的诊断，可用于自闭症和帕金森病等。

⑥教育研究。学习策略、教学策略、学生认知加工过程等。

⑦其他研究。人的疲劳检测，计算机视觉研究，帮助身体残疾人士实现更便捷的沟通等。

5.3.6　在食品领域的应用

眼动追踪技术主要应用在食品的包装以及食物设计上。食物颜色影响人们对食品风味的判断，食物造型影响对食品存在的关注，食物包装影响对食品的需求心理。依靠眼动追踪技术，可以实现对包装设计的优化改进，从而促进销售。眼动追踪技术应用于商场和超市，可以帮助商场和超市得到更合理的商品陈列。

5.3.7　眼动仪操作流程

眼动仪准备基本操作步骤如下：

①打开计算机电源，接好信号传输线，连接计算机和眼动仪装置，连接后界面如图 5-25 所示。

②打开眼动仪分析软件。人员测试步骤如图 5-26 所示。

③连接：将软件与数据库进行连接。

④填写被试信息：点击屏幕中的被试按钮，按照界面提示填写被试人员的相关信息。

⑤校准：让被试坐在眼动仪面前，确保他坐姿舒适，与眼动仪保持合适的距离，将头放到头托上，提示被试依次观察屏幕上将要出现的几个点，点击校准，开始对眼动仪进行校准，所有定标点呈现结束后，定标程序将自动退出。

⑥查看校准结果：点击屏幕中的查看校准结果，确保眼动仪校准成功。

⑦测试：嘱咐被试人员按照实验中屏幕提示文字进行操作，并点击记录，开始实验，测试完成后，软件会自动将测试结果保存到数据库中。

眼动仪基本操作见二维码 5-3。

二维码 5-3　眼动仪基本操作

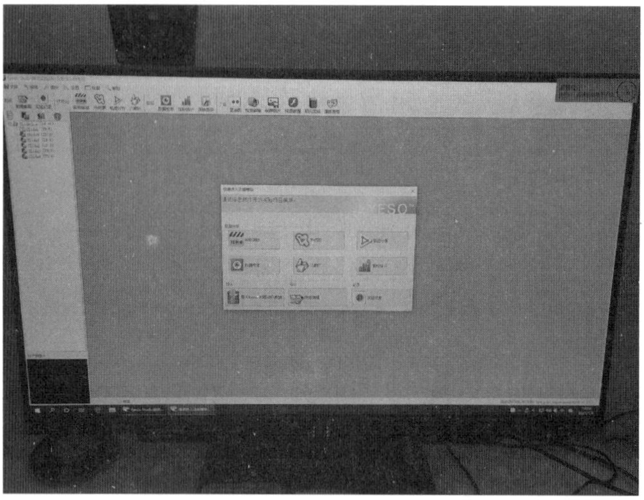

图 5-25　眼动仪装置连接成功界面

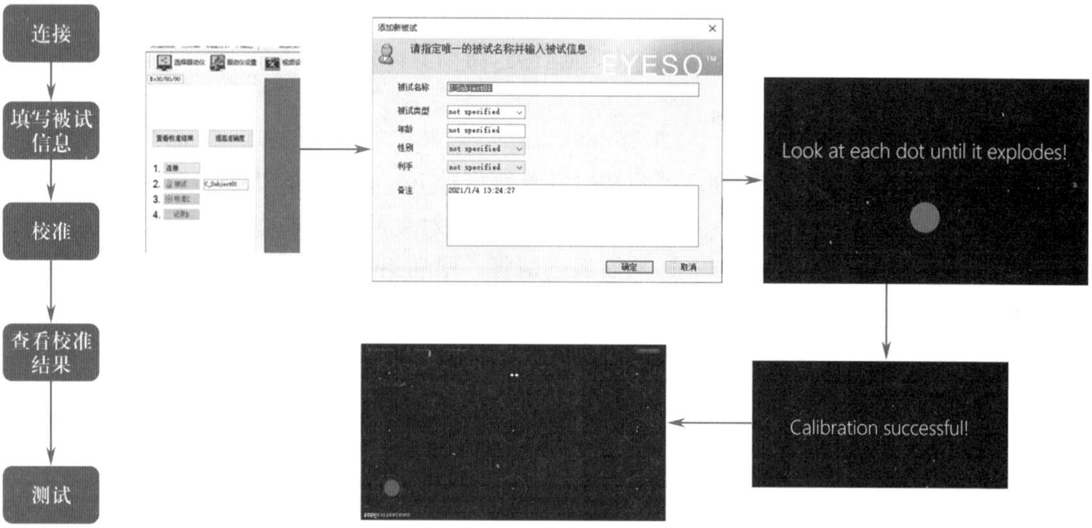

图 5-26　眼动仪人员测试操作流程

5.4　其他感官分析仪器与使用流程

5.4.1　功能性磁共振

5.4.1.1　简介

功能性磁共振(functional magnetic resonance imaging,fMRI)是一种无创的神经活动成像技术,能间接地对神经活动提供高空间分辨率的反映。其成像的基础原理是人脑中神经活动会消耗氧气,从而使局部毛细血管内血红蛋白与氧气的结合和分离频率增加,而脱氧血红蛋白和含氧血红蛋白在磁场中存在顺磁性和逆磁性的区别,从而会形成可以检测的磁场波动。

基于这一原理检测到的信号即血氧水平依赖(blood oxygenation level dependent,BOLD)信号。BOLD信号的测量是基于T1(纵向弛豫时间,longitudinal relaxation time,即被激发的氢原子与外部磁场重新排列所花费的时间)或T2(横向弛豫时间,transverse relaxation time,即被激发的氢原子达到平衡或退相所花费的时间)的对比度进行权衡,从而获得相对良好的空间和时间分辨率。图像通常每1~4 s拍摄一次,所得图像中的体素通常代表人类大脑2~4 mm的立方体组织。使用高磁场和多通道射频接收技术的MRI成像仪器能将空间分辨率提高到毫米级以下。

·个基本的功能性磁共振成像实验流程一般包括结构像扫描和功能像扫描两个步骤。结构像扫描主要记录大脑具体的物理结构信息以服务于最终的脑区定位,而功能像扫描主要针对"任务态",即获取被试在完成特定任务时的BOLD信号时间序列。依据试验任务的具体情况,可采用区组设计(blocked designs)或事件相关设计(event-related designs)获取"任务态"的数据。

在获取不同体素的BOLD信号时间序列后,可通过分析BOLD信号时间序列与任务刺激时间序列间的关系理解不同脑区在实验任务中的参与程度。基础的分析方法除了直接分析BOLD信号与刺激序列间的相关性外,还包括回归预测、互信息度量等。此外,也可以通过分析多个被试在任务态中激活脑区的相关性(被试间相关)来确定在任务中最容易、最稳定被激活的脑区。

5.4.1.2　实验设计

fMRI的现有实验设计一般可以分为区组设计、事件相关设计和混合设计。

区组设计是将相同条件的试次集中在一个区组(block),形成诸如"静息-任务(条件A)-静息-任务(条件B)……"的实验设计。此类设计简单易操作,且信噪比高。缺点是容易使被试产生疲劳感,且在数据上无法分离单个试次的响应。

事件相关设计是将不同实验条件的单个刺激随机排列呈现,依据刺激切换频率可分为慢事件相关(20~30 s/trial)设计和快事件相关(2~3 s/trial)设计。此类设计能很好地实现交互,且可以直接在数据上分离单个试次的响应。但事件相关设计本身较复杂,信噪比低,且对刺激序列的安排依赖性强。

混合设计是区组设计和事件相关设计的结合,主要通过将不同因素分别设置为组块内/区块间,或将长度不等的小区组与单个刺激混合排列以实现。该类设计的一个显著优势是能同时考虑BOLD信号的瞬时变化和长时变化,缺点是较难区分变化的来源。

虽然具体的实验设计需要依据情况而定,但两个基本的实验设计建议是:①在实验试次中穿插一定数量的空试次(没有刺激)以作为基线;②合理安排被试休息,但为了实验效率,两次休息间隔不宜过长。

5.4.1.3　实验数据预处理

fMRI主要的数据处理工具为SPM、FSL、AFNI、BrainVoyager和MRTools等,上述工具包或基于MATLAB和Python,或依赖Unix和类Unix环境,在进行数据处理前可依据偏好自行配置。

fMRI的数据预处理方法是多样的,这里只对基础流程进行简介,每个步骤的原理和编程操作因工具包而异,在这里并不展开讨论。一般而言,fMRI的原始数据需要经过图像重建

(基于单层扫描的序列重建皮层)、失真校正(去除磁场不均造成的伪迹)、头动校正(过滤由于被试头部移动产生的噪声)、扫描层时间矫正(确保扫描序列的正确)、归一化(消除被试间的信号量级差)、时间和空间平滑(去除随机波动以使得数据趋势更平滑)等步骤后才能进入正式分析阶段。目前,所有主流工具包均包含了上述预处理功能,依据相应流程依次进行即可。

5.4.1.4 实验数据处理

基于具体的研究目的,fMRI 的数据处理需要采取不同的方法,例如信息论方法(计算刺激序列与 BOLD 信号序列间的互信息、条件互信息或转换熵等)、聚类方法(基于 BOLD 信号时间序列对体素进行聚类,从而寻找到相似体素的集合)、相关性分析(计算刺激序列与 BOLD 信号序列的相关性)和方差分析(检验不同条件是否在 BOLD 信号序列中形成简单效应)。由于数据处理方法繁多,在此不逐一列举。

一般地,大多数研究的共性需求是理解实验条件对解释 BOLD 信号数据的权重。一个较通用的基础分析可基于一般线性模型分析得出。通过定义 $Y=X\boldsymbol{\beta}+\boldsymbol{\varepsilon}$($Y$ 为 BOLD 信号或基于 BOLD 计算的其他神经活动信号,$\boldsymbol{X}$ 为刺激的条件序列,$\boldsymbol{\beta}$ 为权重矩阵,$\boldsymbol{\varepsilon}$ 为常数项矩阵),可基于最小二乘法求出 $\boldsymbol{\beta}$ 矩阵,从而理解任意条件对实验数据的解释权重。

5.4.1.5 适用研究类型

fMRI 适用于以脑功能定位为目标的研究,其高空间分辨率能为功能性定位提供丰富的信息。fMRI 基于的 BOLD 信号存在延时,故时间分辨率较低,不适合需要将刺激与神经活动进行高时间分辨率匹配分析的研究。此外,fMRI 信号采集过程中一般需要避免产生运动,所以不适合任何涉及明显肢体运动的实验。

5.4.1.6 学习途径和开放资源

fMRI 的学习过程相对较长,其涉及的基础原理和仪器操作步骤较复杂。建议初学者选用操作相对简单的 SPM(主要由伦敦大学学院的 Karl Friston 教授带领相关团队开发并维护,有面向普通使用者的免费开源版本,需要在 MATLAB 环境下运行。官方网址是 https://www.fil.ion.ucl.ac.uk/spm/,可获取工具包以及教程)或 MRTools(主要由斯坦福大学的 Justin L. Gardner 教授的实验室负责开发和维护,面向使用者免费开源。官方网址是 http://gru.stanford.edu/doku.php/mrTools/,可下载工具包和样例数据,并提供学习文档和样例数据)作为工具包进行学习。

由于 MRI 仪器操作具有一定学习门槛,建议初学者首先基于开放数据库学习如何处理 fMRI 数据,在学习后期再逐步尝试进行实验操作。目前,OpenNeuro 平台(网址是 https://openneuro.org/,可以免费下载数据)是全球最大的神经科学开源数据库,囊括了大量已发表研究的开源数据,便于初学者对照论文进行数据分析。其中,阿姆斯特丹开源 MRI 数据集(Amsterdam Open MRI Collection,详细信息可见 https://nilab-uva.github.io/AOMIC.github.io/,其数据集可通过 OpenNeuro 网站进行下载)囊括了大量的健康被试多任务数据集,推荐初学者下载学习。

5.4.2 脑电

5.4.2.1 简介

脑电(EEG)测量的是大脑活动形成的突触后电位在一定空间区域内的累积量,能相对直接地反映神经活动，且具有很高的时间精度。EEG 信号的测量主要基于非侵入性的电极（如集成式的电极帽），因此空间分辨率受限于电极阵列中电极的密度。EEG 信号是多个电极通道所采集的电信号时间序列，一般信号强度在 mV 量级。基于频率，研究者一般将 EEG 信号分为 4 类基本波段：δ 波（小于 3 Hz）、θ 波（3.5～7.5 Hz）、α 波（7.5～13 Hz）和 β 波（大于 14 Hz）。

一般而言，α 波是成年人清醒但闭目放松时的典型脑电波。大脑的每个区域都有一个特征性的 α 波，但振幅最大的 α 波一般发现于枕叶和顶叶区域。当受试者睁开眼睛并注意外界刺激时，α 波的振幅一般会减弱。β 波常见于个体高度唤醒、警觉或注意力高度集中的状态下。特别的是，β 波也常出现在深度睡眠、快速眼动睡眠过程中。δ 波和 θ 波是正常成年人睡眠、休息期间增加的低频脑电信号。当人们从较轻的睡眠阶段进入较深的睡眠阶段，α 波会逐渐减少，δ 波和 θ 波会逐渐增多。

EEG 信号时间分辨率极高，因此基于 EEG 信号的实验多采用事件相关设计。在该设计中，研究者能提取刺激对应的特征波形，从而直接分析相应任务态在 EEG 信号特征上的体现。此外，通过分析 EEG 信号采集过程中多个通道的时间序列的关系，EEG 信号也能提供一个相对粗略的脑区相关性分析。

5.4.2.2　实验设计

EEG 的实验设计采用的基本都是事件相关设计，少数采用混合设计。由于 EEG 的时间分辨率高，设计刺激持续时间和切换频率的自由度更大，可以实现更为灵活的交互，事件相关设计的优势能被最大化。在基于 EEG 信号采集的实验中，除特殊情况外，建议采用事件相关设计以得到事件相关电位（event-related potential）。

需要特殊说明的是，与 fMRI 不同，开展 EEG 实验前需要有较复杂的准备阶段以确保 EEG 电极阵列的阻抗被降到最低。一般而言，多数实验需要将阻抗控制在 10 kΩ 以下，更精确的实验需要阻抗在 5 kΩ 以下。

5.4.2.3　实验数据预处理

目前，EEG 信号的主流处理工具包是 EEGLab 和 Fieldtrip，都需要在 MATLAB 环境下运行。

EEG 信号的预处理较少涉及信号重建，更多集中于信号与基线的对齐及对信号的降噪。

一般而言，EEG 信号矩阵会包含多个通道的信号序列。由于目前主流的 EEG 信号采集器都采用差分信号放大技术，标准的数据分析中需要选取一个通道（多数 EEG 信号采集器都有基线通道）的信号作为基线以消除虚拟接地电极的影响。

在信号与基线对齐后，EEG 信号预处理的主要难点是噪声和伪迹的去除。由于 EEG 信号的高敏感性，原始 EEG 信号的信噪比较低且存在头动、吞咽动作、眼动、肌肉电和其他外界因素带来的噪声和伪迹。 个常用的剔除方法是假设所有信号源为 $\boldsymbol{X}$，观测到的随机信号为 $\boldsymbol{Y}=\boldsymbol{A}\boldsymbol{X}$，其中 $\boldsymbol{A}$ 为未知的混合矩阵，再通过独立成分分析方法分析 $\boldsymbol{Y}$ 的各分量并识别噪声相关分量。在去除非脑电信号带来的干扰后，可以通过设置滤波去除偶然产生的伪迹，也可认通过设置 EEG 信号强度阈值的方式剔除离群值伪迹。

5.4.2.4　实验数据处理

由于 EEG 实验多采用事件相关设计，EEG 信号数据分析的首要目的是获取事件相关电位。事件相关电位是指由刺激的出现或消失而引发的具备稳定特征的电位变化，其基本特征是潜伏期恒定和波形恒定。基于多个(经验值 60 次以上)试次数据的平均，具备稳定波形的事件相关电位将被凸显，而随机发生的自发电位变化会互相抵消。因此，在剔除伪迹和噪声后，基于试次间平均即可确定事件相关电位。

除了获取事件相关电位外，EEG 信号分析的另一个目的在于确定与任务相关的通道(以及通道对应的脑区)。一种直接的分析方式是对刺激序列与 EEG 信号序列进行相关性分析或基于信息论的分析(度量互信息)。此外，也可以采用被试间相关性分析确定多个被试在进行任务时各通道激活状态的相似性，以发现较稳定的激活模式。

5.4.2.5 适用研究类型

EEG 适用于以确定行为相关特征波形为目标的研究，其高时间分辨率能为波形分析提供丰富的信息。EEG 信号检测的是一定区域内神经突触后电位的累积量，空间分辨率较低，不适合做精确的脑功能区定位。此外，EEG 检测设备一般分为湿电极和干电极，前者精度更高适合更精确的实验测量，后者佩戴灵活且允许被试进行更灵活的任务。

5.4.2.6 学习途径和开放资源

EEG 的学习过程建议结合实际操作和理论学习。初学者可自行选择开发较成熟的 EEGLab(主要由 Swartz Center for Computational Neuroscience 的相关团队开发并维护，需要在 MATLAB 环境下运行。官方网址是 http://www.sccn.ucsd.edu/eeglab/，可获取工具包以及教程)或 Fieldtrip(主要由 Donders Institute for Brain，Cognition and Behaviour 负责开发和维护，面向使用者免费开源。官方网址是 https://www.fieldtriptoolbox.org/，可下载工具包、样例数据和学习文档)作为工具包进行学习。此外，EEGLab 和 Fieldtrip 数据可以直接互相转换(https://www.fieldtriptoolbox.org/getting_started/eeglab/)，初学者不必担心工具包适用性问题。

EEG 信号拥有多个大型开源数据库。除了 OpenNeuro 平台(https://openneuro.org/)外，其他开源数据库和详细信息的目录均可见(https://github.com/meagmohit/EEG-Datasets)。初学者可基于数据库信息进行论文复现和分析。其中，Auditory and Visual Oddball EEG-fMRI 数据集(https://openneuro.org/datasets/ds000116/versions/00003)基于事件相关设计的经典范式 Oddball 开展实验获得，覆盖视觉和听觉多种刺激，且配有对应的 fMRI 数据，适合初学者进行细致的分析学习。

5.4.3 皮电

5.4.3.1 简介

皮电反应是一种使用成本较低的生理数据采集技术，原理是直接记录个体受到刺激时皮肤电传导的变化。皮肤电反应能作为交感神经系统功能的直接指标，也可以作为脑唤醒、警觉水平的间接指标。皮肤电信号本身只是各类行为反应的外显生理指标，它对行为的神经机理的反映能力非常有限。

皮电测量一般主要分析两类信息。第一类信息是皮肤导电水平(skin conductance level，SCL)，即无任何刺激下的皮肤电导基线；第二类信息是皮肤电导反应(skin conductance response，SCR)，即基础水平之上的导电变化量。一般而言，事件相关皮肤电导反应(ER-SCRs)

会在刺激发生后的1～5 s突发，而非特异性皮肤电导反应(NS-SCRs)则在人体内以1～3 min的速率自发发生。

皮电实验一般也采用事件相关设计。在获得皮电时间序列后，主要分析其与刺激序列之间的响应关系，从而推断刺激对生理唤醒程度的影响。

5.4.3.2　实验设计

在实验设计上，皮电采集实验与脑电采集实验类似，均以事件相关设计为主。此外，由于皮电反映的主要是躯体唤醒程度和应激性，也可以结合区组设计以检验躯体唤醒程度的较长程的变化趋势。具体规则参照对fMRI和EEG实验设计的介绍，在此不予赘述。

需要注意的是，皮电的时间分辨率没有脑电高，在刺激出现后，皮肤电在0～4 s逐渐达到峰值，0.5～5 s后恢复至基线，整个变化过程需要约9 s。在皮电实验中，两个刺激的间隔最好不低于10 s，以免刺激间产生混淆。

此外，皮电实验常出现的问题是实验时间过长，导致中途电极片松动或被试出汗，最终导致信号采集不良。因此，皮电实验在设计中需要合理地安排休息时间，较长的实验需要考虑定时更换电极片。

5.4.3.3　实验数据预处理

皮电信号预处理的第一步是时间窗、基线、反应最大值的选择。由于皮电反应需要约9 s的变化过程，需要选择合适的时间窗进行计算。具体地，需要选择一个时间窗的值作为基线值，一个时间窗的值作为反应最大值，而两者的差值作为刺激诱发的原始值。上述选择主要取决于任务类型和被试状况，需要参考同类型研究的经验参数。

在完成上述操作后，还需要对得到的刺激诱发的原始信号进行滤波降噪。需要注意的是，皮电信号常出现轻微抖动的锯齿状波纹，可以采用低通滤波进行过滤。在剔除噪声后，还需把作差运算导致的信号负值归零。最后，需要对皮电信号进行数据归一化。

5.4.3.4　实验数据处理

皮电数据一般是通过单通道采集或多通道采集后平均得到的。对皮电数据的分析主要集中于事件相关皮肤电导反应的分析，而不涉及不同通道间比较。与EEG信号分析所用方法类似，通过对多个试次的信号进行平均，保留较稳固的波形，并使得随机的自发波形变化互相抵消。在获得事件相关皮肤电导反应的波形后，可依据实验目的进行后续更深入的分析。

5.4.3.5　适用研究类型

皮电实验适合作为辅助工具研究特定刺激对躯体唤醒程度和肌肉紧张程度的影响。皮电实验成本低、易开展，且数据处理简单，是非常良好的辅助生理数据获取途径。部分可穿戴设备可以便捷地获取皮电数据，适合在非实验室场景大量使用。但皮电数据一般不适合作为主要生理数据直接对复杂行为或心理状态进行推断。

5.4.3.6　学习途径和开放资源

皮电测量的学习相对便捷，初学者可基于ScienceDirect提供的相对全面的理论和技术综述(https://www.sciencedirect.com/topics/computer-science/galvanic-skin-response)进行自主学习。此外，建议初学者在学习基本原理后尝试进行数据实际分析和实验。目前，Maxim Integrated(官网为https://www.maximintegrated.com/en.html)、Shimmer(官网为http://

www. shimmersensing. com/products/shimmer3-wireless-gsr-sensor)和北京汇心联科技有限公司(官网为 https://www. hxpsych. cn/)等科技公司开发的设备均具备较高精度的皮电测量功能。由于皮电测量一般用作辅助生理测量手段,专注于皮电数据的开源数据平台较少,建议初学者通过已发表的经典研究的文献数据进行数据分析尝试或自行采集数据。

5.5 虚拟现实技术

5.5.1 虚拟现实的定义及特征

虚拟现实(VR)利用先进的计算机和外接设备,例如头盔、眼镜、数据帽、手套、手柄等,组成虚拟仿真系统,以虚拟现实核心技术为基础,构造一整套的虚拟空间,通过视觉、听觉、触觉、嗅觉和味觉的接触感知,让人身临其境,达到"虚实结合"的完美目的。正所谓"无意于工而无不工"。VR 技术注重人的感官体验,特别对视觉、听觉的细微变化具有增强的效果,进而引发被测试者的心理感觉变化。"床前明月光,疑是地上霜",其营造的意境为月光照射在地上,被误认为是霜。这句古诗是一个典型的虚拟现实案例,将不可捕捉、无温度感的月光,转化为可触摸的、感受强烈的冰霜。诗人通过观察月光,利用光线的变化,营造出一种微凉的感官环境,让读者倍感阵阵寒意,引发凄凉的体会,从而增强思乡的情感。此外,随着时代的发展,在进一步感受"凉"的内涵基础上,利用 VR 视频和音频资料,让人们沉浸在冰山、寒冷的海洋和漫无边际的冰景中,可降低人们对疼痛的敏感度。研究人员认为,VR 有望用于治疗慢性疼痛患者。

VR 具备"3I"的特征。沉浸(immersion):计算机所创建的虚拟世界的一部分,由被动观察者向主动参与者转变。交互(interaction):借助专用的输入和输出设备(显示头盔和脑电仪),虚拟环境中的物体可以被人类所感知,而且人们可以通过意识随意操控虚拟环境中的物体,改变其运动状态或者轨迹。另外,由于人的感知和操控等行为,虚拟环境中某些元素发生改变,信号通过设备被及时反馈给人的神经系统,类似于人类生活在真实的物理世界,发生感知和行为的现象一致。构想(imagination):用户沉浸在虚拟环境中,与其进行交互作用,从定性和定量综合集成的环境中得到感性和理性认知,从而产生认知的飞跃。

贵在自然,胜在沉浸。VR 营造的虚拟环境,与真实的环境之间,在技术上是有区别的,在对人的感觉冲击上,是没有区别的。虚拟环境的元素,一对一仿真真实物理世界中存在的元素,类似于在网络空间复制真实物理空间的一切必要元素。VR 拍摄一直是影视行业,尤其是科幻、奇幻类电影电视以及直播节目广泛应用的拍摄方式。在 VR 拍摄中,由于运动捕捉系统提供了高精度、低延迟、稳定可靠的摄像机定位信息,加之拥有准确色彩表现与细腻画质,LED 显示系统可将虚拟场景可视化,完全能够满足影视级摄影机的严苛要求。由此,实现软件开发出来的米其林三星餐厅虚拟世界的影像,被投射到合适大小的空房间内,让物理空间充满餐厅的必要元素。在食品感官评定的过程中,可以任意切换虚拟世界的影像,犹如沉浸在真实的餐厅中就餐,对任何菜品进行有效的测试。

利用 VR 技术,针对性地营造一个虚拟环境,与真实环境形成强烈的反差。然后,干扰或有意地引导被测者的感官,感受视觉、听觉以及味觉受沉浸环境影响的相应变化;还可以通过强化沉浸感,使被测试者在一个虚拟环境下产生不一样的味觉或视觉体验。

5.5.2　增强现实的定义及特征

增强现实(augment reality,AR)利用计算机产生的虚拟信息,对用户所观察的真实环境进行融合,真实环境和虚拟物体实时地叠加到同一个画面或空间,增强了用户对周围世界的感知。其特点:一是通过光学与显示技术的应用,完美结合虚拟和真实的图像;二是可以实时与虚拟物体进行交互;三是能够准确地对 3D 物体进行识别和追踪。如图 5-27 所示。

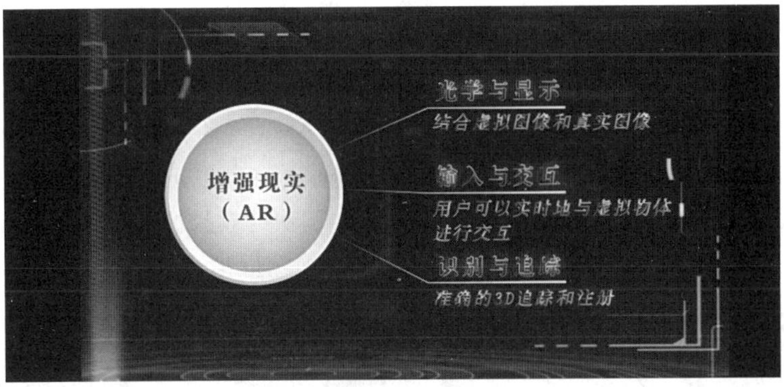

图 5-27　增强现实的特点

(作者:古鉴,阿里巴巴高级技术专家;图片来源于"学习强国"学习平台经济课堂频道,2019 年 8 月 1 日上线)

虚拟现实与增强现实最重要的区别,是与真实世界的关联程度。如图 5-28 所示,虚拟现实与真实世界关联较少,甚至希望用户完全沉浸在设定的网络虚拟空间,与真实世界隔绝,而增强现实则需要借助一些真实世界的物理元素,才能完成任务。

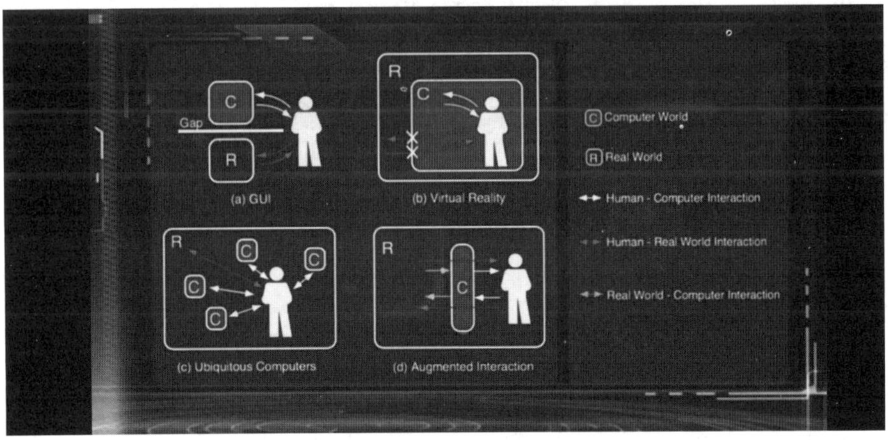

图 5-28　虚拟现实与增强现实的区别

(作者:古鉴,阿里巴巴高级技术专家;图片来源于"学习强国"学习平台经济课堂频道,2019 年 8 月 1 日上线)

AR 不仅可以展示真实世界的信息,而且能够将虚拟世界的信息也显示出来,两种信息相互补充叠加,在视觉化的增强现实中,用户用头盔显示器把真实世界和电脑图形多重融合在一起,便可以看到真实世界围绕着他。AR 技术并不是一项独立的技术,它与现实中各类信息紧密结合,可以实现信息快速发掘、特殊场景展示、广泛分享等应用。AR 可以实现将虚拟外部环境世界和真实的实物结合起来。例如,消费者对端午的粽子、中秋的月饼、上元节的元宵汤圆等具有中国传统特色的食品进行品尝，并进行感官评价。这样既能引起消费者心理上的共鸣，又能使他们在生理上产生别样的变化。

5.5.3 混合现实的定义及特征

当然，AR 目前的广泛应用也存在一些问题，例如，长期使用对用户造成压力，使用户对电脑产生高度的依赖性，并且用户可能会丧失自己的主观判断。混合现实(mixed reality，MR)技术在一定范围内把 AR 和 VR 联系起来应用，协调了两种技术的资源优势，能够解决食品感官评定的场景切换对测试者干扰的问题。VR 仅创设虚拟空间，AR 将虚拟信息简单叠加到现实世界，而 MR 技术则模糊了虚拟与现实世界的界限。

混合现实利用计算机图像技术、传感技术与可视化穿戴设备等相关技术与设备，创设数字虚拟对象与现实世界对象共存的可视化环境，使用户在对现实世界正常感知的基础上构建虚拟与现实世界的交互反馈回路，达到虚拟世界与现实世界互动的效果。如图 5-29 所示，MR 既可将数字对象叠加到现实世界，也可将真实对象虚拟化叠加到虚拟环境，但并不是简单叠加。

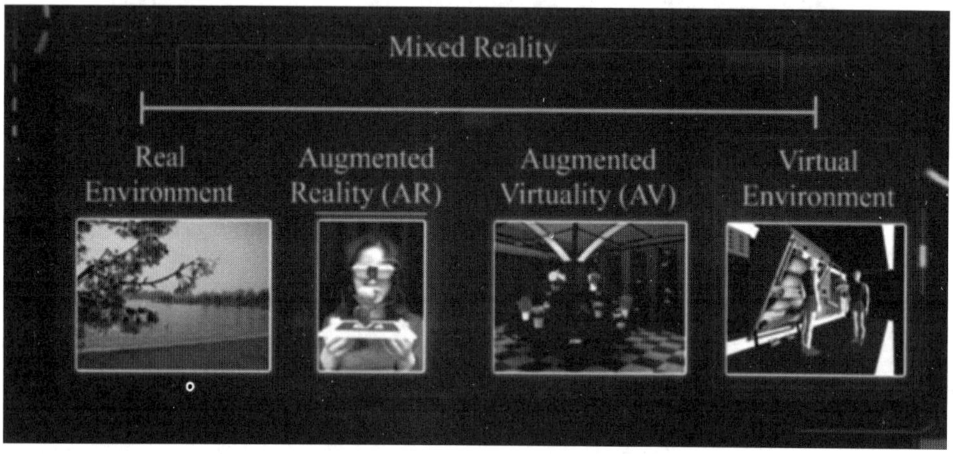

图 5-29　MR 结合了 AR 和 VR 的范围

(作者：古鉴，阿里巴巴高级技术专家；图片来源于"学习强国"学习平台经济课堂频道，2019 年 8 月 1 日上线)

本章小结

未来 5 年是全面建设社会主义现代化国家开局起步的关键时期，科技自立自强能力显著提升是主要目标任务之一。现代的食品感官评价研究中所采用的研究方法与行为科学、神经科学和人机交互领域的前沿方法基本保持一致，都涉及电子鼻、电子舌、眼动仪、功能性磁共振、脑电、皮电以及虚拟仿真技术等现代技术。在本章中，我们对各类技术的基本原理、适用范围、基本操作方式、可能的优势和局限以及一般的数据分析方法进行了概括和介绍。

思考题

1. 请参考本章所介绍的内容，以"复合式风味的神经表征机制"为研究课题，确定合理的数据采集仪器使用方案，并设计相关实验流程。

2. 请参考本章所介绍的内容，简析电子舌在分析样品前后需要如何处理电极。

3. 请参考本章所介绍的内容，熟练操作眼动仪及矫正过程，对眼动仪相关参数进行特征概括。

4. 请参考本章所介绍的内容，分别对虚拟仿真技术中所涉及的AR、VR和MR进行特征概括。

参考文献

陈一，2019. 混合现实技术在STEAM远程教育中的应用探析[J]. 信息通信(3):268-270.

丁延松，陈玲萍，2017. 虚拟现实技术在食品工厂机械与设备教学中的应用[J]. 机械与控制，33(10)：104-106.

范文翔，赵瑞斌，2019. 数字学习环境新进展：混合现实学习环境的兴起与应用[J]. 电化教育研究，40(10)：40-46，60.

李雨菲，2020. 眼动跟踪技术研究进展[J]. 科技经济导刊，28(13)：100.

李云平，2020. AR增强现实技术在工程制图与CAD课程中的应用研究[J]. 信息与电脑(理论版)，32(16)：231-233.

柳青，2020. 食品感官检验技术[M]. 北京：北京师范大学出版社.

鲁文娟，金一强，2017. 基于智能手机的Vuforia+Unity 3D增强现实技术方案及其教育应用[J]. 现代教育技术，27(5)：19-25.

莫灿，2020. 沉浸式增强现实与高等教育的融合探索[J]. 教育教学论坛，13：244-247.

潘枫，刘江岳，2020. 混合现实技术在教育领域的应用研究[J]. 中国教育信息化(8)：7-10.

蒲丹丹，2016. 基于多环芳烃安全含量下湖南腊肉的风味分析[D]. 北京：北京工商大学.

乔凯娜，2019. 酶对两类热反应猪肉风味香精滋味的影响[D]. 北京：北京工商大学.

石建军，许键，2019. 眼动跟踪技术研究进展[J]. 光学仪器，41(3)：90-97.

王江汉，刘修军，2017. 混合现实在未来教育应用中的展望[J]. 科教导刊-电子版(中旬)，10：259.

谢建春，2020. 香味分析原理与技术[M]. 北京：化学工业出版社.

徐菊红，2012. 基于Vega与OpenGL的智能混合现实教室技术[J]. 艺术科技(5)：185-186.

徐树来，张水华，2020. 食品感官分析与实验[M]. 3版. 北京：化学工业出版社.

赵新灿，左洪福，任勇军，2006. 眼动仪与视线跟踪技术综述[J]. 计算机工程与应用(12)：118-120，140.

HUGHES S W，ZHAO H，AUVINET E J，2019. Attenuation of capsaicin-induced ongoing pain and secondary hyperalgesia during exposure to an immersive virtual reality environment[J]. Pain reports，4(6)：e790.

JACOB R J K，KARN K S，2003. Eye tracking in human computer interaction and usability research：Ready to deliver the pormises[J]. Computer Vision and Image Understanding，24：682-701.

STATO S，1992. Does fatigue exist in a quantitative measurement of eye movement[J]. Ergonomics，35(5)：607-615.

第 6 章

葡萄酒与果酒的感官特性及评估方法

本章教学要点:了解和掌握葡萄酒与果酒的渊源、分类、特点以及感官品评方法。

6.1 葡萄酒

6.1.1 葡萄酒概述

国家标准 GB/T 15037—2006《葡萄酒》规定，葡萄酒(wine)是以鲜葡萄或葡萄汁为原料，经全部或部分发酵酿制而成的，含有一定酒精度的发酵酒。葡萄酒最初是自然发酵的产物，是大自然的结晶，人类酿造和饮用葡萄酒已经有数千年的历史。根据考古发现，早在 7 000 年前的新石器时代，濒临黑海的外高加索(Caucasus)地区已经有人类酿造葡萄酒的遗迹。伴随着人类社会的进步与发展，特别是战争与贸易，葡萄与葡萄酒在数千年的时间内传播至世界的各个角落，已经融入人类社会、经济、文化生活的方方面面。

一般而言，现代酿酒葡萄大部分属于欧亚种葡萄(*Vitis vinifera*)。早在 2 000 多年前，汉代张骞出使西域时就带回了珍贵的欧亚种葡萄资源并在我国开始早期的葡萄酒酿造，历代文史资料中也有大量相关的记载。由于我国古代受到“重农抑商”思想和政策的影响，葡萄酒酿造和饮用的规模一直十分有限，葡萄酒往往成为上层社会消费的奢侈品，并未普及到广大民众阶层。一般公认的我国现代葡萄酒产业的兴起，是以 1892 年张弼士由欧洲引进酿酒葡萄，建立“张裕酿酒公司”为起点。多个考古研究还发现，我国古代人民利用野生葡萄和其他水果酿造葡萄酒\果酒，也有着数千年的历史。我国作为野生葡萄种植资源的宝库，有着东亚种群 30 余个野生葡萄种。近年来，部分适合于酿酒的野生葡萄如山葡萄(*V. amurensis*)、刺葡萄(*V. davidii*)、毛葡萄(*V. quinquangularis*)等被用于现代葡萄酒生产的研究和试验。

自 20 世纪 80 年代达到高峰以来，世界葡萄酒消费量总体呈现下滑趋势，到 20 世纪 90 年代中期，世界葡萄酒消费量才呈缓慢增长的趋势。这主要与各个国家的总体经济形势有关，而非由产品质量差异造成的。根据国际葡萄与葡萄酒组织(International Organization of Vine and Wine，法文缩写 OIV)2020 年最新报告，2019 年世界葡萄栽培面积达到 740 万 hm^2，产量达到 260 亿 L。其中，我国葡萄栽培面积达到 85.5 万 hm^2，位居世界第二。尽管我国生产的大部分葡萄属于鲜食葡萄，我国 2019 年葡萄酒产量依然达到 8.3 亿 L，同年进口葡萄酒达到 6.1 亿 L，位居世界第二。这些数据表明，我国葡萄酒产业正面临着国际化市场日益激烈的竞争带来的具大压力。尽管 2020 年全球经济受到新冠病毒感染疫情的极大影响，葡萄酒产量也能维持在 260 亿 L 左右，葡萄酒仍是世界范围内最为重要的发酵酒之一。我国葡萄酒产业的发展也同全域旅游、脱贫攻坚和生态修复相结合，坚持“推动绿色发展，促进人与自然和谐共生”精神，使荒地变成绿洲，减少水土流失，带动周边农户增收，葡萄酒产业的综合效益正在显现。

6.1.2 葡萄酒的分类

葡萄酒历史悠久，产品类型和特点众多，有着不同的分类方法。一般而言，根据葡萄酒的产品特点，可将葡萄酒按色泽分为白葡萄酒、桃红(玫瑰红)葡萄酒和红葡萄酒；按含糖量分为干葡萄酒、半干葡萄酒、半甜葡萄酒和甜葡萄酒；按二氧化碳(CO_2)含量分为平静葡萄酒和起泡葡萄酒，后者又可以分为高泡葡萄酒、低泡葡萄酒等。此外，还有一些采用特殊栽培和酿造工艺而来的葡萄酒，被称为特种葡萄酒。根据国家标准 GB/T 15037—2006《葡萄酒》规定，葡萄酒的分类方法有如下几种。

1)按色泽分

白葡萄酒:近似无色、微黄带绿、浅黄、禾秆黄、金黄色。

桃红葡萄酒:桃红、淡玫瑰红、浅红色。

红葡萄酒:紫红、深红、宝石红、红微带棕色、棕红色。

2)按含糖量分

干葡萄酒(dry wines):含糖(以葡萄糖计)小于或等于 4.0 g/L 的葡萄酒。或者当总糖与总酸(以酒石酸计)的差值小于或等于 2.0 g/L 时,含糖最高为 9.0 g/L 的葡萄酒。

半干葡萄酒(semi-dry wines):含糖大于干葡萄酒,最高为 12.0 g/L 的葡萄酒。或者当总糖与总酸(以酒石酸计)的差值小于或等于 2.0 g/L 时,含糖最高为 18.0 g/L 的葡萄酒。

半甜葡萄酒(semi-sweet wines):含糖大于半干葡萄酒,最高为 45.0 g/L 的葡萄酒。

甜葡萄酒(sweet wines):含糖大于 45.0 g/L 的葡萄酒。

其中,干葡萄酒和半干葡萄酒在糖酸差值小于等于 2.0 g/L 时,最高含糖量标准有所放宽,是因为部分冷凉产区(如德国莱茵高产区)葡萄采收时酸含量较高,为了平衡酸甜口感,适当提高糖含量的上限以使酸不会过分突出。对此,我国国家标准和 OIV 的相关规定中均是如此。

3)按二氧化碳(CO_2)含量分

平静葡萄酒(still wines):在 20 ℃时,二氧化碳压力小于 0.05 MPa 的葡萄酒。

低泡葡萄酒(semi-sparkling wines):在 20 ℃时,二氧化碳(全部自然发酵产生)压力在 0.05~0.34 Mpa 的起泡葡萄酒。

高泡葡萄酒(sparkling wines):在 20 ℃时,二氧化碳(全部自然发酵产生)压力大于等于 0.35 MPa(对于容量小于 250 mL 的瓶子二氧化碳压力等于或大于 0.3 MPa)的起泡葡萄酒。

其中,高泡葡萄酒又可以根据含糖量分为天然高泡葡萄酒(brut sparkling wines)、绝干高泡葡萄酒(extra-dry sparkling wines)、干高泡葡萄酒(dry sparkling wines)、半干高泡葡萄酒(semi-dry sparkling wines)和甜高泡葡萄酒(sweet sparkling wines)。需要说明的是,我国国家标准中的这一分类方法是与 OIV 的分类方法略有不同的。

4)特种葡萄酒(special wines)

特种葡萄酒指用鲜葡萄或葡萄汁在采摘或酿造工艺中使用特定方法酿制而成的葡萄酒。

利口葡萄酒(liqueur wines):由葡萄生成总酒度为 12%(体积分数)以上的葡萄酒中,加入葡萄白兰地、食用酒精或葡萄酒精以及葡萄汁、浓缩葡萄汁、含焦糖葡萄汁、白砂糖等,使其终产品酒精度为 15.0%~22.0%(体积分数)的葡萄酒。需要注意的是,近年来随着酿酒酵母的不断改良,某些葡萄酒可发酵至 17°甚至以上,但仍属于普通葡萄酒的范畴。

葡萄汽酒(carbonated wines):酒中所含二氧化碳是部分或全部由人工添加的,具有同起泡葡萄酒类似物理特性的葡萄酒。常见于价格低廉的起泡葡萄酒或红起泡酒。

冰葡萄酒(ice wines):将葡萄推迟采收,当气温低于 −7 ℃使葡萄在树枝上保持一定时间,结冰,采收,在结冰状态下压榨,发酵,酿制而成的葡萄酒(在生产过程中不允许外加糖源)。

贵腐葡萄酒(noble rot wines):在葡萄的成熟后期,葡萄果实感染了灰绿葡萄孢,使果实的成分发生了明显的变化,用这种葡萄酿制而成的葡萄酒。

产膜葡萄酒(flor or film wines):葡萄汁经过全部酒精发酵,在酒的自由表面产生一层典型的酵母膜后,可加入葡萄白兰地、葡萄酒精或食用酒精,所含酒精度等于或大于 15.0%(体积分数)的葡萄酒。这类葡萄酒属于雪莉酒的一种,外文称之为“fino”,意为“开花”,主要是指产膜酵母在葡萄酒液面的形态。当然，也有不开花或者不产膜的雪莉酒。

加香葡萄酒(flavoured wines)：以葡萄酒为酒基，经浸泡芳香植物或加入芳香植物的浸出液(或馏出液)而制成的葡萄酒。最为常见的有味美思、我国的桂花陈酒等。

低醇葡萄酒(low alcohol wines)：采用鲜葡萄或葡萄汁经全部或部分发酵，采用特种工艺加工而成的、酒精度为1.0%～7.0%(体积分数)的葡萄酒。

脱醇葡萄酒(non-alcohol wines)：采用鲜葡萄或葡萄汁经全部或部分发酵，采用特种工艺加工而成的、酒精度为0.5%～1.0%(体积分数)的葡萄酒。需要注意的是，无论低醇还是脱醇葡萄酒，其成分中仍含有乙醇，大量饮用也会造成相应的酒后反应，因而也不适于酒后驾驶。

山葡萄酒(*V. amurensis* wines)：采用鲜山葡萄(包括毛葡萄、刺葡萄、秋葡萄等野生葡萄)或山葡萄汁经过全部或部分发酵酿制而成的葡萄酒。

5)按自然因素分

年份葡萄酒(vintage wines)：所标注的年份是指葡萄采摘的年份，其中年份葡萄酒所占比例不低于酒含量的80%(体积分数)。

品种葡萄酒(varietal wines)：用所标注的葡萄品种酿制的酒所占比例不低于酒含量的75%(体积分数)。

产地葡萄酒(original wines)：用所标注的产地葡萄酿制的酒所占比例不低于酒含量的80%(体积分数)。

6.1.3　葡萄酒的感官质量

一款优质的葡萄酒，应是饮用起来让消费者感觉舒适、愉悦的葡萄酒。葡萄酒的质量，应是其令消费者满意的特性的总体。因此，葡萄酒的质量是一个很主观的概念，它取决于每一个消费者的感觉能力、心理因素、饮食习惯、文化修养和环境条件等。这说明葡萄酒的质量无论在时间上还是在空间上都是多维的和变化的。

无论葡萄酒的风格如何，所有优质的葡萄酒都有一个共同的特征，即它们表现出平衡，一种在外观、香气、口感之间的和谐。平衡是葡萄酒质量的第一要素，因为所有消费者都不会喜欢某一种感觉(酸、苦、涩)过重的葡萄酒，所以平衡是消费者对所有葡萄酒的最低质量要求。葡萄酒质量的第二个要素是风格，即一种葡萄酒区别于其他葡萄酒所独有的个性。这一层次是那些追求个性的消费者所要求的，也是最佳的质量。因此，真正的优质名酒首先必须平衡，其次应具有其独特而优雅的风格。

实际上，葡萄酒的平衡取决于葡萄酒中多种能刺激我们视觉、嗅觉和味觉的物质之间的平衡和某种比例关系。所有葡萄和葡萄酒的构成成分都直接或间接地影响葡萄酒的质量，但其重要性却各不相同。我们可以简单地将这些成分分为一般成分和特有成分两大类。一般成分包括糖、含氮物质(氨基酸)、盐(特别是钾盐)、发酵产物等，它们虽然影响葡萄酒的质量，但并不是葡萄的特有成分(酒石酸除外)。它们存在于几乎所有的发酵饮料产品中，与酚类物质一起，构成了葡萄酒的最低质量，即平衡。很多作为发酵微生物的营养物质，发酵底物、酶等也参与构成葡萄酒的味道和颜色。葡萄特有成分的性质和相互之间的平衡，使葡萄酒具有其风格和个性。这些物质主要是酚类物质(如酚酸、花色苷、黄酮醇和单宁)及香气物质(包括品种香、发酵香和陈酿香)。这两类物质是葡萄酒个性的基本构成成分。无论它是一般成分还是特有成分，都需要达到相互之间的平衡，以获得葡萄酒质量所需要的外观-口感-香气之间的感官平衡，即优质的葡萄酒感官质量。

现代仪器分析技术发展日新月异，到目前为止葡萄酒中的大部分化学成分已经可以通过液相色谱、液相色谱-质谱联用技术、气相色谱-质谱联用技术和核磁共振技术等得到精确的定性、定量测定。然而，无论通过如何详尽的仪器分析，最终获得的也仅仅是不同物质的名称与含量，罗列的数据无法直接给予研究者和消费者直观的感官质量表现，因此仍然需要感官分析实验或研究给予更形象化的支持。

根据 GB/T 15037—2006《葡萄酒》，葡萄酒的感官要求见表 6-1。

表 6-1　葡萄酒的感官要求(GB/T 15037—2006《葡萄酒》)

项目			要求
外观	色泽	白葡萄酒	近似无色、微黄带绿、浅黄、禾秆黄、金黄色
		红葡萄酒	紫红、深红、宝石红、红微带棕色、棕红色
		桃红葡萄酒	桃红、淡玫瑰红、浅红色
	澄清程度		澄清，有光泽，无明显悬浮物(使用软木塞封口的酒允许有少量软木渣，装瓶超过 1 年的葡萄酒允许有少量沉淀)
	起泡程度		起泡葡萄酒注入杯中时，应有细微的串珠状气泡升起，并有一定的持续性
香气与滋味	香气		具有纯正、优雅、怡悦、和谐的果香与酒香，陈酿型的葡萄酒还应具有陈酿香或橡木香
	滋味	干、半干葡萄酒	具有纯正、优雅、爽怡的口味和悦人的果香味，酒体完整
		甜、半甜葡萄酒	具有甘甜醇厚的口味和陈酿的酒香味，酸甜协调，酒体丰满
		起泡葡萄酒	具有优美醇正、和谐悦人的口味和发酵起泡酒的特有香味，有杀口感
典型性			具有标示的葡萄品种及产品类型应有的特征和风格

6.1.4　葡萄酒的感官评价

6.1.4.1　外观

1)颜色

葡萄酒的颜色取决于原料品种、酿造方法和酒龄，在外观中占有重要的地位。葡萄酒的颜色实际上包括色度和色调。形容色度(即深浅)的词汇有浅、淡或深、浓、暗等。在色调方面，葡萄酒包括一系列的各种各样的颜色及其不同的组合，描述葡萄酒颜色鲜艳状况的词汇有鲜艳、纯正、洁净、新鲜或暗淡、无光泽、模糊和灰暗等。

白葡萄酒是指几乎不含红色素(花色苷)的葡萄酒，它包括用白色品种酿成的白葡萄酒和用红色品种(非染色品种)酿成的白葡萄酒两大类。白葡萄酒的颜色主要有近似无色、禾\麦秆黄色、绿禾秆黄色、暗黄色、金黄色、琥珀黄色、铅色、棕色等。此外，描述白葡萄酒颜色的词汇还有白、浅黄、深黄、绿黄、柠檬黄、浅金黄、绿金黄等。一般而言，白葡萄酒的颜色随陈酿时间的延长而逐渐变深，由浅黄色色调逐渐向棕褐色色调发展。

桃红葡萄酒为含有少量红色素(花色苷)略带红色色调的葡萄酒。桃红葡萄酒的颜色因葡萄品种、酿造方法和陈酿方式不同而有很大的差别，介于黄色和浅红色之间，以玫瑰红为主。最常见的有黄玫瑰红、橙玫瑰红、玫瑰红、橙红、洋葱皮红、紫玫瑰红等。此外，还有粉红、石榴红、樱桃红、树莓红等形容词。在陈酿过程中,桃红葡萄酒的颜色不断加深,变为成熟杏的颜色、棕橙色,一直到洋葱皮红色。

红葡萄酒的颜色主要来源于红葡萄果实,特别是果皮的花色苷。在新鲜红葡萄酒中,高酸、低 pH 使其呈鲜艳的紫红色;相反,低酸、高 pH 则使葡萄酒变为深红色。在葡萄酒的陈酿过程中,游离花色苷会逐渐降解,也会参与吡喃花色苷和聚合花色苷的形成,而使葡萄酒带有黄色色调。形容红葡萄酒颜色的词汇主要有宝石红、鲜红、深红、暗红、紫红、瓦红、砖红、黄红、棕红、黑红,甚至血红等。

2)澄清度

葡萄酒的澄清度是其外观质量的重要指标,浑浊的葡萄酒其口感质量一般也较差。通常情况下,澄清的葡萄酒也具有光泽。优良的葡萄酒必须澄清、透明(色深的红葡萄酒例外)、光亮。描述葡萄酒澄清度的词汇,最常用的有澄清、清亮透明、晶莹透明、莹澈透明、有光泽、光亮等,略失光、失光、欠透明、微浑浊、浑浊、极浑浊、雾状浑浊、乳状浑浊等,以及沉淀、纤维状沉淀、颗粒状沉状、酒石结晶、片状沉淀、漆状沉淀、块状沉淀等。

3)黏着度

葡萄酒的黏性主要取决于糖分、乙醇、甘油以及可溶性多糖的含量。一般情况下,葡萄酒黏度的视觉差异不明显。只有在高糖、高酒精度、高甘油含量(如贵腐葡萄酒、冰酒),或者存在细菌黏性多糖(葡萄酒出现黏稠或浑浊现象时)情况下,才可以观察到葡萄酒的黏性差异。

这一指标往往与酒类的挂杯表现相关,当摇动酒杯使葡萄酒进行圆周运动后,就会看到在杯壁上形成的酒柱,也有人称之为酒泪、酒脚,这就是挂杯现象。酒度越高,确切地说是内含物越丰富,即甘油、酒精、糖分、单宁和干浸出物等含量越高,酒柱的表现就越好。酒柱通常无色,其评价标准在于“细、密、慢”,即挂杯以细腻、密集、沉降缓慢、持续时间长、批次多为佳。

4)起泡性

这是专用于起泡葡萄酒的外观评价指标。对于静止葡萄酒而言,无须对这一指标进行评价,甚至残存二氧化碳并产生气泡对静止葡萄酒而言是不良的表现,往往意味着排气不足、灌装较早、瓶内二次发酵等不良表现。对于起泡葡萄酒而言,泡沫的多少和稠密度、泡沫下降和消失的方式,以及随后气泡散发程度,都是需要观察的外观表现。一般而言,对于起泡性的表现,也可以简单地使用“细、密、慢”作为评价标准,即气泡细腻、产生密集、产生持久为佳。一些起泡葡萄酒的气泡过大,产生迅速且很快消失,都是因为二次发酵过快造成的,是不良的表现。

一般而言,瓶内二次发酵法(香槟法)酿造的起泡酒起泡性优于罐内二次发酵法,更远远优于注气法。香槟酒(法国香槟产区采用香槟法酿造的起泡酒)往往以气泡细腻、持久性强为优质的表现。此外,如果杯壁上残留有洗洁精或油脂,会使泡沫很快消失。

6.1.4.2　香气

在葡萄酒中,香气物质指葡萄酒中具有芳香气味、在较低温度下能够挥发的物质的总称。近年来,仪器分析技术快速发展,特别是不同类型气相色谱及气相色谱-质谱联用技术等的进步,为葡萄酒香气物质的分析鉴定提供了强有力的手段。目前已鉴定出葡萄酒中千余种气味物质。按照化学结构划分,这些物质包括醇类、醛类、酸类、酯类、萜烯类、内酯类、硫醇类、吡嗪类和挥发性酚类等物质。虽然这些物质具有不同的功能团或发香团,分属于不同化合物类别,但它们有一些共同的特性,如分子量较小、易挥发、都具备一定的水溶性或脂溶性、香气阈值较低等。这一香气分类方法往往用于葡萄酒香气的相关研究,在葡萄酒香气的感官评价中的应用有限。

按照葡萄酒中香气物质的来源(或去向)分类,葡萄酒中的香气物质可以分为一类香气(果香或品种香)、二类香气(酒香或发酵香)和三类香气(醇香或陈酿香)三大类。这一分类方法有助于品评者了解葡萄酒栽培、发酵和陈酿等相关生产步骤或工艺。

20世纪90年代,已有研究得到世界范围内的认可,即根据葡萄果实中的萜类化合物的含量将欧亚种葡萄品种分成3种类型:玫瑰香型芳香品种、非玫瑰香型芳香品种和非芳香型品种。这一指标可以有力地帮助品尝者区分不同香气类型的葡萄品种。但事实上,凡是可以影响葡萄原料质量的因素,都可以影响葡萄酒的一类香气,不仅仅局限于葡萄品种,还包括葡萄产区的地理、气候和土壤(也称为“风土”)、葡萄的栽培管理方法、葡萄果实成熟度和年份等。此外,一些其他化合物,如硫醇类物质和吡嗪类物质,也往往可以成为判别一些酿酒葡萄品种的关键性组分。在国内外众多葡萄酒品酒师、侍酒师,甚至酿酒师的考核中,分辨葡萄原料品种、产区,甚至年份,往往是最常见且最核心的考核内容。无论对于一般的消费者,还是经过专业训练的专业从业者,这都意味着极大的挑战,需要长期、持续、大量的品评经验和知识储备来赢取相应的表现或成绩。

在葡萄酒的酿造过程中,酵母将葡萄果实、葡萄醪或葡萄汁中的糖分解为酒精和二氧化碳;在可选的苹乳发酵中,乳酸菌也会将苹果酸发酵分解为乳酸和二氧化碳。在这些发酵过程中,会产生很多副产物,其中某些副产物对葡萄酒的感官质量形成具有重要作用。例如,某些物质具有特殊的香气,这些具有挥发性和气味的副产物,就构成了葡萄酒的二类香气。正是由于它们的作用,不同的葡萄酒才具有一些共同的感官特性,即发酵香。然而,葡萄酒的酿造工艺是多变的,无论酒精发酵还是苹乳发酵,许多因素都会影响葡萄酒产品的感官风格表现,进而影响其香气表现质量。某些酵母供应商可以提供适于某一风格、某一葡萄品种的特殊酵母菌种,在发酵过程中增加某些特殊香气物质的产生,例如为适合‘长相思’葡萄酒的生产而选育得来的适宜低温发酵的,大量积累硫醇类物质的酵母。这在技术上是可行的,但酵母只是工具,关键还是要看原材料——葡萄果实的基本特性。

相比而言,葡萄酒的香气质量首先取决于一类香气和二类香气,或者更确切地讲,取决于它们之间的比例及其优雅度。但是,一类香气无论在浓度上还是在种类上,都应强于二类香气。二类香气只能作为一类香气的补充。如果二类香气过强,葡萄酒虽然可以使人愉快,但它将失去其个性和特点,而且其香气质量会在贮藏过程中迅速下降。

葡萄酒陈酿过程中的另一现象,是一类香气和二类香气向三类香气的转化。在这一过程中,环合作用、氧化作用等化学反应,会使葡萄酒的香气向更浓厚的方向变化,从而减轻其果味特征;同时,各种气味趋于平衡、融合、协调。葡萄酒的陈酿可以简单地分为桶储和瓶储两个阶段,任何葡萄酒,一生中都会经过这两个阶段,差别仅仅在于不同阶段陈酿时间的长短和效果而已。在木桶陈酿阶段,或不锈钢陈酿伴随橡木制品的添加和微氧化处理下,葡萄酒中的各类化学物质,一方面相互发生反应,另一方面通过简单的物质交换从橡木桶或橡木材料中获取橡木多酚和橡木香气等多种橡木陈酿的代表香气,这是我们判别产品是否经历橡木陈酿的一个关键标准。在这一方面,必须遵守平衡规则:橡木味不能掩盖其他香气,也不能只由橡木味构成醇香,否则就是人为的香气。在葡萄酒的成熟过程中,橡木气味也会发生变化,而且逐渐地与其他香气融为一体。由于醇香是由一、二类香气物质,特别是二类香气物质经过转化而成的,而且与前两类香气比较,它的出现较慢,但更为馥郁、清晰、优雅、持久,可以将一、二类香气统称为类似表香的芳香，以与类似底香的醇香相区别。

葡萄酒的香气极为复杂、多样，不同的香气物质不仅气味各异，而且它们之间还通过累加作用、协同作用、分离作用以及抑制作用等，使香气表现更加多种多样。因此，还可以根据香气物质的表现对香气物质进行分类。一般而言，可以概括地将葡萄酒中的香气分为以下8种主要类型：

(1)动物气味　野味(包括所有野兽、野禽的气味)、脂肪味、腐败(肉类)味、肉味、麝香味、猫尿味等。在葡萄酒中，这类气味主要源于一些芳香型品种和一些陈年老酒的肉味及脂肪味等。另外，一些动物气味也往往与葡萄酒的不良风味有关，特别是有害微生物的污染，如湿狗味、鼠臭味、马厩味等。

(2)香脂气味　是指芳香植物的香气。包括所有的树脂、刺柏、香子兰、松油、安息香等气味。在葡萄酒中，主要是各种树脂的气味。

(3)烧焦气味　包括烟熏、烤、干面包、巴旦木杏仁、干草、咖啡、木头、松油等气味。在葡萄酒中，除各种焦、烟熏等气味外，烧焦气味主要是在葡萄酒成熟过程中单宁变化或溶解橡木成分形成的气味。

(4)化学气味　包括酒精、丙酮、醋、酚、苯、硫酸、硫、乳酸、碘、氧化、酵母、微生物等气味。葡萄酒中的化学气味，最常见的为硫、醋、氧化等不良气味。这些气味的出现，都会不同程度地损害葡萄酒的质量。

(5)香料气味　包括所有用作佐料的香料，主要有月桂、胡椒、桂皮、姜、甘草、薄荷等气味。这类香气主要存在于一些优质、陈酿时间长的红葡萄酒中。

(6)花香　包括所有的花香，常见的有堇菜、山楂、玫瑰、柠檬、茉莉、鸢尾、天竺葵、洋槐、椴树等的花香。这一类香气往往是新鲜葡萄酒中一类香气的重要组成部分，在一些芳香型葡萄酿制的葡萄酒中表现尤为突出。

(7)果香　包括所有的果香，常见的是树莓、樱桃、草莓、石榴、醋栗、杏、苹果、梨、香蕉、核桃、无花果等气味。这一类香气往往也是新鲜葡萄酒一类香气的重要组成部分，是分辨葡萄品种的重要指标。

(8)植物与矿物气味　主要有青草、落叶、块根、蘑菇、湿禾秆、湿青苔、湿土、青叶等气味。矿物味往往被认为是与成熟果实气味相反的气味，因而一些人认为这类香气往往与酿制葡萄酒的葡萄果实成熟度欠佳相关，但矿物味的存在有时候也与某些葡萄品种和产区的土壤矿质元素的组成有关。

此外，还可以根据美国加州大学戴维斯分校发布的香气轮盘(aroma wheel)对葡萄酒的香气表现进行分类和感知(图6-1)。

对于同一种气味物质的嗅觉敏感度，不同人具有很大的区别，有的人甚至缺乏一般人所具有的嗅觉能力，我们通常叫它为嗅盲。就是同一个人，嗅觉敏锐度在不同情况下也有很大的变化。如某些疾病，对嗅觉就有很大的影响，感冒、鼻炎都可以降低嗅觉的敏感度。据报道，被新冠病毒感染不仅可能会削弱人的嗅觉，甚至会改变人的嗅觉感受，让人闻到不存在的异味。环境中的温度、湿度和气压等的明显变化，都会对嗅觉的敏感度有很大的影响。要测定一种物质的气味，只能利用人的嗅觉器官生理学方法。即将要测定的物质的气体稀释到接近其嗅觉阈值的浓度，然后随机选取具有代表性的人群借助测嗅计去闻，50%的人能闻到的浓度，就代表该物质的嗅觉阈值，用mmol/L或mg/L表示。理论上，感官评价者的闻香阈值越低，代表其

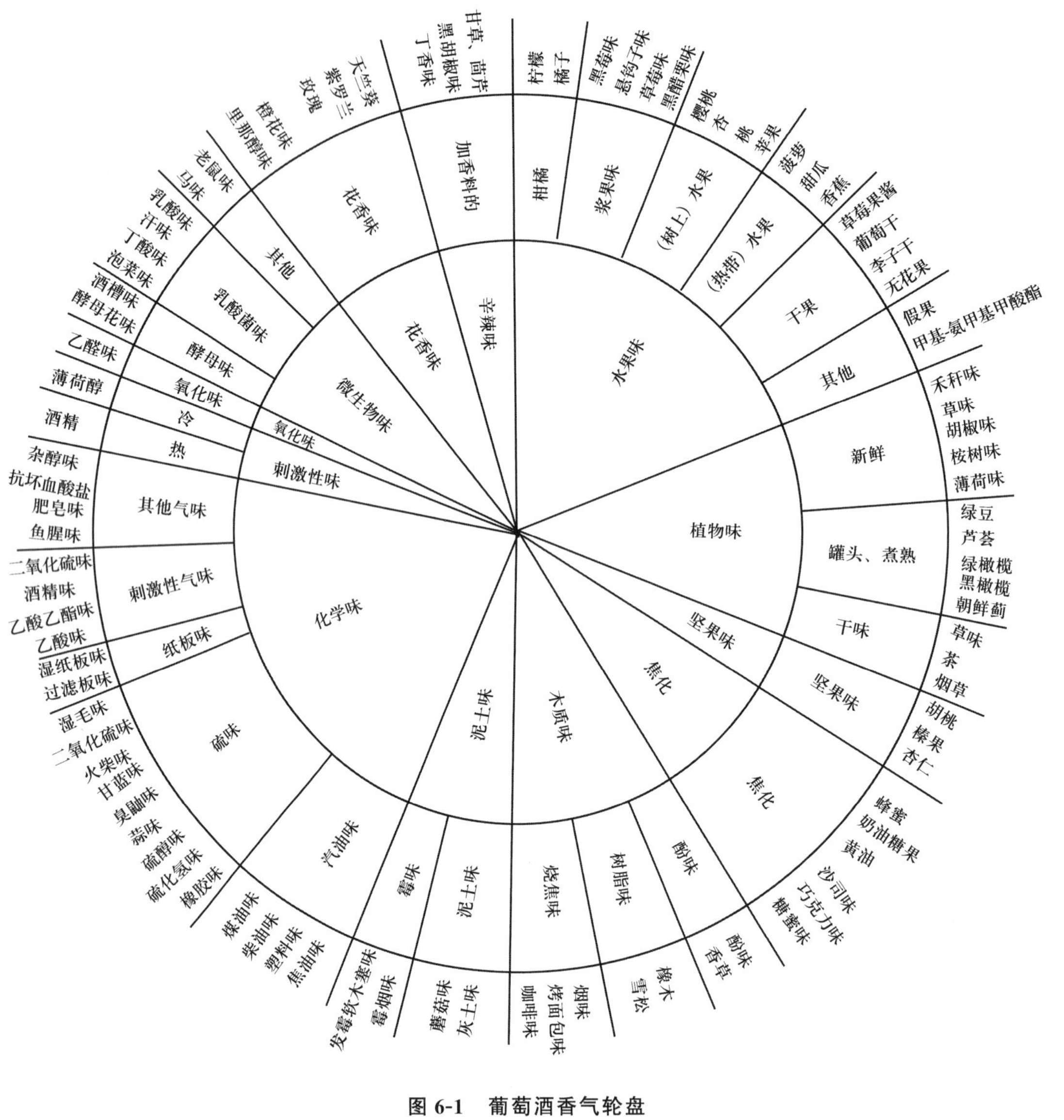

图 6-1　葡萄酒香气轮盘

具有更灵敏的嗅觉感知能力。科学、系统的训练有助于提高嗅觉的敏感度。酒鼻子是葡萄酒中常用的进行嗅觉训练的工具，但实物的训练更为真实有效。

此外，原料质量不佳、酿造工艺不当或储存条件不良也会造成葡萄酒香气品质的缺陷，即异味或异香，主要包括氧化味、还原味、霉味、挥发性酸味、二氧化硫味、马厩味、天竺葵味、鼠尿味、光照味、洗涤剂味和木塞味等。其中，木塞味是由葡萄酒封口所用的橡木塞的污染造成的，产生了具有强烈怪味的 2，4，6-三氯苯甲醚（TCA），这是一种极强的致癌物，被污染的葡萄酒不能饮用。

新鲜葡萄酒的芳香或当其成熟以后的醇香非常复杂，很难描述。训练有素的感官品评员可以通过认真的分析，确认出连续交替出现的、类似于某些花香和果香的香味，可以区分出香气如丰满、轻盈、辛香等特征。但是，几种相互平衡的气味的混合，可以在嗅觉上有着不同的反应。实际上，数种气味和谐地混合，形成一个整体，产生一种出乎意料的、很难分辨其构成成分的新的香气。香气物质的相互作用包括累加作用、协同作用、分离作用、融合作用和掩盖作用等。优质葡萄酒必须和谐,其中就包括香气物质之间的平衡。

6.1.4.3 味觉和口感

味觉是指溶解于水或唾液的化学物质作用于舌面和口腔黏膜上的味蕾所引起的感觉。物质的化学成分对味蕾的作用是一种化学诱导作用。所以,味觉感受器也是化学感受器。味觉主要包括甜味、酸味、苦味、咸味 4 种基本味道,也有研究表明鲜味是第 5 种味感,但其对葡萄酒的感官质量几乎没有贡献。然而,酒精带来的灼热感和单宁带来的涩感均属于触觉感受,会影响葡萄酒的口感,但并不属于葡萄酒的味觉表现。

(1)甜味　葡萄酒中的甜味物质,是构成柔和、肥硕和圆润等感官特征的要素。葡萄酒中的甜味物质有糖和醇两大类。糖包括葡萄糖、果糖、阿拉伯糖、木糖等,它们存在于葡萄浆果和半干至甜型葡萄酒中,也少量存在于干型葡萄酒中;另一类是具有一个或数个羟基的醇类物质,包括乙醇、甘油、丁二醇、肌醇、山梨醇等,它们是在酒精发酵过程中形成的。

(2)酸味　由舌黏膜受氢离子刺激引起。因此,凡是在溶液中能游离出氢离子的化合物都具有酸味,但酸的浓度与酸味强度之间却不是简单的相关关系。各种酸有不同的酸感,在口腔中造成的酸感与酸根的种类、pH、总酸及其缓冲能力有关。葡萄酒中主要的有机酸有 6 种。其中,酒石酸、苹果酸和柠檬酸 3 种源于葡萄浆果。酒石酸的酸味非常“硬”,是一种尖酸;苹果酸是一种具有生青味的酸,略带涩味;而柠檬酸则很清爽。另外 3 种酸,是由酒精发酵和细菌活动形成的琥珀酸、乳酸和醋酸,它们的味感较为复杂。乳酸的酸味较弱,实际上只是略带酸味,并有一定的乳香味;醋酸具有醋味,具有明显的刺激感;琥珀酸的味感较浓,既苦又咸,还有一定的酸味,并能引起唾液分泌。葡萄酒中的主要酸的酸味强弱,根据条件不同会发生变化。在浓度相同的情况下,它们按酸味的强弱排列为:苹果酸＞酒石酸＞柠檬酸＞乳酸;而在 pH 相同的条件下,其排列顺序为:苹果酸＞乳酸＞柠檬酸＞酒石酸。所以,从味感上讲,无论怎样排序,苹果酸都是葡萄酒中最酸的酸。

(3)苦味　在葡萄酒中,酚类物质会产生苦味,并且它们的苦味常常与涩感(收敛感)相结合,有时甚至很难将这两种感觉区分开来。葡萄酒中能够带来苦味的主要是一些酚酸、黄酮醇和单宁类物质。白葡萄酒由于没有经过浸渍工艺,其中苦味物质含量较少,一般不具有明显的苦味。而对于红葡萄酒而言,由于浸渍过程中大量获取了来自葡萄果皮的黄酮醇,以及来自葡萄皮和葡萄籽的单宁(缩合单宁,也称原花色素),而具有明显的苦涩感,它们是红葡萄酒口感的重要组成部分。其中缩合单宁的苦味与其聚合度有关,一般而言聚合度越低苦味越重,聚合度越高涩感越强。

(4)咸味　中性盐所显示的味道,只有 NaCl 才产生纯粹的咸味。其他盐除咸味外,还带有苦味,属于非单纯的咸味。一般盐的阳离子和阴离子的原子量越大,越具有苦味的倾向。葡萄酒中含有 2～4 g/L 咸味物质,这些物质主要是无机盐和少量有机酸盐。咸味物质参与葡萄酒的味感构成,并使之具有清爽感,但盐分含量过高,只会降低葡萄酒的适口性。特别是当钾离子含量过高时,还会带来苦味。通常,葡萄酒中的咸味是不明显的,我们也常常称之为矿物味,其适当的存在可以增加葡萄酒口感的复杂性,也会对其他味觉有着增效的作用。然而,能明确分辨的矿物味并不是在所有葡萄酒中都存在的,其出现往往成为某些产区、某些葡萄品种葡萄酒的特色所在。但如果矿物味,特别是咸味过于明显时,也会打乱葡萄酒口感的平衡,带来不良的品尝体验。

在甜、酸、苦、咸4种基本味觉中，存在着以下关系：甜味和酸味可以相互掩盖，同样，甜与苦、甜与涩都能相互掩盖；少量食盐可增强甜味的甜度，糖的浓度越高，增强效果越明显；少量食盐可增强酸味，量过多又会使酸味减弱；咸味与苦味之间有相互减弱的作用；少量的苦味，可使酸味增大。总体而言，在葡萄酒中咸味对味感的贡献不大。因此，葡萄酒的味感，很大程度上取决于甜味与酸味、苦味之间的平衡，如下所示。

甜味⟷酸味

甜味⟷苦味

甜味⟷酸味＋苦味

对于葡萄酒而言，主要的甜味物质是糖和醇，主要的酸味物质是各种有机酸，主要苦味物质是单宁。因此，可将葡萄酒的味觉平衡简化如下。

干白葡萄酒：酒度⟷酸度

甜白葡萄酒：酒度＋糖度⟷酸度

干红葡萄酒：酒度⟷酸度＋单宁

影响味觉感知的因素有很多，这主要与味觉的感觉特性有关，例如味觉的适应性、味觉的可融性、味觉的变异性、味觉的关联性等。味觉的适应性是指由于持续受某一种味的作用而产生对该味的适应，分为短暂适应与永久适应两种。因此，在葡萄酒品评过程中也应该保持好节奏，注意适当休息和味觉的恢复，避免短暂适应造成的不良影响。味觉的可融性是指数种不同的味可以相互融合而形成一种新的味觉。经融合成的味觉绝非几种其他味觉的简单叠加，而是有机融合，自成一体。味觉的可融性表现在味的对比、相加、掩盖、转化等方面。葡萄酒成分复杂，每一种都有着自己独特的味道，各自的含量也各不相同，葡萄酒整体的味觉体现，就是由这千百种不同味道、不同含量的化学物质融合在一起共同构成的。味觉的变异性是指在某种因素的影响下，味觉感度变化的性质。所谓味觉感度，指的是对味的敏感程度。味觉感度的变异因生理条件、湿度、浓度、季节等因素而呈现多种形式。因此，需要在适宜的生理状态和适宜的环境下品评葡萄酒。味觉的关联性是指味觉与嗅觉、触觉、视觉、听觉等其他感觉相互作用的特性。味觉与其他感觉相互作用，共同构成葡萄酒的风味。人们在品尝葡萄酒时，实际上是味感、嗅感、触感等多种感觉的综合感受。味觉与嗅觉的关系最为密切。通常我们感觉到的各种滋味，都是味觉和嗅觉协同作用的结果。

广义的口感不仅包括味觉，还包括口腔内感受的各种触觉，主要包括以下6种。

(1)涩感(或收敛感)　一种能引起干燥和粗糙的感觉，本质上也是一种触觉，而非味觉。引起收敛的原因大体上分属三类，包括收敛物引起的唾液中蛋白质的絮凝反应、唾液腺停止分泌产生的干燥感和收敛物固定在黏膜组织上产生的生硬感。葡萄酒中的涩感主要是由葡萄酒中的酚类物质，特别是单宁物质带来的。这些单宁物质又可以根据来源分为来自葡萄果实的缩合单宁和来自橡木的水解单宁。

(2)灼热感　当一些浓度较高的物质，如酸、碱或金属盐等与口腔接触时，它们可以迅速地使黏膜干燥，引起苛性、假热、灼伤、腐蚀等感觉，这就是灼热感，也称苛性感。在葡萄酒中，灼热感主要是由较高的酒精浓度(一般大于14%)造成的，但相比于蒸馏酒而言并不明显。

(3)温度感　口腔对温度的感知。较低的温度会使人产生清爽、清冽的感觉，因而品尝冰酒、起泡酒的温度一般都很低，常常略高于0 ℃。清爽型白葡萄酒的最适品尝温度虽然稍高，但也会大大低于室温。只有品尝干红葡萄酒会在室温或者略低于室温的温度下进行，特别是陈酿型干红葡萄酒，在这样相对较高的温度下品尝会使其更加丰满，酒体更加浑厚。

(4)针刺感 也称气泡感、杀口感，主要存在于起泡葡萄酒中。气泡引起的感觉比较复杂。在触觉上，我们可以感觉到在黏膜上释出的 CO_2，就像一些小小的撞击引起的针刺感；在味觉上，我们可以感觉到 CO_2 的微酸味。当葡萄酒中 CO_2 达到 500 mg/L 时，舌头就能检测到它的存在。因此，刚刚酿造完成的葡萄酒往往也略带一点针刺感，表明酒中的 CO_2 还未散尽，不能立即装瓶。

(5)厚重感 指酒的丰满度，是葡萄酒给人的一种整体感觉，受到葡萄酒酒度、含糖量和干浸出物浓度的影响。高酒度的葡萄酒通常酒体丰满，残糖和甘油可以提高酒体的厚重感。

(6)金属感 一些高单宁含量的葡萄酒，还可表现出金属感。

在品尝过程中，葡萄酒与口腔各部的接触可分为两种：被动接触和主动接触。被动接触是除舌头以外的口腔和嘴唇的接触；主动接触即舌头的接触。葡萄酒与口腔各部的接触，使人们在品尝过程中获得对葡萄酒的结构、厚度、流动性、黏度和滑腻度等的感觉。在品尝过程中还有运动的参与，如使酒液在口中转动，它可以帮助人们获得结构印象。综合这些感觉，就可以对葡萄酒产生立体印象，就像具有形状和体积的几何图形一样。葡萄酒最佳的形状是“球状”，它代表具有良好平衡的立体；当然有时候酒体欠佳时，品尝感受到的性状可能是扁球体，甚至像放了气的气球，没什么厚度和立体感。

当品尝葡萄酒时，香气也参与味感的构成，这就是嗅-味觉。显然，芳香物质也参与形成味感、酒体、肥硕等特征。另外，构成葡萄酒干浸出物的非挥发性物质，同样也会影响气味的浓度。含糖量过高，一般也会降低香气浓度。但是，糖可加强某些萜烯类物质的气味。在香气的平衡中，还需要强调果香与单宁结构的对立。多酚化合物在葡萄酒中主要是非挥发性成分，它们可以与挥发性物质形成非共价键，增加后者的溶解度，减弱其挥发性。在来源于葡萄的果香与酚类物质之间，存在着一种平衡关系：红葡萄酒的单宁含量越低，其果香越明显，越舒适。单宁会使果香减弱。

总之，优质葡萄酒必须和谐，其质量永远取决于口感之间、香气之间以及口感与香气之间的平衡。

6.1.4.4 感官质量的评判

大部分品酒体系中的核心标准被称为 BLIC——平衡(balance)、余味(length)、浓郁度(intensity)和复杂度(complexity)。对于葡萄酒的感官评价而言，还需要纯正度(purity 和 typicity)和成熟度(ripeness)两个要素。其中，纯正度是指香气的纯净度及种类和特点；平衡指的是葡萄酒的果味、酸度、单宁、酒精度等元素在口中组成的均衡感；余味是指咽下酒液之后，风味在口中残留的时间；浓郁度是指各种香气和口感的富裕和集中程度；复杂度是指一款酒中香气的多样性和层次感；成熟度则包括酿酒葡萄本身的生理成熟和葡萄酒的成熟。

世界范围内，存在着多种葡萄酒的评分体系并被广泛使用。主要包括：品醇客世界葡萄酒大奖赛(Decanter World Wine Awards，DWWA)、布鲁塞尔国际葡萄酒大赛(Concours Mondial de Bruxelles，CMB)、国际葡萄酒与烈酒大赛(International Wine & Spirits Competition，IWSC)、国际葡萄酒挑战赛(International Wine Challenge，IWC)等国际型大赛评分体系，以及美国的《葡萄酒观察家》(*Wine Spectator*，WS)等赛事评分体系。

此外还有美国的《葡萄酒爱好者》(*Wine Enthusiast*，WE)、美国的《葡萄酒倡导家》(*The*

Wine Advocate,TWA)、英国和美国各一份的《葡萄酒与烈酒》(*Wine and Spirit*,WS)、英国的《醇鉴》(*Decanter*,DE)等国际性葡萄酒杂志的评分体系,以及罗伯特·帕克(Robert Parker)、杰西斯·罗宾逊(Jancis Robinson)、詹姆士·韩礼德(James Halliday)等葡萄酒品尝大师评分体系等。例如,表 6-2 为国际葡萄与葡萄酒组织(OIV)对静止葡萄酒的评分表和评分标准。

表 6-2 国际葡萄与葡萄酒组织(OIV)静止葡萄酒的评分表和评分标准

项目			优	很好	好	一般	较差	差	很差
外观	澄清度		6	5	4	3	2	1	0
	颜色	色调	6	5	4	3	2	1	0
		色度	6	5	4	3	2	1	0
香气	纯正度		6	5	4	3	2	1	0
	浓郁度		8	7	6	5	4	2	0
	优雅度		8	7	6	5	4	2	0
	协调性		8	7	6	5	4	2	0
口感	纯正度		6	5	4	3	2	1	0
	浓郁度		8	7	6	5	4	2	0
	结构		8	7	6	5	4	2	0
	协调度		8	7	6	5	4	2	0
	香气持续性		8	7	6	5	4	2	0
	余味		6	5	4	3	2	1	0
总体评价			8	7	6	5	4	2	0

6.1.4.5 感官品评环境

根据 ISO 8589:2007《感官分析　建立感官分析实验室的一般导则》和我国国家标准 GB/T 13868—2009《感官分析　建立感官分析实验室的一般导则》等的要求,品尝室应该:有适宜的光线,让人感觉舒适;便于清扫,且远离噪声源;无任何气味,并便于通气或排气。此外,最好设置相互隔离的品尝间,防止品尝人员和酒样服务人员的干扰。品酒桌的图示可参考图 6-2。

(1)光源　品尝室的光源可用自然日光或日光灯。自然散射光是葡萄酒颜色品评中最好的光源。推荐的色温为 6 500 K。

(2)温度和湿度　在品尝室内,推荐温度和相对湿度分别保持在 20～22 ℃和 60%～70%。

(3)气味　品尝室空气应洁净、无味,不吸附和不散发气味。

(4)颜色　品尝室内墙壁和内部设施的颜色应为中性色,推荐使用乳白色或中性浅灰色。

(5)声音　平静、令人愉快的气氛,安静无噪声的环境,不建议使用柔美的背景轻音乐来营造氛围。

人的味觉和嗅觉属于化学感觉,具有一定的适应性,特别是短期适应性,也就是我们常常提到的疲劳性,因此品尝员在一定时间内保持品尝敏感性的能力是有限的。一般而言,

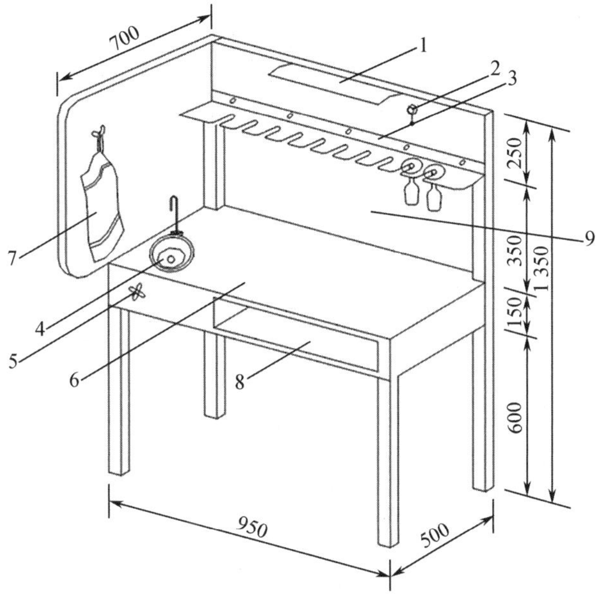

1. 日光灯;2. 灯光开关;3. 酒杯架;4. 洗漱池;5. 水开关;6. 桌面板;7. 白毛巾;8. 小抽屉;9. 送样口

图 6-2　品酒桌(单位:cm)

一个轮次的品尝时间在 15～30 min,一个轮次之内葡萄酒样品的最佳品尝数量在 5～6 个,最多不应超过 8 个。不同轮次之间也应该有相应的休息时间,一般在 5～10 min,休息期间应提供纯净水漱口或饮用,轮次较多的情况下可以提供无盐(或低盐)面包或苏打饼干以缓解味觉疲劳。

品评中使用的酒杯形状也会影响品酒师对葡萄酒外观和香气的评价。符合国际标准 ISO 3591:1977 的品酒杯规格已在我国现行的 GB/T 15038—2006 中给出。标准品尝杯由无色透明水晶玻璃制成,不能有任何印痕和气泡,杯口要平滑、厚薄均匀一致,且为圆边。品尝杯容量为 205～225 mL,应该能承受 0～100 ℃温度变化。红白葡萄酒标准品尝杯呈郁金香形,宽大的杯身适合酒液的旋转,收起的杯口适合酒香聚拢,从而使品酒员能准确地评价感觉到的香气。起泡酒使用高而细长的笛形酒杯,以方便观察起泡酒的气泡特征。酒杯应该保持清洁,无污物、水痕或残酒痕等。

为了在平等的条件下对比,葡萄酒品尝杯内的酒倒得要一样水平,按要求在品酒杯高度的 1/4～1/3 处(一般不超过 50 mL)。倒酒过少会影响品尝员每次的品尝量或品评次数,而倒酒过多会影响品尝员转杯,杯子转动时蒸发表面要比静放时大 2～3 倍,这在葡萄酒品尝中是非常重要的。

不同葡萄酒的类型,有各自最佳的品尝温度。一般而言,起泡酒的最佳品尝温度低于平静葡萄酒,白葡萄酒的最佳品尝温度低于红葡萄酒,冰葡萄酒等一些甜型特种葡萄酒也适合在较低的温度下品尝。白葡萄酒和桃红葡萄酒的温度范围为 10～12 ℃;红葡萄酒的为 15～18 ℃;起泡酒的为 8～10 ℃;利口酒和掺酒精的未发酵葡萄汁的为 8～10 ℃。有时候为了保证葡萄酒温度的完美体现,需要在斟倒葡萄酒前提前预冷酒杯。

葡萄酒品尝的目的不同,对葡萄酒身份的处理也不同。例如,对于国际、国内的各类葡萄酒大奖赛,评判人员是不能知悉葡萄酒样品的真正身份的,特别是葡萄酒的品牌和厂商名称。

为排除葡萄酒颜色、标签和瓶形等因素影响品尝，保证品尝结果的可靠性，品尝时提供的酒样一般以密码编号，而且酒瓶以统一的黑色塑料袋或纸袋包裹，甚至可以选用统一的倒酒器盛放，即做到常常所说的“盲品”。需要注意的是，即使是“盲品”，也需要用眼睛观察葡萄酒的外观质量，即“盲品”并非闭上或蒙上眼睛品尝葡萄酒。而对于一些企业内部的产品质量品评或对消费者进行的推广与培训则不必如此。

在瓶内陈酿时间较长或有沉淀的葡萄酒，需要进行滗酒，即将酒与沉淀物分离，这一过程往往是与醒酒一同进行的。因此，滗酒器通常也可以被用作醒酒器，但一般都是无色透明的。此外，通过滗酒也可以发现葡萄酒的气味缺陷。在滗酒过程中，葡萄酒不可避免地会接触到氧气，滗酒后需及时饮用。对于年份较久的葡萄酒，滗酒后更需要及时品评，这些葡萄酒很容易失去其香气。

为了使品酒师正确地感知各种酒样的感觉，需要合理安排每个批次的酒样。一般遵循如下两个原则：①具有可比性的葡萄酒才能相互比较，即同类葡萄酒进行比较；②不同酒样的排列顺序应该按照从浅淡到浓重的原则，如依照先起泡后平静、先白后红、先干后甜、先低酒度后高酒度等原则。

品尝时间最好安排在上午 9～12 时，同样，晚饭前下午 3～6 时也可以进行品尝，因为这时人的各种感觉最为灵敏。饱食后敏感性降低，是中枢神经系统被抑制的结果，而不是由于感受能力降低。一般而言，不在晚上进行品酒，这是因为光线等环境条件不佳，人体容易疲劳嗜睡等。简单而言，品酒最好的时间是：春季上午 9～11 时；夏季上午 9～11 时；秋季上午 9～12 时；冬季上午 10～12 时。

葡萄酒感官品评的基本流程如图 6-3 所示。

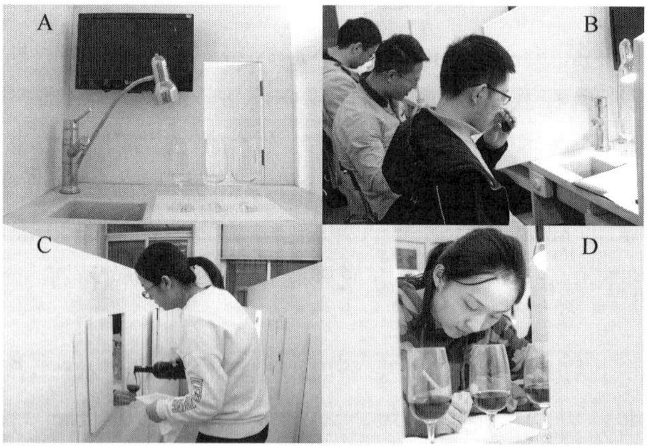

图 6-3 葡萄酒感官品评

A. 品评环境 B. 人员培训 C. 样品呈送 D. 品评记录

6.1.4.6 品尝评价技术

葡萄酒的感官评价有一系列标准的操作：第一步是外观观察，第二步是香气嗅闻，第三步是口感品尝，第四步是整体评价。

1）外观观察

葡萄酒的外观指标包括色泽、澄清度等，主要通过观察液面、酒体、酒柱以及气泡等反映。操作视频见二维码 6-1。

二维码 6-1 观

(1)澄清度　用食指和拇指捏着酒杯的杯脚,将酒杯置于齐腰的高度,或者将酒杯置于品尝桌上,低头垂直观察葡萄酒的液面。葡萄酒的液面呈圆盘状,必需洁净、光亮、完整。如果葡萄酒的液面失光,而且均匀地分布有非常细小的尘状物,则该葡萄酒很有可能已受微生物病害的侵染。如果葡萄酒中的色素物质在酶的作用下氧化,则其液面往往具虹彩状。如果液面具蓝色色调,则葡萄酒很容易患金属破败病。除此之外,有时在液面上还可观察到木塞的残屑等。透过圆盘状的液面,可观察到呈珍珠状的杯体与杯柱的连接处,这表明葡萄酒具有良好的透明性。如果葡萄酒透明度良好,也可从酒杯的下方向上观察液面。在液面的观察过程中,应避免混淆“混浊”和“沉淀”两个不同的概念。混浊往往是由微生物病害、酶破败或金属破败引起的,而且会降低葡萄酒的质量;而沉淀则是由葡萄酒构成成分的溶解度变化引起的,一般不会影响葡萄酒的质量。

(2)颜色　葡萄酒的颜色包括色调和颜色的深浅,这两项指标有助于我们判断葡萄酒的醇厚度、酒龄和成熟状况等。一般而言,白葡萄酒呈现无色透明、浅禾秆黄色(或麦秆黄色)、黄色、金黄色、琥珀色等色调,有些新鲜型白葡萄酒有时候也会略带浅绿色色调;而红葡萄酒的颜色一般呈现紫红色、黑红色、宝石红色、血红色、砖红色等颜色。这是由酿造葡萄酒的葡萄品种、酿造工艺和陈酿时间的长短所决定的。例如,新鲜型白葡萄酒颜色较浅,随着陈酿时间的延长而逐渐加深,颜色也向琥珀色或黄褐色发展;而新鲜红葡萄酒的颜色较深,且带有紫红色色调,随着陈酿时间的延长逐渐变浅,颜色逐渐向砖红色或橙红色发展。

(3)黏度　葡萄酒的黏度,通常也用来形容葡萄酒的流动性。一般而言,新鲜型干白葡萄酒的流动性是最好的,因而其黏度也是最低的,我们常常可以观察到干白葡萄酒随着酒杯的晃动均匀地在酒杯内壁流淌,没有多少的滞后,甚至有时候像清水一样,看不到明显的酒泪。相比而言,干红葡萄酒由于其内容物(干浸出物)的增加,其流动性会比干白葡萄酒稍差,其在酒杯内晃动后的流动会有明显的滞后感。相比而言,甜型葡萄酒,特别是冰酒、贵腐酒等糖度较高的葡萄酒的黏度就高多了,它们在酒杯内晃动的时候会让人感到明显的黏稠感,流动性较差,这与它们在口腔内的黏稠感是一致的。此外,黏度与后文所涉及的挂杯或酒泪也有一定的相关性。

(4)起泡性　在平静葡萄酒中,CO_2 的含量通常应低于 200 mg/L。杀口感带来的往往是负面的信息,已经灌装的新鲜型葡萄酒带有杀口感,往往意味着还有 CO_2,有封口塞子顶出的风险。因此,如果在外观分析时出现了气泡或泡沫,则表明该葡萄酒中 CO_2 含量过高。但对起泡葡萄酒和葡萄汽酒进行外观分析时,就必须观察其气泡状况,包括气泡的大小、数量和更新速度等。根据酒的种类不同,这些气泡或者在酒的表面上形成一层很薄的泡沫,或者形成的泡沫很厚。泡沫层是由均匀、细小的气泡形成的,且每个气泡持续的时间为数秒钟。当这层泡沫消失后,沿酒杯内壁形成一圈“泡环”,不断产生的气泡保证了“泡环”的持久性。“泡环”持续的时间,取决于起泡葡萄酒的年龄。在观察起泡葡萄酒的气泡状况时,酒杯非常重要。温酒杯不利于气泡的形成,酒杯的温度高于起泡葡萄酒的温度时,会产生大气泡。所以,在品尝起泡葡萄酒时,应等到酒杯与起泡葡萄酒的温度相同时(约需 30 s),才能观察其气泡状况。当然,更不能用加冰块的方法来降低温度,因为这会使酒杯湿润影响气泡的形成。

(5)挂杯　将酒杯倾斜或摇动酒杯,使葡萄酒均匀地分布在酒杯内壁上,静止后就可观察到在酒杯内壁上形成的无色酒柱(部分陈酿型干红葡萄酒的酒泪会呈现颜色),这就是挂杯现象,也称为酒泪或酒脚。挂杯的形成,首先是由于水和酒精的表面张力,其次是由于葡萄酒的黏滞性。所以，甘油、酒精、还原糖等含量越高，酒柱就越多，其下降速度越慢；相反，干物质和酒精含量都低的葡萄酒，流动性强，其酒柱就少或没有酒柱，而且酒柱下降的速度也快。此步骤一般需要晃动酒杯，因此常常在摇杯闻香后进行。

二维码 6-2　闻

2）香气嗅闻

查看葡萄酒的外观之后，一般开始对葡萄酒的香气进行常规嗅闻。主要包括三次闻香。操作视频见二维码 6-2。

（1）第一次闻香　在酒杯中倒入 1/4～1/3 容积的葡萄酒，在静止状态下分析葡萄酒的香气。在闻香时，应慢慢地吸进酒杯中的空气。其方法有两种：第一种是将酒杯放在品尝桌上，弯下腰来，将鼻孔置于杯口部闻香；第二种是将酒杯端起，但不能摇动，稍稍弯腰，将鼻孔接近液面闻香。使用第一种方法，可以迅速地比较并排的不同酒杯中葡萄酒的香气。第一次闻香闻到的气味很淡，因为只闻到了扩散性最强的那一部分香气。因此，第一次闻香的结果不能作为评价葡萄酒香气的主要依据。

（2）第二次闻香　在第一次闻香后，摇动酒杯，使葡萄酒呈圆周运动，促使挥发性弱的物质的释放，然后进行第二次闻香。第二次闻香又包括两个阶段：第一阶段是在液面静止的“圆盘”被破坏后立即闻香，这一摇动可以扩大葡萄酒与空气的接触面，从而促进香味物质的释放；第二阶段是摇动结束后闻香，葡萄酒的圆周运动使葡萄酒杯内壁湿润，并使其上部充满了挥发性物质，使其香气最为浓郁，最为优雅。第二次闻香可以重复进行，每次闻香的结果应一致。

（3）第三次闻香　如果说第二次闻香所闻到的是使人舒适的香气的话，第三次闻香则主要用于鉴别香气中的缺陷。这次闻香前，先使劲摇动酒杯，使葡萄酒剧烈转动。最极端的类型是用另一只手的手掌盖住酒杯杯口，上下猛烈摇动后进行闻香。这样可加强葡萄酒中使人不愉快的气味如乙酸乙酯、氧化、霉味、苯乙烯、硫化氢等气味的释放。

在完成上述步骤后，应记录所感觉到的气味的种类、持续性和浓度，并努力区分、鉴别所闻到的气味。在记录、描述葡萄酒香气的种类时，应注意区分不同类型的香气，即一类香气、二类香气和三类香气。在分析葡萄酒的香气时，应首先努力鉴别其浓度、调子和质量，然后通过更为细致的分析，利用短暂而重复的嗅香，将那些持续交替出现的，类似某一些花香、果香等的香气分离开来。因此，必须努力回忆，搜索脑中贮存的各种香气类型，并用它们来描述从葡萄酒中辨别出的类似的香气。

当品尝员分析香气的质量时，主要是分析香气的浓度、怡悦度等。气味的怡悦程度是所有质量的基础。如果一种葡萄酒的气味令人舒适、和谐，它就优雅。与上述质量相反，低劣、粗糙用于形容那些不具风格，具有不良气味的葡萄酒，它们常常带有植物、生青等粗糙的气味。在品尝过程中，还需分析葡萄酒香气的浓度。如果香气浓郁、馥郁、完整，则葡萄酒芳香、醇香；相反，如果香气淡，或不具香气，葡萄酒则平淡、无味、淡弱。如果葡萄酒香气消失，则称失香、凋萎、衰老。葡萄酒香气的纯正、纯净，表示其良好的“健康”状况，表示无任何异味，可用完好、明快来形容。与纯正相反的则为模糊、不清爽，与完好相对应的有病态的、变质的，等等。

3）口感品尝

在闻香完成后，需要对葡萄酒在口腔中的感觉进行分析，即所谓的品尝。将酒杯举起，杯口放在嘴唇之间，并压住下唇，头部稍往后仰，就像平时喝酒一样，但应避免像喝酒那样酒依靠重力的作用流入口中。轻轻地向口中吸气，并控制吸入的酒量，使葡萄酒均匀地分布在平展的舌头表面，然后将葡萄酒控制在口腔前部。每次吸入的酒量不能过多，也不能过少，应在 6～10 mL。酒量过多，不仅加热所需的时间长，而且很难在口内保持住，迫使我们在品尝过程中摄入过量的葡萄酒，特别是当一次品尝酒样较多时。相反，如果吸入的酒量过少，则不能湿润口腔和舌头的整个表面，且由于唾液的稀释而不能代表葡萄酒本身的口味。每次吸入的酒量应一致，否则，在品尝不同酒样时就没有可比性。操作视频见二维码 6-3。

二维码 6-3　尝

当葡萄酒进入口腔后，闭上双唇，头微向前倾，利用舌头和面部肌肉的运动，搅动葡萄酒，也可将口微张，轻轻地向内吸气。这样不仅可防止葡萄酒从口中流出，还可使葡萄酒蒸气进入鼻腔后部。在口感分析结束时，最好咽下少量葡萄酒，将其余部分吐出。然后，用舌头舔牙齿和口腔内表面，以鉴别尾味。葡萄酒在口腔中的停留时间因人而异，一般需要遵守“12 s 原则”或“12 s 理论”，即葡萄酒进入口腔后的停留时间在 12 s 左右，且保证每次品尝时间一致。这样既可以保证全面感知葡萄酒的口感，也可以避免不同的品尝时间带来的差异。在结束第一个酒样的品尝后，应停留一段时间，以鉴别它的余味。只有当这个酒样引起的所有感觉消失后，才能品尝下一个酒样。

在品尝过程中，需要注意葡萄酒的味觉和口感，主要包括甜味和圆润度、酸味、苦味与涩感等，一些常用的形容词如表 6-3 所示。此外，还需要进行鼻后嗅闻，其感知方法与直接嗅闻不同，不是通过鼻咽通道，而是通过口咽通道，也就是所谓的鼻后嗅闻进行的。即葡萄酒进入口腔后，在品尝其口感的同时，对过口腔返回鼻腔香气的嗅闻。在这一评判方法下，对葡萄酒的香气的感知又称为口香，这对葡萄酒香气和口感的感官质量评价是非常重要的。最后，还要感知葡萄酒的余味。把咽下或吐出葡萄酒时所获得的香气感觉，称为余味，也可称为尾味或后味。在咽下或吐出葡萄酒后，口中感觉并不会立即消失。因为在口腔、咽部、鼻腔中还充满着葡萄酒及其蒸汽，还有很多感觉继续存在，它逐渐减弱，最后消失，这就是余味。口感和香气的持续性，其产生可以有两种原因。第一，存在少量葡萄酒及其呈香物质，且其浓度会越来越低，呈香物质也由于呼吸而逐渐排出。第二，延迟性反应，即对已消失的感觉的回忆，就好像在刺激物消失以后，感官仍处于刺激状态一样。持续的感觉非常复杂，包括味觉、嗅觉和共同化学觉，但是，余味的舒适度比余味的长短更为重要。

表 6-3　常用的葡萄酒味感形容词

味觉和口感	形容词
甜味和圆润度	甜味、圆润、柔软、柔顺、融合、流畅、肥硕、柔弱、浓重、甜淡、甜腻、醇厚、蜜甜
酸味	爽利、清新、尖酸、生硬、粗糙、微酸、酸涩、刺口、粗劣、柔弱、乏味、平淡、略咸、消瘦、枯燥、味短、干瘪、瘦弱、辛辣
苦味与涩感	辛辣、滞重、高单宁、干燥、粗糙、浸渍味、皮渣味、果梗味、塑料味、金属味

4）整体评价

最后，需要对葡萄酒进行整体评价，这是许多人品酒过程中常常忽略的。整体适量评价又称总体印象评价，是在对同种与同质量的酒进行比较后，对此种酒的典型性的总体概括。因而，对一款葡萄酒的整体质量评价，不仅来自对其外观、香气和口感的单独评价，更多的是对其产品质量的综合考量，是对葡萄酒外观、香气和口感的综合评价，以及对该款葡萄酒典型性的综合评估。当然，这种评价必须是与客观事实相符合的，不应带有主观性质，即以客观角度从外观、香气和口感等不同方面，及其总体效果评价一款葡萄酒质量的优劣。

6.1.5 主要酿酒葡萄品种

1)霞多丽(Chardonnay)

欧亚种，是世界范围内最著名、种植最广泛的白葡萄品种之一。它卓越的名声来自法国勃艮第地区的顶级白葡萄酒。它也是香槟地区重要的品种之一，尤其被用来单独酿造香槟地区的白中白香槟酒。

'霞多丽'属早熟型品种。由于适合各类型气候，耐冷，产量高且稳定，容易栽培，如今已经遍及整个世界，在西班牙、意大利、奥地利都生产出令人惊叹、极其细腻的'霞多丽'葡萄酒。它同样也非常适应美国加州纳帕和索诺玛的气候和土壤，在智利、阿根廷、南非也有种植。在澳洲和新西兰，它产出的酒带有柑橘香气和轻巧的酸度，深受好评。

'霞多丽'葡萄酒具有细腻的质感，卓越的香气，口中留香悠长，最适合橡木桶发酵并陈酿，陈放后尤显其杰出风味。主要的香气有榛子、蜂蜜、山楂花和洋槐花，有时伴有奶油、奶油蛋糕和烤面包的香气，大多数'霞多丽'葡萄酒都要经过苹果酸-乳酸发酵，这个过程将提高丁二酮含量，并产生明显的奶油和榛子味道。由此，'霞多丽'也是少数可以进行橡木陈酿的酿酒白葡萄品种。

在我国的东部产区，'霞多丽'经常出现香瓜、柠檬香气，有时出现青苹果香气，带有精美的花香(椴树花)和果香(苹果、水梨)，它为多品种混合酿制的葡萄酒带来清新、轻盈和精致的特点。老熟阶段会产生榛子的香气，某些年份老酒含有咖啡的香味。而在宁夏产区具有浓郁的热带水果(菠萝、香蕉、哈密瓜)的香味，更有独特的荔枝香气。

2)长相思(Sauvignon Blanc)

原产法国波尔多的白葡萄品种，适合温和的气候，它生长茂盛，但产量中等，极易受灰腐霉菌的侵袭。它最喜石灰石、黏土-石灰质或贫瘠的沙砾土壤，如今是世界各地的流行品种，在我国的东部及中部产区种植成功。

'长相思'的香气非常有特色，具有百香果、黑醋栗芽苞或者黄杨木的香气，甚至有猫尿味。当青草味突显时，则更接近野草味。

'长相思'在法国波尔多地区是白葡萄酒之王(干白及甜白酒)，近年来更成为新西兰最具代表特色的白葡萄品种，此外在智利、澳大利亚等国也有极佳的表现。

3)雷司令(Riesling)

原产德国的白葡萄品种，是莱茵河流域的一种珍贵品种，如法国阿尔萨斯、德国摩泽尔和莱茵高等产区，同样也生长在多瑙河两岸。属晚熟型，适合大陆性气候，耐冷，多种植于向阳斜坡及沙质黏土，可以酿造干酒或者甜酒，用其酿成的葡萄酒具有一贯的酒体丰富、酒香层次完美的特点。它的香气精巧，带有淡雅的花香混合植物香、柠檬香、轻柔的麝香和辛香。

用其酿制的半干葡萄酒或甜酒带有大量热带水果的香气，老熟的酒带有葡萄柚、柳橙的香气，在上好的年份则具有上佳的陈放能力。它同样也适应澳洲的炎热气候，在南非也表现突出。在我国，'雷司令'又常被称为'白雷司令(white Riesling)'，主要种植在新疆、甘肃等地。

4)赛美蓉(Semillon)

原产法国波尔多的白葡萄品种，也有人译为'赛美隆'。虽非流行品种，但在全世界各地都有生产，适合温和型气候，以智利种植面积最广。这个品种有可能在秋天受到灰葡萄孢的侵袭，也就是著名的贵腐霉，使葡萄果实的糖分和风味浓缩，大部分被用来酿造甜型酒。它具有蜂蜜的香气，并能发展成一系列的糖渍水果香气(水梨、杏桃、木梨、水蜜桃、菠萝)，还常伴有香草香气，偶尔也带有明显的藏红花香气。有些‘赛美蓉’甜酒带有柠檬香气，尤其在澳洲的瑞瓦瑞纳流域，葡萄园受到最精心的照料和灌溉。

除了单品种酒，波尔多和多尔多涅河地区也使用它酿造干酒，而在美国常用它来与‘长相思’等品种相混合。

5)琼瑶浆(Gewürztraminer)

原产德国的白葡萄品种。‘琼瑶浆’的果皮呈粉红色，香气浓郁，具有相当高的辨识度。发芽较早，有时会遭遇春季霜冻。长势旺盛，但容易坐果不良，因此产量并不高。‘琼瑶浆’在法国阿尔萨斯地区最为知名，占该产区种植面积的19%，被用于酿制各种甜度的葡萄酒，包括干型、近乎干型、晚采收和粒选贵腐葡萄酒。这些酒皆香气扑鼻，通常带有玫瑰花瓣、荔枝和热带水果的香气。

除德国以外，‘琼瑶浆’也在法国、奥地利、匈牙利、意大利、美国、澳大利亚和新西兰等国有一定面积的栽培，多用于半干、半甜和甜型酒的酿造。该品种引入我国较早，但栽培面积有限，目前仅在山东、河北和甘肃等地有少量的栽培。

6)贵人香(Italian Riesling)

也称‘意大利雷司令(Riesling Italico)’，其外文名也写作‘Riesling Italianski’，属白葡萄品种。德国人将这种葡萄称为‘Rizling Italico’，以和他们真正的‘雷司令(Riesling)’相区别，而在意大利，真正的雷司令被称为‘Riesling Renano’。此外，该品种在世界各地还有其他各种不同的别名，如在奥地利该品种被称为‘威尔士雷司令(Welsch Riesling)’。

在意大利，该品种在弗留利与斯洛文尼亚交界的地方尤为常见。若该品种的产量能得到控制，则它能酿制出雅致而爽脆、带适度花香的葡萄酒，这种葡萄酒大都产自科利奥。此外，在上阿迪杰和伦巴第产区，该品种也有较小范围的种植，其中在伦巴第，它的表现更出色。20世纪90年代初，‘贵人香’是罗马尼亚种植面积第三大的葡萄品种，它常和其他品种混酿，如‘奥托奈麝香(Muscat Ottonel)’。

‘贵人香’在我国宁夏、蓬莱产区均有优秀表现：蓬莱产区出产的‘贵人香’具有青柠檬的香气，清爽细腻；宁夏产区的大陆性气候为贵人香增添了浓郁、馥郁的花香，酒体相对蓬莱更饱满。

7)赤霞珠(Cabernet Sauvignon)

欧亚种，原产法国，是一个较晚成熟的品种，特别适合砾石土壤和干热的气候。该品种很容易移植，因此在全球广泛种植，受到各地葡萄酒爱好者的青睐。

‘赤霞珠’果实较小，皮厚色深，富含单宁，酿出的葡萄酒骨架结实，厚实凝重，具有极强的陈年能力。研究表明，‘赤霞珠’是由‘品丽珠’和白葡萄品种‘长相思’在17世纪时通过自然杂交形成。新鲜型葡萄酒富有浓郁成熟的果香，如黑醋栗、黑加仑、黑樱桃香气，在一些日照充足的年份，有时还伴有蓝莓的香气，同时青椒也是其典型香气之一。这种气味来自葡萄酒中的甲氧基-2-异丁基-3-吡嗪，而且非常容易被觉察。

‘赤霞珠’适于橡木桶陈酿，葡萄酒在木桶内的熟化过程中，会变得更加柔顺，同时被赋予香草、烟熏、烘烤、桂皮和巧克力的味道，这些香气在老熟后的‘赤霞珠’中非常突出。随着陈酿时间增长，葡萄酒则会呈现出果酱、果干类的香气，并常伴有胡椒、奶油等香料香，时而会出现细微的松露香气。

几乎世界各地都可以见到此品种，在我国各地‘赤霞珠’的栽培也获得了巨大成功。在旧世界国家，‘赤霞珠’多用于多品种葡萄的混酿，最为著名的便是源于法国的“波尔多混酿”，它往往由‘赤霞珠’‘美乐’‘小味多’等多个品种的葡萄酒调配而来，其目的是融合不同品种葡萄的优质风味，形成完成、美好、稳定的葡萄酒风格。而在新世界国家，‘赤霞珠’葡萄往往用于单品种葡萄酒的酿造，其目的则在于突出‘赤霞珠’单个品种的特色风格。世界上最著名的‘赤霞珠’产区有：法国波尔多，美国纳帕谷和索诺玛产区，澳大利亚库纳瓦拉和玛格丽特河产区，智利中央山谷等；在意大利、西班牙与当地品种搭配混酿，风格独特。在我国，‘赤霞珠’几乎栽培于满足其植株生长、果实成熟的各个产区。除东北产区外，‘赤霞珠’在我国任何一个酿酒葡萄产区都是主栽品种，近年来我国更是引进了“169”“191”“341”和“405”等10余个‘赤霞珠’的株系并在不同产区开展了广泛的适应性栽培试验。

8)美乐(Merlot)

欧亚种，原产法国，也有译称‘梅鹿辄’。大多数时候，‘美乐’葡萄是‘赤霞珠’的最佳拍档，然而，‘美乐’也可以摆脱这种束缚，展示其个人风采。这个品种富含高质量的酚类物质，如单宁和花色苷等，具有早熟、丰产等特性。

由于在波尔多获得了巨大成功，‘美乐’在全世界广为种植，是备受喜爱的国际品种。该品种经常散发红浆果香，陈年后则会发展成为醇厚的酒香。在烘烤过的橡木桶中老熟后，具有惊人的品质，烟熏味和原始的葡萄果香交相辉映。在波尔多混酿中，‘美乐’为酒中提供了饱满的结构和成熟的黑色水果香气。在美国加州和华盛顿州广泛种植，多用于混酿；在智利，‘美乐’与‘佳美娜’曾被很多人混淆，目前仍有较大面积种植且表现良好；‘美乐’也非常适合在我国西部种植，在宁夏贺兰山东麓产区，用‘美乐’酿出的酒酒精度较高，酒体的结构感强，酒色浓，酒质柔和圆润。在木桶中陈酿后酒体中往往会产生烤肉、菌类等香味。20世纪90年代，澳大利亚开始对‘美乐’产生近乎狂热的迷恋，种植面积一度激增，仅次于‘西拉’和‘赤霞珠’。

9)西拉(Syrah/Shiraz)

欧亚种，原产法国罗讷河谷北部。‘西拉’是一个生命力旺盛的品种，在冷凉、温和与炎热的气候均有不同表现，于火成岩斜坡表现最佳。‘西拉’在北罗讷河谷地产区通常以单品种为主，有时也会混酿小比例的‘维欧尼’，以增加花香；在南罗讷河谷与‘歌海娜(Grenache)’和‘慕合怀特(Mourvedre)’混酿出著名的GSM。法国以外在澳洲所产最重要，被称作‘西拉子’或‘设拉子(Shiraz)’，在巴罗萨谷、麦克拉伦谷、克莱尔谷等产区有突出表现，在澳洲与‘赤霞珠’的混酿，也堪称经典独创。特别是在南澳的一些产区，由于葡萄园毗邻桉树林，其葡萄酿造的‘西拉’葡萄酒不仅具有热带水果香和香料香外，还有吸收桉树代谢物而造成的桉树、薄荷(也称假凉感)等独特风味。在我国的山东、新疆、宁夏及河北怀来产区都有种植，表现优秀。

用‘西拉’酿造的酒色泽深红近黑，酒香浓郁且丰富多变，年轻时以紫堇花花香和黑色浆果香为主，丰饶、强劲、结构结实。随着酒的陈酿，可以在嗅到明显的黑醋栗香气后，察觉到一些其他的香气特征，如黑莓、松露、雪松、桂皮、胡椒、皮革、烟草、麝香等味道。‘西拉’适合在橡木桶中酿造，并经常显现出甘草、丁子香花蕾的味道。总体特征以丰满、柔和、芳香、辛香和黑霉为主，酒质上等。随着酒的陈酿，其巧克力、甘草、咖啡特征增强。

10)品丽珠(Cabernet Franc)

一个古老的优良酿酒品种,欧亚种,原产法国,在罗亚尔河谷地产区,不论从数量还是质量上来看,都是当地最重要的红葡萄品种。法国是世界上'品丽珠'种植面积最广的国家,它是法国的第六大葡萄品种,卢瓦尔河是其核心产区。这种品种在意大利、西欧、南美,尤其是智利,都有种植。'品丽珠'是我国引种较早的一个品种,我国胶东、冀北、甘肃等地均有种植。

'品丽珠'果实小,相对于'赤霞珠'果皮较薄、酸度较低。用'品丽珠'酿造的葡萄酒充满活力,单宁比'赤霞珠'少得多,有突出的果香,如草莓、覆盆子以及紫堇花的香气,有时还带有一抹恰到好处的青椒香气,陈年后,则会绽放出麝香、松露和一点点烟熏味。

11)蛇龙珠/佳美娜(Cabernet Gernischt/Garmenere)

另一个历史十分悠久的葡萄品种,原产法国吉伦特省,生命力极为旺盛,可在贫瘠的土壤,比如沙土中生长。其果实颗粒很小,呈深蓝色。由于容易坐果不良,且其根部易受感染,'佳美娜'的产量很低。用'佳美娜'酿制的葡萄酒颜色深浓、酒体饱满、品质极佳。

18 世纪时,'佳美娜'曾被广泛种植于法国西南部的梅多克产区,但由于其产量太低,19 世纪时人们纷纷放弃了种植。19 世纪末,'佳美娜'随殖民者从欧洲传入智利,并一度被当地种植者认为是'美乐',直至 1994 年才通过基因鉴定,确定当地的'美乐'其实是'佳美娜'。如今,'佳美娜'作为智利的代表性品种走向世界,受益于当地充足的光照,产出的葡萄酒具有浓郁的黑莓、蓝莓、胡椒、咖啡和巧克力等迷人香气。

'佳美娜'于 19 世纪传入中国,改名为'Cabernet Gernischt',后称为'蛇龙珠',这一论调已经得到近年来基因层面研究的支持,但仍有人持保守或反对意见,认为'蛇龙珠'是早期葡萄品种驯化或突变的结果,或认为'蛇龙珠'与'佳美娜'没有直接关系。产于我国的'佳美娜'风味常与'品丽珠'相似,带有草本气息,质地则与'赤霞珠'相近。'佳美娜'主要种植在我国山东和东北偏南的一些地区,由于引进较早,'佳美娜'在我国种植较为广泛,特别是在东部的山东蓬莱,河北昌黎、怀来等地种植面积仅次于'赤霞珠',宁夏贺兰山东麓产区和新疆天山北麓产区等西部产区也有一定面积的栽培。

12)黑比诺(Pinot Noir)

原产法国勃艮第,比较耐寒,在我国宁夏、甘肃、河北怀来等地也有种植,适合酿制起泡葡萄酒及红葡萄酒。

'黑比诺'抗病性较弱,相对于其他红色品种而言非常挑剔、难以照料,喜好偏冷凉气候,早熟、产量小。在法国勃艮第产区表现最优,品质上乘、价格昂贵。在其他冷凉产区也有突出表现,如:德国法尔茨和巴登产区,美国加州和俄勒冈州,新西兰中奥塔哥、马尔堡,澳大利亚雅拉谷。在南非、阿根廷、意大利也有不错的表现。'黑比诺'也是传统法起泡酒的常用品种,是法国香槟产区法定品种之一,可用来酿造黑中白或桃红起泡酒。

'黑比诺'很少和其他品种相混合。用'黑比诺'酿出的葡萄酒大多色浅,呈浅宝石红至宝石红色,严格控产、果实浓缩时可以达到鲜亮的深宝石红色。优质的'黑比诺'干红具有无可比拟的细腻香气,年轻时主要香气为樱桃、黑醋栗、覆盆子、草莓等,陈酿后则展现出复杂优雅的动物皮毛、植物、香料等香气,酒体虽不强劲,但以优雅细腻和无与伦比的复杂度取胜。

6.1.6　葡萄酒感官评价案例

为了便于理解和记忆,我们借用美国葡萄酒协会(AWS)的葡萄酒品尝表(表 6-4),进一步介绍葡萄酒品尝技术。

AWS葡萄酒品尝表的第一栏是关于葡萄酒的信息，一般包括：酒名（如××干红、××干白）、葡萄品种（如'赤霞珠''霞多丽'）、生产者（酒庄、公司）、产地（包括地理标志）、年份、等级、批发商（如果标签上有的话）等。在匿名品尝中，不会提供葡萄酒的上述信息，品评员必须在不知道葡萄酒身份的情况下，根据葡萄酒的质量标准进行判断。葡萄酒的质量标准通常包括：没有异常气味和异常口感，以及果香/醇香、口感/结构、酸味、甜味、苦味、涩味、酒体和平衡等方面的强度。根据上述判断，品尝员可以在葡萄酒一栏中填写他所推测的葡萄酒名称或葡萄品种名称。但他的"推测"应是建立在他对被品尝葡萄酒的所有感官分析结果和记录以及他作为葡萄酒品尝员的经验基础上的。也就是，他必须把自己当作一名葡萄酒侦探，用他的感觉来进行判断和评价。

表 6-4　美国葡萄酒协会（AWS）葡萄酒品尝表

姓名：　　　　　　　　　　时间：

地点：　　　　　　　　　　目的：

序号	名称	价格	外观（3分）	香气/醇香（6分）	口感/结构（6分）	后味（3分）	总体印象（2分）	总分（20分）
1								
2								
3								
4								
5								
6								

品尝表的下一个栏目是葡萄酒的价格。在个人的品尝结束之后，品尝组要对被品尝葡萄酒的价格进行讨论，并将讨论结果记录到这个栏目。由于葡萄酒的价格是随着时间和空间的变化而变化的，在葡萄酒品尝中，往往忽略价格栏目。但在近年来的一些葡萄酒大奖赛的评价中，常常涉及性价比的评比，这样价格信息就非常重要了。

视觉是品尝葡萄酒时最先利用的感觉，所有观测结果都要记录到"外观"一栏中。外观记录包括葡萄酒的颜色、色泽、澄清度、酒体等，如果是起泡葡萄酒，还要包括气泡的大小、数量以及泡沫特性。

对葡萄酒颜色的描述，首先要注意色调。葡萄酒的色调包括深浅不同的三原色（红、黄、蓝）以及间色（绿、紫和橙）。白葡萄酒的颜色描述包括：近似无色、浅黄绿色、浅禾秆黄色、浅黄色、黄色、浅金黄色、金黄色、茶色、栗色等。红葡萄酒的颜色描述包括：粉红色、浅红色、红色、宝石红色、深红色、紫色、深紫色、暗红色、砖红色、茶色、棕色等。随着酒龄的增长白葡萄酒的色调会变深，红葡萄酒的色调会变浅。

色度是指葡萄酒颜色的强度，也就是指色调的深浅，比如猩红色是饱和色，粉红色是非饱和色。深或暗，往往被用来形容颜色饱和的葡萄酒。与观察葡萄酒的透明度一样，应在一个光源前或一张白纸上观察葡萄酒的颜色。对于红葡萄酒，应倾斜酒杯，然后对酒体边缘进行观察。

葡萄酒颜色的纯净度，用于描述葡萄酒的颜色是否与其酒龄相匹配。葡萄酒应没有水质边缘，没有氧化。术语"与酒龄相匹配的颜色"最典型的例子是白葡萄酒的准确年份：新装瓶的白葡萄酒的颜色不能是茶色;而如果葡萄酒是褐色的,则表明它氧化了或是陈年葡萄酒。描述颜色之后,再用其他感官客观地评价葡萄酒的质量。

亮度用于描述葡萄酒的表面是否光洁,它是一个正面描述。如果一种葡萄酒的表面暗淡无光,表明它缺乏应有的澄清度或过滤不彻底,或者是它衰败了。

透明度,在葡萄酒中是一个代表葡萄酒健康程度的视觉标准,描述词汇包括:晶亮、清亮、透明等。浑浊度是与澄清度相反的术语,它主要用来描述一些让葡萄酒模糊、不清亮的物质的含量。描述浑浊度的术语有:失光,浑浊或者雾状浑浊。如果葡萄酒有颗粒状沉淀(如酒石酸盐沉淀或单宁酸盐沉淀),或者有不希望出现的气泡,则是不良品质的表现。

酒石酸结晶、木塞碎屑、红色颗粒状沉淀这些外观瑕疵不能算作酒的缺陷。颗粒沉淀物是由单宁和色素在陈酿过程中形成的。因此,陈酿过的酒在饮用之前要垂直静放几天。

要特别注意,冰镇过的葡萄酒可以使酒杯表面凝结一层水雾,进而使酒轻微失光。在对冰镇酒进行外观评价之前,要擦去酒杯表面的水雾,如果酒的温度过低,还可以手握酒杯,给酒升温。

接下来观察酒泪。酒泪可以说明葡萄酒酒度的高低。酒泪越细,酒度越高。酒泪的多少和形状也是评价酒柱的术语。外观评价时所说的酒体是指酒泪,而在口感分析时,酒体是指丰满程度。

最后,观察是否有气泡和气泡的多少。静止葡萄酒是没有气泡的,而起泡葡萄酒拥有丰富的气泡。如果一款静止葡萄酒有大量气泡,那它就是不合格的,应在品尝记录中标明。但是,刚装瓶的新酒允许有少量气泡。少量的二氧化碳会在装瓶阶段或打塞阶段进入瓶中,这些二氧化碳会被酒吸收,并在开瓶后或倒出后被释放。这种类型的冒泡会很快消失,如果短时间内没有消失,就视其为不合格。

当我们说运用听觉来对酒进行评价时,你也许会有些迷惑。开瓶的时候,可以倾听从瓶内发出的声音。当静止葡萄酒的瓶塞被拔出的时候,如果我们听见“嘶嘶”的声音,这有可能是新酒还残留没有释放出来的二氧化碳,这时就必须采取清除措施;或者是葡萄酒发生了瓶内发酵。

开启起泡葡萄酒的时候,如果没有听见任何气体释放的声音,就需要在酒的品尝表中记录下这条信息。这时,瓶塞内的压力一定是不正常的。在香气、口感、余味和整体评价过程中,其他的感官也会巩固我们的观察和假设。运用听觉得出的观察结果如果是正常的,就不必记录下来。在开启带气的葡萄酒时,拔瓶塞的动作要尽量缓慢,使爆裂声越小越好。这样就能将二氧化碳保留在酒中。

AWS葡萄酒品尝表的其余4个部分在很大程度上依赖于品评员的嗅觉。当闻葡萄酒时,就应对葡萄酒的香气和醇香进行分析。葡萄酒在口腔中时,也可以通过鼻咽通道闻到葡萄酒的味,这些气味与口腔所能感觉到的酸、甜、咸、苦等一起,被称为风味。描述风味的词汇用于对葡萄酒的结构、后味和总体印象的评价。

对香气/醇香的描述可以参考葡萄酒香气轮盘(图6-1)中描述词汇。在该香气盘中,香气被定义为葡萄酒中源于葡萄的气味,而醇香则被定义为产生于葡萄酒发酵、陈酿(特别是装瓶后的陈酿)过程中的气味,即包括我们定义的二类香气和三类香气。在葡萄酒中或许还能鉴定出一些香气盘中未列出的气味,这些气味也应被记录在品尝表中。

一些葡萄品种的香气很容易辨认,而另一些品种则不具有能被确定的明显特征。易辨认的品种有:‘赤霞珠’‘康可’‘琼瑶浆’‘米勒图高’‘亚历山大玫瑰’‘小白玫瑰’‘玫瑰香''宝石解百纳''长相思''赛美蓉''增芳德'等。成熟度可以影响香气,成熟度低的浆果不能很好地表现其特征,成熟度高的浆果可以很好地表现香气特征,但酒精含量会过高。

醇香取决于酵母的种类、发酵类型(低温发酵、CO_2 浸渍发酵、苹果酸-乳酸发酵)、木桶陈酿时间、瓶内陈酿时间等。木桶的类型、烘烤水平(低、中等、重和过重)、大小(或使用橡木片的数量)等,也会影响葡萄酒的醇香。一些特殊的处理,如扩大与酵母膜的接触(如雪莉酒)、添加少量的葡萄醪(如马沙拉酒)、热处理(如马德拉酒)等,都会促进形成特殊的香气。葡萄酒的贮藏条件可以影响酒的寿命,如温度过高会明显缩短葡萄酒的寿命。

如果酒精气味太明显而掩盖了其他成分,很容易被感觉到,这是很不利的。一定要注意香气的和谐,一款平衡的葡萄酒应具有果香、醇香和酒精气味的合理搭配。

一些葡萄酒中的异味会严重影响葡萄酒的质量及其得分。如燃着的火柴气味,是过量使用二氧化硫的结果。新瓶装的酒有时有一种轻微的二氧化硫味,如果气味在短期内不能消失,就是缺陷。其他异味包括:醋味(醋酸)、木塞味、硫化氢味(臭鸡蛋味)、硫醇味(蒜味)、霉味、鼠尿味、氧化味、橡胶味和泡菜味等。

口感/结构对应的是在啜饮、搅动和吐出葡萄酒之间和之后在口腔中的感觉。使用描述词汇对葡萄酒的特征细节进行描述是相当重要的。虽然葡萄酒的口感也包括甜、酸、苦、咸和鲜味,但在葡萄酒中很少能感觉到明显的咸味和鲜味。对葡萄酒中甜、酸、苦、咸味的感知能力,因人而异,有经验和专心的人很容易感受到这些味觉。

同样应用适当的描述词汇对葡萄酒的酸味、甜味(残糖)、苦味(如果有)、收敛性(粗糙感)、酒体、平衡和触觉等进行描述。

在品尝结束并详细描述和评价葡萄酒后,应对照记录,再次品尝同一酒样,以确认记录能完全符合被品尝酒样。如果需要,记录更多的信息。同时需要记录葡萄酒类型——柔和还是醇厚,并依照 AWS 葡萄酒的评价标准,对给分进行调整,以确定它与你的正面或负面的评价一致。如果被品尝葡萄酒不是极其出色或令人难忘,它的得分就不能是 18～20 分。对葡萄酒的细节描述应与其得分相一致。最后,应检查总分,确保总分是表格中各项分数的总和。

6.2 果酒

6.2.1 果酒概述

葡萄酒作为果酒之王,是所有果酒中发展最好的酒种,其全球生产量和消费量无疑是最高的。然而,葡萄酒不能代表所有的果酒。除了要了解葡萄酒的历史文化外,我们同样需要深入了解其他果酒的历史文化。这种广泛的了解和深入的对比,有助于提高我们的感官综合品评能力。

我国酿造果酒(除葡萄酒以外)的历史同样悠久。汉代《西京杂记》中记载:"枚乘为《柳赋》,其辞曰:……于是樽盈缥玉之酒,爵献金浆之醪。"金浆即甘蔗酒。宋代《太平御览》中记载,"《广志》曰:鬼目似梅,南人以饮酒。""《晋书》曰:贾后将废太子,诈称上不知,呼太子入朝。既至,后不见,置于别室。遣婢陈舞,赐以酒枣,逼饮醉之。"这种酒枣就是一种配制型果酒。"《交州记》曰:以椰有浆,截花,以竹桶承取汁,作酒,饮之亦醉。"以椰即椰子。

6.2.2　果酒分类

世界上用来酿造果酒的水果种类很多，每一种水果中，用来酿造果酒的品种也有很多。果酒的命名通常以水果原料的种类来命名，例如苹果酒、柑橘酒、荔枝酒等。果酒的分类方法有很多，可以根据果酒颜色、含糖量、生产方式和酒精度等进行分类。

1）根据颜色分类

水果的颜色虽然很多，有白色、绿色、黄色、红色、黑色等，但是其含有的色素类别仅包括四大类：呈绿色的叶绿素类色素、呈黄色或褐色的黄酮类化合物（非花色苷）、呈红色的花色苷类色素和呈黄色的类胡萝卜素。在视觉上呈现蓝色的蓝莓和呈现黑色的桑葚，实际上所含大量色素也是呈红色的花色苷类色素。因此，参考葡萄酒根据颜色的分类（白葡萄酒、桃红葡萄酒和红葡萄酒），就可以将果酒分为绿色果酒、黄色果酒、桃红果酒和红色果酒。

2）根据含糖量分类

在不含二氧化碳的葡萄酒中，根据含糖量将葡萄酒分为干型、半干型、半甜型和甜型酒。其他果酒可参考该分类方法对果酒进行分类。但是，不同的果酒应当根据含糖量对果酒感官质量的影响进行重新划分。否则，按照葡萄酒的标准划分并进行感官品评，其他果酒的感官质量可能被低估。也就是说，除葡萄酒外的果酒，应当根据自身的特点，特别是感官特点进行划分。

3）根据生产方式分类

根据生产方式不同，可以将果酒分为发酵型、配制型和蒸馏型果酒。发酵型果酒是以一种或两种以上的水果、果汁或果浆（包括浓缩果汁或果浆）为原料，经酒精发酵而酿造的含有一定酒精度的发酵酒，如发酵型苹果酒和蓝莓酒等。配制型果酒是以水果、果汁或果浆（包括浓缩果汁或果浆）为原料，未经酒精发酵，直接加入食用酒精或白兰地等配料而生产的含酒精果汁饮料，如配制型苹果酒和配制型蓝莓酒等。蒸馏型果酒则指在发酵果酒的基础上经过蒸馏、调配和陈酿等工艺生产的，含有较高酒精度的饮料酒，如樱桃白兰地、苹果白兰地等。

4）根据酒精度分类

发酵型果酒的酒精度一般在20%以下，蒸馏型果酒的酒精度则通常在20%以上。根据酒精度的高低，可以将果酒分为低度果酒、中度果酒和高度果酒。为了将发酵酒、配制酒和蒸馏酒统一起来进行划分，本书将酒精度低于12%的果酒定义为低度果酒，将酒精度在12%以上（包括12%）22%以下的果酒分为中度果酒，将酒精度在22%以上的果酒分为高度果酒。因此，低度果酒包括低醇和无醇果酒（无醇果酒的酒精度低于1%），中度果酒包括一些加强型果酒，高度果酒主要指配制的高度酒和水果白兰地等。

6.2.3　果酒特点

目前，绝大部分的发酵型果酒都参照葡萄酒的工艺进行酿造。因此，市场上的发酵型果酒绝大部分都是清澈、半透明或透明的果酒。实际上，发酵型果酒中的色素、酒石酸、蛋白质等具有不稳定性，在陈酿过程中，或者在货架期内会发生浑浊或沉淀。这些沉淀或浑浊除了影响在口腔当中的感觉以外，很大程度上也在心理上影响品酒。因此，发酵型果酒的感官质量具有不稳定性。配制型果酒由于含有果汁而和发酵型果酒具有类似的特点。

由于不同的水果含有的化合物种类和含量不同，它们的酒种也就相应产生不同的感官特点。因此，在品评不同的果酒时，既需要遵循果酒品评的一般原则，也需要考虑果酒的特殊性。例如，在品评苹果酒或蓝莓酒时，就不能用葡萄酒的感官质量标准去品评。此外，蒸馏型果酒的品评也需要注意其特殊性。

6.2.4 果酒感官特点变化规律

1)果酒外观的变化规律

与葡萄酒的外观特性一样，果酒的外观主要包括颜色、澄清度、起泡、黏性和酒泪。一般来讲，在品评中比较重要的外观特性主要包括颜色、澄清度和起泡。由于果酒的水果种类很多，再加上工艺等因素的影响，果酒的外观，特别是颜色，可能比葡萄酒的外观颜色更加多样和复杂。赋予果酒颜色的主要物质是叶绿素和黄酮类化合物等。因此，果酒的外观颜色会随着陈酿时间的延长，逐渐从鲜艳的绿色、黄色和红色向暗淡、变浅、变黄、变褐的方向发展。同时，可能伴随浑浊和沉淀的产生。需要注意的是，随着人们对果酒健康的不断认知，未来可能生产更加天然健康的果酒，而这样的果酒正常情况下本身就可能是浊酒。

2)果酒香气的变化规律

参考葡萄酒的香气分类，根据来源，果酒的香气也可以分为一类香气、二类香气和三类香气。一类香气来源于果实，也叫果香或品种香气；二类香气来源于发酵过程，称为发酵香或酒香；三类香气来源于陈酿过程，称为陈酿香或醇香。无论是发酵型果酒和配制型果酒，还是蒸馏型果酒，它们的香气都随着陈酿时间的延长从一类香气和二类香气向三类香气转变。

根据香气的性质，可以将果酒的香气类型分为果香、花香、植物类香气、矿物类香气、真菌类香气、烘烤类香气、香料类香气、香脂类香气和动物类香气等。来源于果实的一类香气包括果香、花香、植物和矿物香气；来源于发酵的二类香气也包括果香、花香、植物和矿物香气；来源于陈酿的三类香气包括真菌类香气、烘烤类香气、香料类香气、香脂类香气和动物类香气等。这些香气的分类及每一类香气中的具体香气种类可参考葡萄酒的香气分类。这里的真菌类香气主要指酵母、香菇、松露、蘑菇等。

3)果酒口感的变化规律

果酒的口感包括 5 种基本味觉和所有的口感。5 种基本味觉即甜、酸、咸、苦、鲜。虽然果酒中含有呈现 5 种基本味觉的化合物，但是呈现鲜味和咸味的化合物浓度较低，通常情况下，是品尝不出来的。因此，在果酒中一般只可以品尝 3 种基本味觉，即甜、酸和苦。口感包括收敛性(通常所说的涩味)、灼热感、温度、刺痛感(二氧化碳引起)和酒体等。随着陈酿时间的延长，果酒的酸味和涩味会逐渐减弱，口感会变得更加柔顺、圆润。到了衰老阶段，果酒的苦味可能会增强，口感可能呈现松散、分解、衰老的感官特征。

6.2.5 果酒品评方法

与葡萄酒的品评方法类似，品评果酒都需要采用一定的方法，以便于进行感官品评。果酒的品评步骤包括 4 步：外观观察、香气嗅闻、口感品尝和整体评价。

1)外观观察

外观观察主要观察颜色和澄清度。如果是起泡果酒，则还需要观察起泡特性。果酒的黏性和酒泪在品尝中的作用较小，通常在品尝过程中予以忽略。当然，如果感兴趣，也可以进行品评和欣赏。

在观察外观颜色时，需要注意，颜色包括色调、色度和亮度3个属性。色调，即显示什么颜色，例如，黄色、红色等。色度，表示颜色的饱和程度，或者纯度，通常可以理解为颜色的鲜艳程度；颜色饱和度越高，颜色越鲜艳。亮度表示颜色的深浅程度。

在观察澄清度时，需要注意澄清度的含义包括光泽度、透明度、浑浊度和沉淀。光泽度表示酒液表面反射光的特性；透明度表示酒液允许可见光透过的程度；浑浊度表示酒液阻碍可见光透过的程度（可见光被吸收或反射）；沉淀指酒液中析出的固体物质。

在观察起泡时，需要注意起泡的持续性和气泡的大小。气泡越细密，作用于口腔的感觉越舒适细腻。

观察外观时，需要将酒杯置于背景为白色的光滑物体上，例如A4白纸、白色桌面。观察澄清度可以将酒杯放于桌上，或手持酒杯，从杯口上方观察。观察颜色时，通常需要倾斜酒杯一定角度，通常为30°～45°，从酒液边缘向酒液中心观察色带，特别是当比较的酒液颜色较深时，这样观察酒液颜色就更为准确方便。

2)香气嗅闻

香气嗅闻需要鉴别香气质量和特征。果酒香气质量包括香气优雅度、纯正度和浓郁度。优雅度表示香气令人愉悦的程度；纯正度表示该种果酒本身含有的香气，不含其他果酒的香气或者不良的气味；浓郁度表示香气物质浓度的高低和其持续时间的长短。

鉴别香气特征时，需要酒液在酒杯中呈静止状态下嗅闻，这时嗅闻到的香气是挥发性最强的化合物所呈现出来的香气，这一步我们称为静止闻香；然后是摇杯闻香，即摇动酒杯，使酒液在杯中旋转，以促进挥发性较弱的化合物挥发。在实际的香气鉴别过程中，在酒液入杯后就马上进行香气嗅闻，静止闻香和摇杯闻香常交替进行，以更加全面地感知果酒的香气质量和特征。

3)口感品尝

果酒的口感品尝主要包括基本味觉和口感。首先，吸入一定量的果酒，酒液体积一般可在8～15 mL。为了保证品评的稳定性和可靠性，应尽可能使每次吸入口腔的酒液体积保持一致。其次，为了更加全面地评价果酒的口感，需要将果酒在口腔中保持一定时间，以使所有味觉和口感全部以最强的强度呈现在口腔中。此外，有时为了感知口腔中的香气，可以向口腔中吸气，以促进香气物质的气化和挥发。最后，吐出或咽下少部分果酒，鉴别果酒的余味，包括味觉、口感、香气，并对余味的质量做出鉴别。

4)整体评价

综合以上外观、香气和口感品质，对果酒的整体质量进行评判，同时要注意果酒的舒适性、复杂性、优雅性、陈酿潜力、特色等。

6.2.6　苹果酒的品评

苹果酒是世界第二大果酒，仅次于葡萄酒。苹果酒在英国、法国、德国、西班牙、美国、澳大利亚、加拿大等国家有较高的生产量和消费量。我国是苹果生产量和消费量第一大国，苹果酒在我国也迎来了良好的发展机遇。

根据苹果酒是否含有二氧化碳，可以将苹果酒分为静止苹果酒和起泡苹果酒，前者不含二氧化碳，后者含有较高含量的二氧化碳。根据含糖量，苹果酒分为干、半干、半甜和甜型苹果酒。除此之外，还可以根据原料的种类分为苹果酒和苹果复合酒，后者除了含有苹果以外，还含有其他水果原料。

在苹果酒的发展过程中,为了不断提高苹果酒的质量,丰富苹果酒的风格,出现了苹果冰酒、苹果香槟酒(苹果气泡酒)、苹果加强酒、苹果白兰地等酒种。此外,还有将苹果与其他原料混合发酵酿造的酒。例如,在国外有用啤酒花和苹果汁发酵的酒,称为啤酒花苹果酒。

1)苹果酒的外观

苹果酒的颜色:干型苹果新酒的颜色为浅黄绿色或黄色,随着陈酿时间的延长,黄色逐渐减少,褐色逐渐增多。甜型苹果酒的颜色深于干型苹果酒。

苹果酒的澄清度:当前市场上的苹果酒都经过澄清过滤工艺,因此,上市的苹果酒通常都有光泽、澄清、透亮。如果是酿造的浊酒,对澄清度的评判就不能按照有光泽、澄清、透亮的要求进行。需要注意,如果品评年份较长的苹果酒,可能会有沉淀,且这种沉淀是允许的。但是,在品评时要注意避免将沉淀倒入酒杯。

2)苹果酒的香气

香气鉴别是品酒过程中最有挑战性也是最为有趣的一项品评工作。苹果酒的香气与品种、工艺、陈酿等因素有关。通常,苹果酒可能会带有苹果、菠萝、香蕉、玫瑰等果香或花香,如果是甜型苹果酒,特别是含有浓缩苹果汁的苹果酒,则可能呈现蜂蜜等甜美的香气。如果采用橡木桶陈酿,或者添加的水果白兰地经过橡木桶陈酿,则苹果酒就可能具有橡木桶带来的气味,例如橡木、香草、烤吐司等。

此外,在品评苹果酒香气的过程中,也要注意不良气味的鉴别。例如二氧化硫等因素引起的硫味或臭味等,酵母引起的酵母味等。

3)苹果酒的口感

苹果酒中含有的酚类物质较少,因此,通常不具有收敛性。但是,苹果酒通常具有苦味。此外,不同含糖量的苹果酒,其甜味强度不同,酸味强度也不相同。因为甜味可以减弱对酸味的感知。对于起泡或香槟型苹果酒,二氧化碳在口腔中的爆裂会引起跳跃和轻微舒适的痛感。受酒精、糖、多酚等物质含量的影响,苹果酒的酒体也会有所差别。通常,这些化合物含量较高时,酒体较重;相反,则酒体较轻。类似地,苹果酒中化合物的含量越高,这些物质带来的味觉和口感的强度也就越强,其持续性也就越长。

4)苹果酒的总体评价

对苹果酒的总体评价主要是对其整体质量的评判,可以通过打分或排序给予评价。同时,要对其优雅性、复杂性、陈酿潜力、特色等进行评价。当然,也包括可能存在的问题。

本章小结

根据产品特点,可将葡萄酒按色泽分为白葡萄酒、桃红葡萄酒、红葡萄酒;按含糖量分为干葡萄酒、半干葡萄酒、半甜葡萄酒、甜葡萄酒;按二氧化碳含量分为平静葡萄酒、起泡葡萄酒、高泡葡萄酒、低泡葡萄酒等。根据原料及酿酒的特种工艺,有特种葡萄酒。由于自然因素决定葡萄酒质量与风格,可根据自然因素将葡萄酒按产地、品种、年份等进行分类。各类葡萄酒基本的感官要求应该符合GB/T 15037—2006《葡萄酒》的要求。

葡萄酒的香气按来源分为一类香气(品种香气)、二类香气(发酵香气)和三类香气(陈酿香气)。葡萄浆果中芳香物质的种类及其浓度、优雅度等的变化,决定了葡萄酒的香气,这类香气称为一类香气。在酒精发酵过程中,酵母在将糖分解为酒精和二氧化碳的同时,还产生很多副产物，其中一些挥发性成分构成葡萄酒的二类香气。在葡萄酒成熟过程中形成的香气称为三类香气。

葡萄酒中包括甜味物质、酸味物质、咸味物质、苦味物质和鲜味物质5种基本味觉的呈味物质，还包括能引起口腔收敛性的其他物质等。由于葡萄酒的口感和香气具有持续性，在品尝葡萄酒的时候能获得余味感觉。

葡萄酒口感和香气的平衡包括呈味物质之间的平衡、呈香物质之间的平衡以及呈味物质和呈香物质之间的平衡。这个平衡指不同部分相互衬托、相互促进的最佳比例。由平衡而产生各部分的和谐，即由各部分构成的整体匀称、舒适。优质葡萄酒的质量永远取决于口感之间、香气之间以及口感与香气之间的平衡。

思考题

1. 葡萄酒是如何分类的？为什么要这样分类？
2. 葡萄酒中的香气物质是如何分类的？它们对葡萄酒的感官评价有何作用？
3. 涩感是味觉吗？如何理解它在葡萄酒中与苦味的关系？
4. 如何理解葡萄酒感官品评中的“和谐”一词？
5. 对葡萄酒的感官品评环境有何要求？
6. 葡萄酒的感官评价步骤包括哪些？

第7章

咖啡的感官特性及评估方法

本章教学要点：熟悉咖啡的渊源、分类，掌握在不同加工方式下咖啡呈现的感官特点以及品评检验方法。

7.1　咖啡的感官特性

咖啡是世界三大饮料作物(咖啡、可可、茶叶)之一,其产量、产值和消费量均居三大饮料作物之首。国际咖啡组织的有关调查表明,咖啡的世界平均消费水平约为 240 杯/(人·年),日本的平均消费水平约为 200 杯/(人·年)、韩国约为 140 杯/(人·年),而我国目前的年人均咖啡消费量仅为 5 杯,其中北京、上海、广州等大城市年人均消费量为 20 杯。虽然目前的人均消费量较低,但统计数据表明,近年来我国的咖啡消费量年增长率超过 20%,也就是说,中国是全球最大的咖啡新兴消费国,咖啡消费市场存在巨大的增长空间。我国咖啡消费市场的另一个特点是速溶咖啡目前占据了 70%的市场份额,而根据前瞻产业研究院的统计数据,全球的咖啡消费中速溶咖啡只有不到 13%。不过,天猫 2018 年线上销售报告显示,滤挂咖啡、胶囊咖啡增速突出,市场占比大幅提升,新兴咖啡品类市场正在崛起。

咖啡风味成分复杂,从 1960 年至今,科学家已从咖啡生豆中分离出 300 多种化合物,从咖啡熟豆中分离出的挥发性香气化合物更是有 1 000 余种。种类和数量繁多的化合物赋予咖啡复杂多变的风味,为便于辨识和表述每一款咖啡的独特风味,美国精品咖啡协会(Specialty Coffee Association of America,SCAA)顾问泰德·林格于 1997 年绘制了第一版"咖啡风味轮",此后经无数咖啡爱好者、从业者数次增添和修正,至 2016 年,最新版"咖啡风味轮"已具有上百种风味。它是咖啡杯测师和烘焙师的作业宝典,是帮助咖啡爱好者了解和描述咖啡口味的绝佳工具。

大量的研究表明,咖啡豆的来源、品种、烘焙程度、研磨水平、萃取方式和与之搭配的配料等因素都会对咖啡的风味品质产生重要的影响。

7.1.1　咖啡豆来源和品种对咖啡感官品质的影响

目前市售品种多为作为原生品种的阿拉比卡种(60%～70%)及罗布斯塔种,原生种会随环境和产地的变化发生自然杂交及自然突变。除此以外,少量的亚洲品种和西非品种也流通于市面。不同品种咖啡豆的特点如图 7-1 所示。研究发现,与罗布斯塔种相比,阿拉比卡咖啡豆的感官品质通常更胜一筹,它具有更丰富的风味,花香和果香也更为突出,而罗布斯塔种咖啡则普遍表现为"罗布"味(有些人认为是霉臭味)。市售的咖啡通常采用阿拉比卡种与罗布斯塔种的拼配组合,在阿拉比卡豆中加入罗布斯塔豆一方面是出于风味优化的需要(罗布斯塔中较高的咖啡因能够带来高强度的苦味),另一方面则是成本控制的需求(阿拉比卡种的抗病虫害能力较弱,种植成本高)(曾凡逵和欧仕益,2014)。云南是中国咖啡的主产区,主要种植品种为卡蒂姆种,它属于阿拉比卡种和罗布斯塔种的杂交品种,具有较强的抗病能力,但也继承了罗布斯塔种的一些不良风味。近年来云南坚持实施创新驱动发展战略,通过科技创新优化咖啡的种植和加工技术,咖啡精品率逐渐提高,以普洱咖啡为代表的云南咖啡豆在精品咖啡市场的声誉也逐步提升。

7.1.2　烘焙程度对咖啡感官品质的影响

烘焙的过程中咖啡豆内会发生一连串的化学变化,形成大量的挥发性气味物质和水溶性滋味物质。在 5～25 min(依所选取温度而定)的烘焙进程中,咖啡豆会膨胀,从结实的、高密

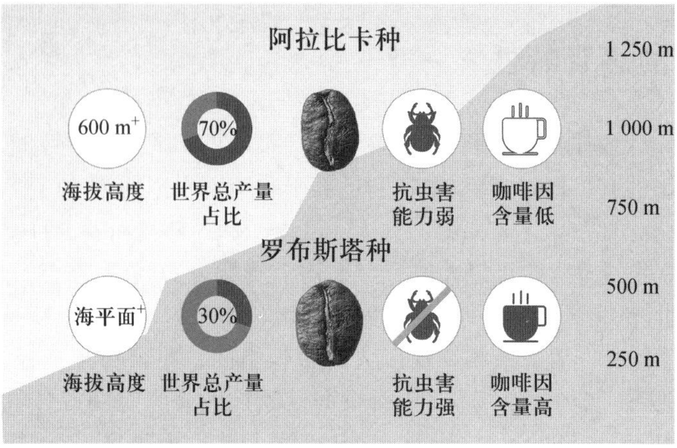

图 7-1 不同品种咖啡豆特点

度的生豆状态转变为低密度的蓬松状态，从绿色转变成黄色、浅褐色直至深褐色，同时咖啡豆的体积增大约一倍(图 7-2)。

图 7-2 不同烘焙程度的咖啡豆

烘焙时间、速度和程度均会对咖啡风味产生重要影响。研究表明，相比于品种，烘焙程度对咖啡的感官品质影响更大(Bhumiratana et al.，2011)，随着烘焙程度的加深，焦糖味、泥土味、烘烤味、烟味和青草味增强(Czerny 和 Grosch，2000)，酸味和甜味减弱(Akiyama et al.，2003)。区分不同烘焙程度最主要的属性是酸味，这是因为咖啡中主要的酸味物质——柠檬酸和绿原酸受热易分解，随着烘焙程度的加深，其含量逐渐降低(虞健，2014)。

7.1.3 研磨与萃取方式对咖啡感官品质的影响

为提高有效成分的提取效率，萃取前须对咖啡豆进行研磨处理。一方面，研磨过程将整个烘焙咖啡豆破碎成更小的碎片，增加了萃取的比表面积，从而促进萃取过程中可溶性物质从咖啡基质向水中转移；另一方面，研磨工艺加速了熟豆中 CO_2 气体和挥发性香气的释放，即工业上的脱气环节，间接影响了咖啡成品的风味轮廓(马静等，2013)。因此，不同的萃取方式需要匹配不同的研磨水平(图 7-3)。

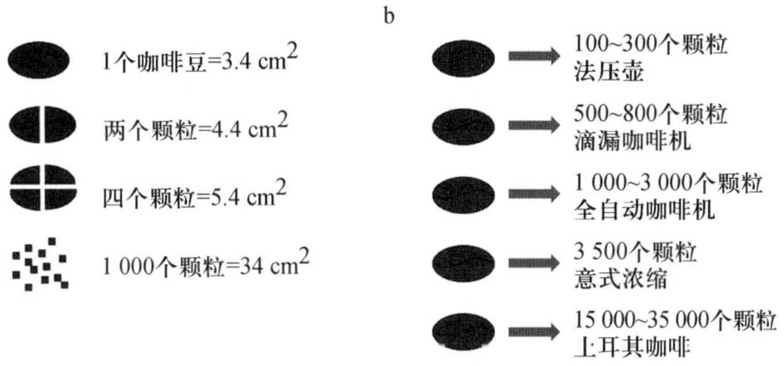

图 7-3　研磨水平对咖啡比表面积的影响(a)及不同萃取方式研磨水平的比较(b)

不同咖啡萃取方式的差别主要在于萃取压力的不同。意式浓缩(espresso)咖啡机的水压最高(15 个标准大气压,1 个标准大气压为 1.013×10^5 Pa)且咖啡/水比率最大(7 g/40 mL),通常采用极细粉或细粉;滴漏咖啡机的水压约为 1 个标准大气压,适用中度偏细或中粒度粉;法压壶和摩卡壶的工作压力分别是 0.01～0.5 个和 0.5 个标准大气压,咖啡/水比率都是(40 g/500 mL),常配以粗磨粉。受萃取压力和研磨度差异的影响,水和咖啡颗粒所需的萃取时间也各异。萃取时间从短到长依次是意式浓缩(30 s)、法压壶(5 min)、滴漏咖啡机(7 min)、摩卡壶(10 min)(Pérez-Martínez et al. ,2010)。

萃取用水的水质也会对咖啡风味产生一定的影响。过多的钙离子会产生咸味,而过多的镁离子则会形成苦味。根据 SCAA 的水质基准,理想水质的 TDS(total dissolved solids)值约为 150 mg/L,而 75～250 mg/L 是可容许的范围(图 7-4)。在 SCAA 的咖啡杯测规程中,建议使用过滤后的水或者是市售的矿泉水来进行咖啡液萃取。

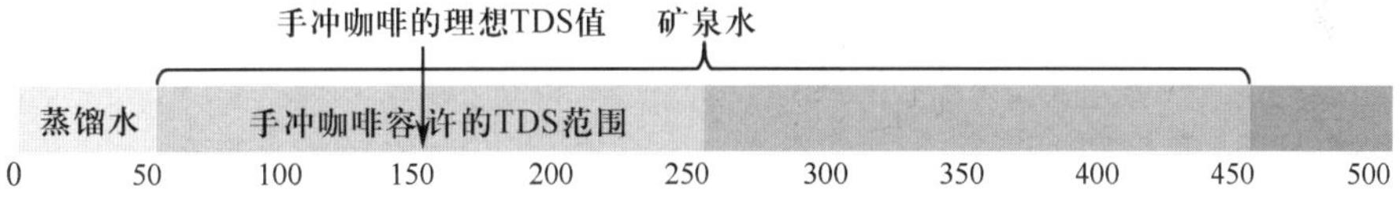

图 7-4　手冲咖啡用水的 TDS 范围及理想的 TDS 值

研磨度、萃取压力、萃取时间等因素共同影响了咖啡中风味物质的萃取效率,使同一品种的咖啡呈现不同的风味轮廓。要获得一杯风味均衡、回味醇厚的咖啡,需要根据咖啡豆的品种以及烘焙程度匹配最佳的研磨水平和萃取方式。以意式浓缩为例,咖啡中的有机酸大部分是在萃取的前 8 s 内被萃取出来的(Severini et al. ,2015),而较长的萃取时间和较高的水温则会增加咖啡的苦味。图 7-5 显示了烘焙、研磨和萃取条件对咖啡基本滋味的影响。

7.1.4　花式咖啡的感官差异

不同萃取方式获得的咖啡萃取液统称为黑咖啡,意式浓缩是黑咖啡的典型代表,也是制备花式咖啡的基础。一般来说,一杯意式浓缩咖啡的体积约为 30 mL,苦味较重,表面漂浮着一层厚厚的咖啡油脂,人们通常会搭配一杯冰水或苏打水同时饮用,以便更好地品尝咖啡的风味。美式咖啡则由意式浓缩咖啡加水制成,一般来说水与咖啡的比例是 2∶1。美式咖啡喝起

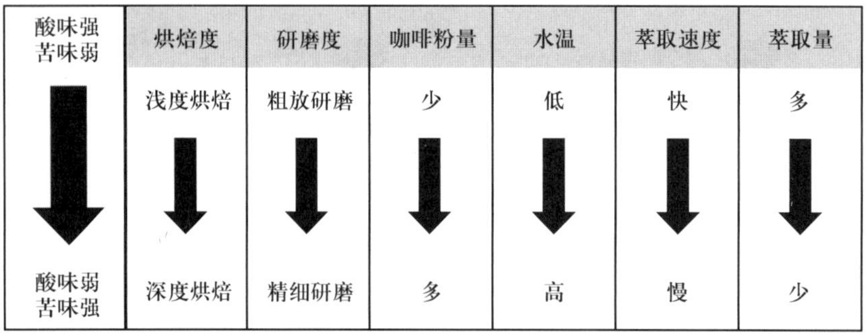

图 7-5　烘焙、研磨和萃取条件对咖啡滋味的影响

来口感酸涩，其主要的饮用目的是解渴和提神。

以意式浓缩咖啡为基础，加入牛奶等各种调味品制成的咖啡被称为花式咖啡。不同花式咖啡的主要区别在于加入的调味品的成分和配比的差异。以常见的拿铁、卡布奇诺和摩卡咖啡为例，拿铁咖啡中浓缩咖啡与牛奶的比例通常为 1∶3，配以少量的奶泡；卡布奇诺咖啡具有比拿铁咖啡更多的奶泡，其奶泡、牛奶和浓缩咖啡的比例为 1∶1∶1；摩卡咖啡除了牛奶外，通常需要额外加入巧克力酱和淡奶油。各种花式咖啡的常见组成及比例可参考图 7-6。

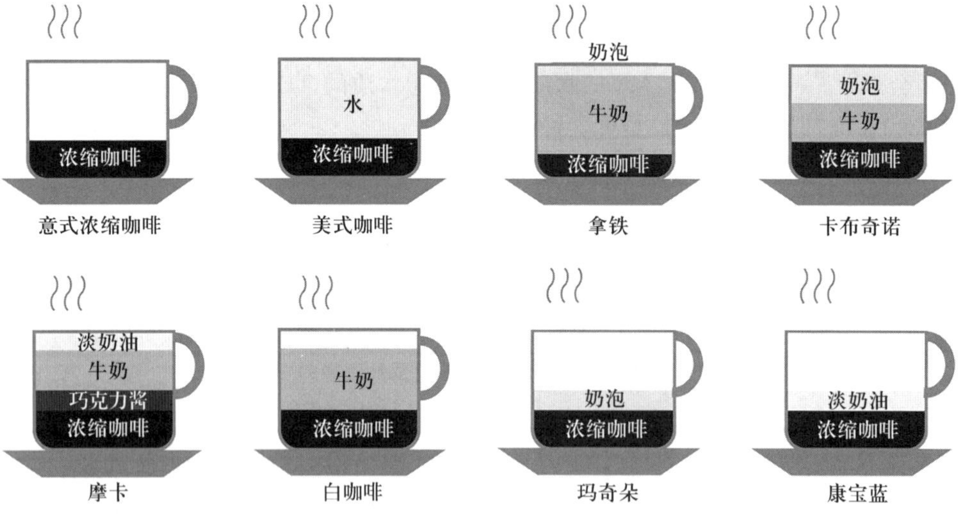

图 7-6　常见花式咖啡及其配比

综上所述，咖啡品种、烘焙程度、研磨与萃取工艺、花式调配方案都会从不同角度、不同程度影响咖啡的感官品质。与鉴别品种及控制烘焙程度相比，改变研磨水平、添加不同的配料或改变配料配比对于普通消费者而言是比较容易控制的因素。因此，本实验拟采用差别检验的方法测试咖啡粉研磨水平对黑咖啡风味的影响程度，采用定量描述性分析(QDA)方法探索牛奶中的脂肪含量对花式咖啡风味的影响规律。以期通过这两个实验的实施，帮助测试者进一步了解和认识咖啡风味的复杂性及其影响因素，同时深入学习差别检验和定量描述性分析方法，掌握其原理、实验操作流程及数据分析方法。

7.2　不同研磨水平咖啡的差别检验——三点检验

7.2.1　实验背景

滴漏咖啡机是一种简单的咖啡萃取设备，在家庭及咖啡店内均被广泛用于美式咖啡的制备。它由一个水加热装置、一个萃取室（贮水池）以及一个萃取液收集器组成。如图 7-7 所示，常压下加热得到的沸水流过萃取室内锥形滤网承托的咖啡粉，从咖啡粉的床层渗出，滴入收集壶中，完成萃取过程的同时实现咖啡液与咖啡渣的分离，整个萃取过程水只通过咖啡粉一次。

图 7-7　滴漏咖啡机示意

在萃取开始的润湿性阶段，咖啡的冲泡量较低。10～20 s 后，水充分浸润咖啡粉，故冲泡量逐渐上升至稳定。随着时间的推移，贮水池耗尽，萃取结束。冲泡咖啡的水量会对咖啡液的滋味产生重要的影响，SCAA 给定最佳萃取率区间为 18%～22%（图 7-8），他们认为在此条件下得到的咖啡风味最平衡，过量的水不但会导致滋味寡淡，还会产生明显的涩味。

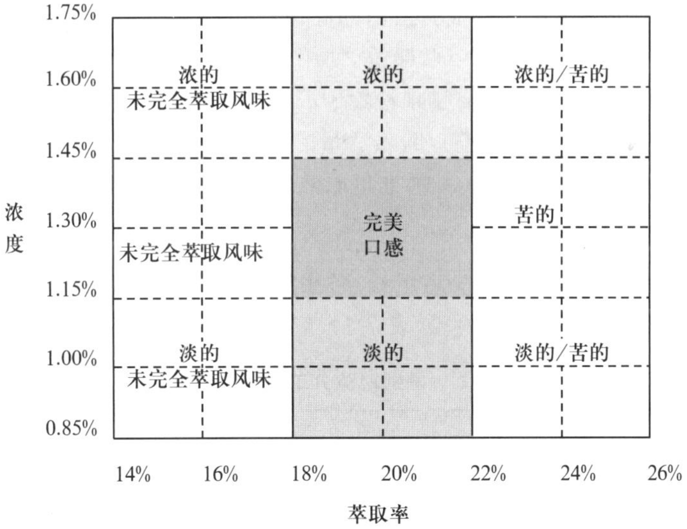

图 7-8　咖啡冲煮控制

烘焙会赋予咖啡独特的香气，但也会使咖啡的氧化速度加快，尤其是研磨以后。研磨后咖啡粉的表面积增加数十倍，与空气的接触面积明显增大，品质劣化速度极快，因此，最好选择在即将冲煮前研磨。使用滴漏咖啡机进行萃取时，通常配以中度研磨的咖啡粉。当咖啡粉较粗时，水会直接流过颗粒间的缝隙而导致水与粉接触的时间较短，无法实现有效萃取；当咖啡粉较细时，水渗透及停滞的时间延长，萃取得到的咖啡滋味和香气成分增多，但随着咖啡与水接触时间的进一步延长，苦味和风味差的化合物也会被更多的萃取出来，故应选择合适的研磨水平来获得最佳风味。

7.2.2 实验目的

差别检验是感官分析中最常使用的一种方法，其基本原理是评价员对 2 个或 2 个以上的样品做出是否存在感官差别的判断，以做出不同判断的评价员的数量及检验次数为基础，进行概率统计分析，以确定 2 种产品之间是否存在感官差异，同时判断差异的方向和大小。与描述性分析不同，差别检验通常选择未经培训的初选评价员，甚至是普通的消费者作为测评人，而非经过培训的专业的评价员。

本实验以不同研磨水平咖啡粉的滴漏萃取液为研究对象，采用最常见的差别检验方法——三点检验分析不同研磨水平咖啡样品之间是否存在显著性差异及差异的程度大小。旨在通过本实验，使学生了解和掌握差别检验的实验设计、实施要点以及实验结果的分析方法。同时，感受咖啡豆研磨水平对咖啡萃取液风味的影响程度与咖啡粉细度差异大小的关系。

7.2.3 实验方法

7.2.3.1 实验用具和样品准备

(1)原料 烘焙咖啡豆。

(2)设备 小熊牌家用研磨机、飞利浦 HD7450 滴漏咖啡机。

(3)实验器具 无异味一次性透明品尝杯(30～50 mL)、马克笔(速干、无味)、苏打饼干、一次性大水杯(200～300 mL)、差别检验空白问卷、铅笔、橡皮。

(4)咖啡液萃取过程 分别取 20 g 咖啡豆，使用小熊牌家用研磨机分别研磨 10 s、15 s、30 s，得到 A、B、C 3 种咖啡粉样品。取 20 g 咖啡粉置于滴漏咖啡机锥形漏斗内，按照粉水比 1∶10(或做预实验，根据预实验结果做适当调整)，倒入适量的水于萃取室内，打开开关开始萃取，直至无咖啡液滴出为止，所得咖啡液分别为 A 咖啡萃取液、B 咖啡萃取液和 C 咖啡萃取液。

7.2.3.2 组队与分工

每班 36 人，6 人一组，各组选出一名组长，各组组长负责准备样品，为各自组员呈递样品，组内其他同学作为评价员进行差别检验(表 7-1)。

表 7-1 差别检验分工与具体内容

项目	内容	分工
样品的准备	咖啡豆研磨	2 人
	咖啡液萃取	2 人
	品尝杯编号、摆放与样品倒入	2 人
差别检验过程	评价员	30 人

注意：实验中需为每个样品设计随机的 3 位数编码，而非直接使用 A、B、C 编号。在品尝杯杯壁上用马克笔标记后，倒入 30 mL 样品。每位同学在准备样品时，必须确保自己知道正确答案。

7.2.3.3 差别检验

第一组：A 咖啡萃取液和 B 咖啡萃取液的差别检验

(1)在一组已编号的样品杯中分别倒入 A 咖啡萃取液和 B 咖啡萃取液，样品编号采用随机 3 位数编码，编码方式由实验员（组长，下同）制定并记录、保密。

（2）将样品杯放入托盘，每个托盘中放 3 个样品杯（图 7-9），其中 2 个是相同的（组合形式为 2A＋1B，或 2B＋1A），并告知评价员 3 个中有一个是不同的。在每一个托盘中同时放入一个 300 mL 的纯净水杯（内盛满纯净水）和适量苏打饼干作为清口之用。

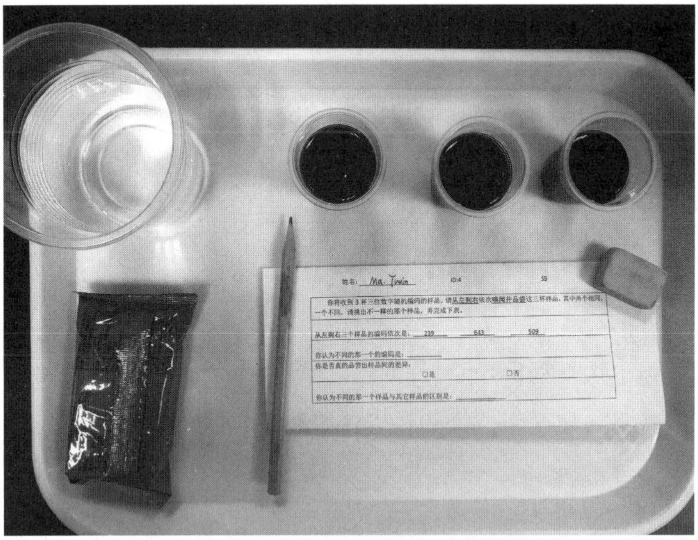

图 7-9　差别检验实验样品摆放

（3）待评价员在各自的位置坐定后，实验员将托盘从小窗内送入，评价员按照顺序对样品进行品尝（图 7-10），在品尝不同样品之前清口，并填写问卷。

（4）实验结束后，由样品准备组负责编号的同学统计实验结果。

姓名: ____________　　　　　　　　id:

日期: ____________

实验指令:

从左到右品尝样品，并在过程中使用苏打饼干和清水漱口。其中两个样品相同，一个不同。在下面空白处写出与其他样品不同的样品编号。如果无法确定，记录你的最佳猜测，可以在陈述处注明你是猜测的。

与其他两个样品不同的样品是: ____________

陈述: ____________

图 7-10　实验指令

第二组：A 咖啡萃取液和 C 咖啡萃取液的差别检验

（1）在一组已编号的样品杯中分别倒入 A 咖啡萃取液和 C 咖啡萃取液，样品编号采用随机 3 位数编码，编码方式由实验员制定并记录、保密；

（2）将样品杯放入托盘，每个托盘中放 3 个样品杯（图 7-9），其中 2 个是相同的（组合形式为 2A＋1C，或 2C＋1A），并告知评价员 3 个中有一个是不同的。在每一个托盘中同时放入一个 300 mL 的纯净水杯（内盛满纯净水）和适量苏打饼干作为清口之用。其余步骤同第一组。

7.2.4 注意事项

(1)在完成所有评价前,应避免评价员之间的相互交流。

(2)每组三联样中,所呈送的体积、颜色、温度等其他指标应尽量一致,以防干扰选择。

(3)评价员人数通常为24~30人,可根据具体情况做出调整。当样品相似度极高时,达到同样的敏感性则需要更多的评价员,必要时可让每位评价员进行两组样品的测评,但应避免同一评价员的多次重复评价。

(4)确保两种产品的6种可能序列出现的次数相等,即在一组测试中出现的概率相等,且随机分发给评价员。

第一组:AAB　ABA　BAA　BBA　BAB　ABB

第二组:AAC　ACA　CAA　CCA　CAC　ACC

(5)评价员做出选择后,不要询问有关偏好、接受或差别程度的问题,附加问题的答案可能影响评价员刚做出的选择。

(6)三点检验是强迫选择程序,不允许回答"无差别",当评价员无法做出判断时,应要求其随机选择一个样品,并且在评分表的陈述栏中注明,该选择仅仅基于猜测。

7.2.5 实验报告

(1)由样品准备组负责编号的同学对实验结果进行判断并将结果告知所有参与实验的同学(包括每位同学的选择是否正确、总的有效问卷数及正确答案数)。每位同学根据统计结果进行分析(参考附录3中附件1),并分别形成两组差别检验的结论。

(2)分析比较两组差别检验的结果,并对其进行解释。

7.2.6 实验小结

本实验主要研究了咖啡豆研磨水平对咖啡萃取液风味的影响程度。相比第一组实验(AB),第二组实验(AC)得到的正确答案数可能会更多,这是因为咖啡豆的研磨时间越长,咖啡粉的颗粒越小,在相同萃取条件下,得到的可溶性物质越多,最终导致咖啡萃取液的感官差异增大。

7.3 不同脂肪含量牛奶咖啡的描述性分析——定量描述性分析

7.3.1 实验背景

意式浓缩咖啡通常是指以92 ℃的热水,借由9 bar(1 bar=100 000 Pa)高压冲过研磨很细的咖啡粉末所得到的咖啡。意式浓缩咖啡口感强烈,因此在花式咖啡中通常加入牛奶来调节其风味,比如拿铁、卡布奇诺咖啡、摩卡咖啡、白咖啡等。如图7-11所示,牛奶的加入会增加咖啡的奶香味、醇厚感和焦糖味,降低苦味、酸味、涩味、煳味和焦香味等。在咖啡店中,花式咖啡以意式浓缩咖啡作为基底,加入大量牛奶。在日常生活中,如果没有专业的意式咖啡机,也可以用小型家用设备如摩卡壶、滴漏壶等制作咖啡后,加入适量牛奶制作一杯美味的牛奶咖啡。

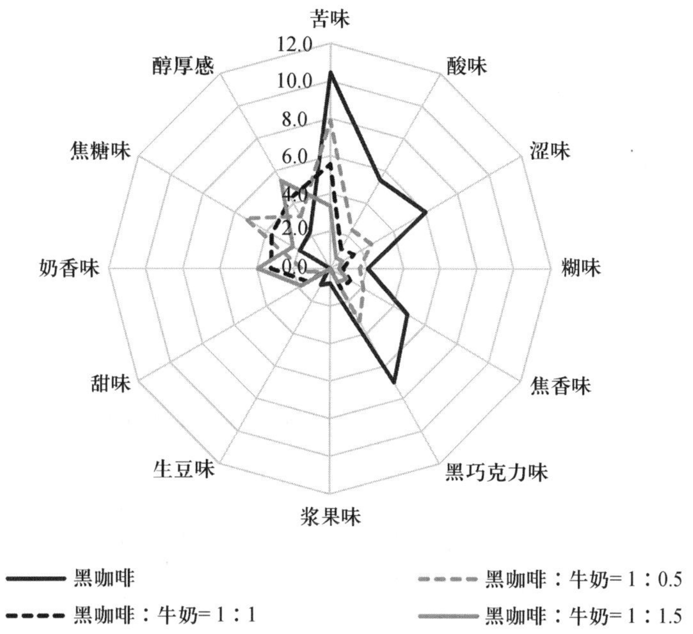

图 7-11　咖啡风味与牛奶添加量的关系

牛奶对花式咖啡风味的贡献一方面源于牛奶将其特有的风味带给了咖啡，另一方面牛奶中的主要成分——脂肪和蛋白质还会与咖啡中的风味成分相互作用，在一定程度上影响其释放和被感知的程度。牛奶中的脂肪主要通过抑制咖啡香气的释放来影响咖啡的风味。亲油性的风味成分容易被脂肪留在咖啡中，因此不容易被感受到(Guichard et al.，2002)。研究表明，在添加全脂或低脂牛奶的咖啡中，$\log k_w$(亲油性)>2 的挥发性化合物的释放被广泛地抑制，在 3%的脂肪添加量内，挥发性化合物的释放与其亲油性呈 S 形曲线。如具有烟味的糠基甲基硫醚($\log k_w=2.17$)在添加全脂牛奶后，释放量减少至原来的 24%，而亲油性较小的物质则不会受到脂肪的影响(Akiyama et al.，2016)，如黄油味的 2,3-丁二酮($\log k_w=0.16$)。

相比脂肪，蛋白质对咖啡香气的影响较小(Bücking 和 Steinhart，2002)。蛋白质会与许多香气化合物，如醛类和酮类发生强相互作用，从而影响这些风味成分的释放，比如，在添加脱脂牛奶后，黄油味的 2,3-丁二酮的释放量减少至原来的 80%。此外，与酪蛋白相比，乳清蛋白抑制挥发性物质释放的作用更强(Parat-wilhelms et al.，2005)。除了挥发性的香气化合物，蛋白质还会与许多非挥发性的滋味物质结合，在一定程度上影响咖啡的滋味，例如乳清蛋白会与呈苦味的奎宁结合，从而抑制苦味的表达(Tenney et al.，2017)。

7.3.2　实验目的

描述性分析是对产品间的感官差异进行定性、定量评估的最有效方法。常用的描述性分析方法有很多，比如风味剖面法、质地剖面法、定量描述性分析(QDA)方法、系列描述分析法、自由描述剖析法、时间-强度检验法、动态主导型感官测试法等。这些方法被广泛应用于新产品开发、产品改进、成分替换、市场预测、质量控制和风味营销等食品研发、生产、销售的多个环节。需要注意的是，描述性分析是一种客观方法，需要保证基本的一致性和重复性，因此必须由经过培训的专业评价员进行评价，绝不能使用未经培训的消费者。

QDA是最常用的定量描述性感官分析方法。采用该方法时，一般要求采用经过严格的筛选和考核录取的8～12名具有良好的感官能力和表达能力的评价员。对其感官能力的测试一般包括：①识别色盘中所有的数字和形状（非色盲）；②识别5种基本味道（甜、酸、咸、苦和鲜）；③识别与本产品相关的部分气味；④能使用描述性语言描述主要产品。通过筛选后的评价员在开始测评之前还必须接受严格训练，具体包括：①描述阶段（定性），标准化评价员对产品感官属性的理解；②标尺阶段（定量），标准化评价员对每一感官属性强度的理解；③评价阶段，以实际样本的评估训练评价员达到区分能力、重复性和一致性要求，以保证感官数据的可靠度和有效性。

本实验选择对咖啡制作设备要求较低、组成较为简单的花式咖啡（不同脂肪含量的牛奶＋黑咖啡）作为研究对象，旨在通过该实验，帮助参与者深入学习描述性感官分析的主要程序和实验方法，学会根据给定产品通过讨论或初步实验确定主要评价指标，掌握QDA实验数据的统计分析方法及报告撰写规范。同时，参与者也将通过该实验的实施，直接体会咖啡豆的烘焙程度以及不同脂肪含量牛奶的加入对花式咖啡滋味、气味及口感的影响规律。

7.3.3 实验方法

7.3.3.1 实验用具和样品准备

实验仪器、材料的准备以及样品制备操作视频见二维码7-1和二维码7-2。

（1）原料　浅焙咖啡、深焙咖啡、脱脂牛奶、全脂牛奶（图7-12）。

图7-12　样品示意

二维码7-1　实验仪器与材料

（2）设备　小熊牌家用研磨机、飞利浦HD7450滴漏咖啡机、微波炉。

（3）实验器具　烧杯、量筒、无异味一次性透明品尝杯（30～50 mL）、马克笔（速干、无味）、苏打饼干、一次性大水杯（200～300 mL）、带标尺的空白问卷、铅笔、橡皮、保温杯垫。

二维码7-2　样品制备

（4）咖啡萃取液的准备　本实验选取了两种不同烘焙度（浅焙和深焙）的咖啡，分别取20 g咖啡豆加入研磨机，研磨30 s后获得咖啡粉，将咖啡粉放入滴漏咖啡机锥形漏斗内，按照咖啡粉∶水＝1∶5的比例在贮水池中加入饮用水后，打开滴漏壶，制作咖啡液。

(5)牛奶咖啡的制备　将脱脂牛奶(0.1%)和全脂牛奶(3.8%)分别用微波炉加热到60 ℃左右，按照咖啡∶牛奶＝1∶1的比例分别与不同烘焙度咖啡萃取液混合均匀，制作浅焙脱脂牛奶咖啡、深焙脱脂牛奶咖啡、浅焙全脂牛奶咖啡、深焙全脂牛奶咖啡。根据评价小组人数准备足量样品，对于6人评价小组，每类样品需准备300 mL。

7.3.3.2　组队与分工

班级同学进行组队，每队6人，选出组长，评价小组组长负责前期的资料收集和样品准备，在评价时起带领、组织和主持作用，不参与评价(表7-2)。

表7-2　描述性分析分工与具体内容

项目	内容	分工
样品的准备	咖啡豆研磨	2人
	咖啡液萃取	2人
	牛奶咖啡制作	2人
	品尝杯编号、摆放与样品倒入	组长
实验过程	组织和主持	组长

由组长为每个样品设计1个随机的3位数编码，4个样品对应不同的编码，在一次评价中，呈递给所有小组成员的样品均使用这一组编码(图7-13)。第二次进行评价时，需要对样品重新编码，不能出现与第一次相同的编码。在品尝杯杯壁上用马克笔标记后，倒入30 mL样品。

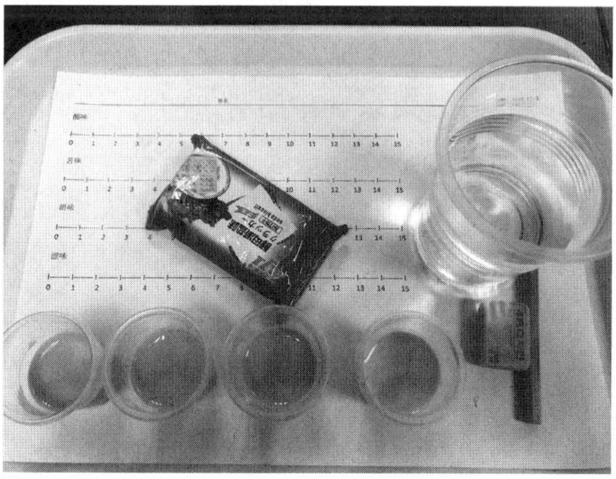

图7-13　描述性分析实验样品摆放

7.3.3.3　描述性分析

由于描述性分析需要较长的准备时间和相应的培训工作，为提高实验的可行性，本次实验设计中有所简化。

(1)建立感官描述词　描述词的生成和确定通常由评价员讨论并结合文献调研来共同完成。评价小组成员经过观察、触摸、嗅闻和品尝所有样品后，从外观、滋味、香气、质构等方面全面描述样品特征并生成初步描述词，同时结合文献、标准词库对初步生成的描述词进行修改和补充。描述性词汇不能是带有程度的词汇或偏爱类词汇，如有点甜、令人愉悦的香气等，而应该是甜味、奶香味等。经过评价小组讨论，删除程度类、偏爱类和重复词汇，再从客观类词汇中挑选被引用频率较高、全体评价员一致决定保留的描述词。当小组成员对重要属性有遗漏时，由评价小组组长及时提出并补充，但是，只要求描述词能够描述涉及的产品的特征，以大部分小组成员都能够感受到的属性为准，不必包含文献推荐的所有词汇。表 7-3 所示为文献推荐常用于牛奶咖啡的描述词，供本实验小组参考。

表 7-3　牛奶咖啡中常见描述词

项目	描述词
外观	透明度、棕色
滋味	苦味、涩味、酸味、甜味
香气	煳味、焦糖味、大麦茶味、烟味、木质味、木屑味、灰尘味、霉味、甜味、花香味、酸味、坚果味、奶香味、青草味、青豆味、辛辣味、刺激味、泥土味、橡胶味、药味
质构	醇厚感、顺滑度、脂肪感

(2)确定描述词的定义　经过小组成员讨论，确定每个描述词的定义和评价方法，要确保每个评价员都能够正确理解描述词，使用规范的方法进行评价。例如：苦味，定义为咖啡因等物质造成的一种基本味，评价方法为将样品含在口腔中，感受其苦味的强度；煳味，定义为米饭等烧煳的气味，评价方法为将样品含在口腔中，用舌头搅动后感受其煳味的强度。

(3)确定参照样及标度　为降低实验难度，本次实验采用内标法，即在实验样品中选择一个作为内部参照样进行评价。对于选定的描述词，评价员首先根据其强度对所有样品进行排序，选定强度居中的样品后，讨论、确定一个统一的分数，作为内标使用，其他样品的分数参照内标分数给出。根据实际情况，不同属性可以选择不同的样品作为内标。

(4)样品评价　每确定好一个属性的内标及分数后，评价员立即以内标作为参照，使用量值估计法，根据倍数关系在 15 点标尺(附录 3 中附件 2)上为其他样品打分。例如：首先确定某个苦味居中的样品 A 为内标，分数为 6 分，若感到样品 B 的苦味为 A 的 2 倍，则给 12 分。由组长现场统计评价员给出的分数，对于分值相差较大的样品和属性，可要求每位评价员描述自己的感受和评价方法并进一步讨论分数。直至所有样品的所有属性都评估完成后，本轮样品评价结束。

(5)重复评价　操作视频见二维码 7-3。本实验重复两次，第二次评价的样品由组长重新编号和重新倒样。在做第二次评价时，对于每一个评价属性，可采用第一次评价确定的内标和分数，不需要重新确定内标。

二维码 7-3　描述性评价示例

7.3.4　注意事项

(1)咖啡是一种风味较强的样品，为了保证感官的敏感性，在样品评价前和样品之间，注意随时吃苏打饼干清口和喝清水漱口。

(2)温度对饮品的感官风味会造成较大的影响，为了保证样品温度的一致性，在评价过程中，需为评价员提供保温杯垫。若没准备保温杯垫，可直接准备常温咖啡，使用常温牛奶进行样品的准备。

(3)描述性分析通常采用盲测的方式进行,以避免产生心理暗示,因此在评价结束前,不能告知评价员每杯样品对应的咖啡烘焙度及牛奶脂肪含量等相关信息。

7.3.5 实验报告

(1)由组长收集和整理数据,将3位数编码转变为样品名称,整理本组所有评价员的评价结果并将整理后的数据返还给所有小组成员。每位小组成员对收到的小组中每一位成员的数据以及小组平均数据按要求进行小组能力评估和评价结果分析。

(2)对每一位小组成员的重复性、区分能力以及成员间评价结果的一致性进行计算(参考附录3中附件3),绘制图表进行分析。如果出现重复性较差(MSE>2)、区分能力较差($P>10\%$)或一致性较差的属性,分析其出现原因。

(3)以小组的整体评价结果(平均值)为依据,进行样品间属性差异显著性分析并绘制蛛网图(参考附录3中附件4),总结随脂肪含量增加和咖啡烘焙度变化,牛奶咖啡的感官特性变化规律。

7.3.6 实验小结

本实验主要研究了咖啡豆的烘焙程度以及不同脂肪含量的牛奶的加入对花式咖啡感官品质的影响,根据实验结果,烘焙程度和牛奶的脂肪含量均会对花式咖啡的滋味、气味及口感产生明显的影响。

思考题

1. 三点检验与其他差别检验的区别有哪些?请列举其优缺点及适用范围。
2. 本章中描述性分析实验简化了QDA的实验步骤,它与正常QDA存在哪些异同?

参考文献

马静,汪才华,冷小京,2013. 咖啡研磨工艺对咖啡风味的影响[J]. 饮料工业(9):49-52.

虞健,2014. 不同烘焙程度咖啡感官特征及主要化学成分分析[D]. 无锡:江南大学.

曾凡逵,欧仕益,2014. 咖啡风味化学[M]. 广州:暨南大学出版社.

AKIYAMA M, MURAKAMI K, OHTANI N, et al., 2003. Analysis of volatile compounds released during the grinding of roasted coffee beans using solid-phase microextraction[J]. Journal of Agricultural and Food Chemistry, 51(7):1961-1969.

AKIYAMA M, WATANABE R, OHATA M, et al., 2016. Effect of milk components on release of retronasal-aroma compounds from coffee with milk[J]. Food Science and Technology Research, 22(4):545-555.

BHUMIRATANA N, ADHIKARI K, CHAMBERS IV E J L-F S, et al., 2011. Evolution of sensory aroma attributes from coffee beans to brewed coffee[J]. LWT—Food Science and Technology, 44(10):2185-2192.

BÜCKING M, STEINHART H, 2002. Headspace GC and sensory analysis characterization of the influence of different milk additives on the flavor release of coffee beverages[J]. Journal of Agricultural and Food Chemistry, 50(6):1529-1534.

CZERNY M, GROSCH W, 2000. Potent odorants of raw Arabica coffee. Their changes during roasting [J]. Journal of Agricultural and Food Chemistry, 48(3): 868-872.

GUICHARD E, 2002. Interactions between flavor compounds and food ingredients and their influence on flavor perception[J]. Food Reviews International, 18(1): 49-70.

PARAT-WILHELMS M, DENKER M, BORCHERDING K, et al., 2005. Influence of defined milk products on the flavour of white coffee beverages using static headspace gas chromatography-mass spectrometry/olfactometry and sensory analysis[J]. European Food Research and Technology, 221(3-4): 265-273.

PÉREZ-MARTÍNEZ M, CAEMMERER B, DE PEÑA M P, et al., 2010. Influence of brewing method and acidity regulators on the antioxidant capacity of coffee brews[J]. Journal of Agricultural and Food Chemistry, 58(5): 2958-2965.

SEVERINI C, RICCI I, MARONE M, et al., 2015. Changes in the aromatic profile of espresso coffee as a function of the grinding grade and extraction time: A study by the electronic nose system[J]. Journal of Agricultural and Food Chemistry, 63(8): 2321-2327.

TENNEY K, HAYES J, EUSTON S, et al., 2017. Binding of caffeine and quinine by whey protein and the effect on bitterness[J]. Journal of Food Science, 82(2): 509-516.

第8章

乳及乳制品感官评价操作案例分析

本章教学要点：了解和掌握不同物理状态下乳制品的感官特征及评价原则，初步了解口腔加工感官理论的应用方法。

乳是哺乳动物为哺育子代而由乳腺分泌的特有物质，是哺乳动物出生后赖以生存与发育的完美食物。乳中含有丰富的优质蛋白质、脂肪、乳糖、矿物质、维生素，并且富含多种功能蛋白及小分子活性物质，可提供生命初期的全面营养支持。乳制品是以生鲜乳及其制品为主要原料，添加或不添加其他辅料，经加工制成后供人们食用的产品。近年来，我国乳制品产业发展迅速，消费量持续上升，成为消费量增长最快的畜产品。乳制品大致可分为：液体乳、发酵乳、浓缩乳制品、乳粉、乳脂类、干酪、传统乳制品以及含乳冷冻饮品、含乳饮料。

由于乳及乳制品营养丰富，极易因微生物繁殖而受到污染，因此乳制品的质量控制要求异常严格。感官鉴别可实现乳制品质量的快速判定，通过对乳及乳制品的色泽、组织状态、气味和滋味等进行感官鉴别，可迅速判断乳制品是否发生品质变化。例如，对原料乳香气的感官评估可以在乳加工前发现处理或工艺的不当之处，有助于识别加工或处理过程中的偏差。因此，感官评价在乳制品的质量控制中起着重要作用。利用适当的感官评价方法还能够使消费者洞察对特定产品的喜好，并解释感知属性的差异机制，因此感官评价在乳制品的开发中也扮演着重要角色。

所有人类的感官知觉都可用于乳及乳制品的感官评价中，视觉可用于评价产品颜色、产品风格、包装状况、产品表面特征，以及整体外观特征。嗅觉在乳制品的质量控制中起着至关重要的作用，因为风味对于全面评估任何乳制品都至关重要。触感，包括产品的质地和口感，也是乳品质量评价评判的重要方面。干酪的橡皮感或黏稠感，冰激凌的奶油感或沙砾感，以及黄油的“咸味”缺陷，都是产品质量的标志。在乳品评判过程中也可以使用噪声（声音）属性。例如，在瑞士干酪中，可以通过用手指或取样装置（干酪试验器）轻轻敲击干酪的外部，用所听到的声音来评估干酪内“孔洞”的相对大小和（或）分布；黄油中的相对游离水含量也可以通过取样时发出的“沙沙”声特征来估计。

习近平总书记在党的二十大报告中指出，到2035年，我国发展的总体目标之一是：人民生活更加幸福美好，居民人均可支配收入再上新台阶……人的全面发展、全体人民共同富裕取得更为明显的实质性进展。人民生活的幸福离不开一日三餐。近年来，乳与乳制品因为其独特的感官特性和营养特性逐渐成为中国人民生活中不可缺少的一部分。我国乳与乳制品人均消费量逐年上升，构建好乳与乳制品的感官评价系统，对于在不损失营养的条件下更好地设计更符合中国人口味的乳与乳制品尤为重要，从而能更好地践行“大食物观”，让人民的生活变得更加美好。本章将介绍从液体到固体的几种常用乳制品的感官特征及感官评价的具体操作案例，以帮助同学们掌握乳制品感官评价的原则。

8.1 液态乳

8.1.1 液态乳特点与感官评价原则

液态乳是以生鲜乳为原料，经过有效加热杀菌处理后，供消费者直接食用的液态乳制品，通常包括巴氏杀菌乳、灭菌乳和调制乳三种类型。液态乳的感官品质主要由其中的宏量营养素和矿物质成分的平衡而决定。

乳脂肪在液态乳的感官感知中起着至关重要的作用，乳的视觉、质地和风味属性都受到乳脂肪的影响。乳脂肪被认为是奶油感属性的主要贡献因素，而奶油感与产品的喜好性呈正相关(Mccarthy et al.,2017)。蛋白质对液态乳的视觉、唾液分泌、风味和糊口感等也有贡献(Schiano et al.,2017)。乳糖是液态乳的主要碳水化合物,乳糖的含量和水解程度显著影响液态乳的甜度(Li et al.,2015)。乳中的矿物质,如钠、钾、钙、镁、氯及有机酸也会影响乳的滋味(Smith et al.,2016)。

按照液态乳的饮用过程,液态乳感官特性评价主要从色泽、组织状态、香味、口感、滋味五方面入手。色泽是液态乳的重要评价指标,巴氏杀菌乳和灭菌乳应呈现不透明、均一的乳白色或微黄色,该颜色主要与乳中的酪蛋白胶束和乳脂肪的粒径及脂溶性色素有关。加工工艺也会影响液态乳的色泽,若调味乳中加入了果料、色素或其他添加剂,在评价时应根据具体产品判定。优质的液态乳制品应呈现均一的流体状态,无凝块、无明显的沉淀和分层。巴氏杀菌乳和灭菌乳应具有独特的乳香味,香气自然。由于乳脂肪富含短链脂肪酸,挥发性较大,加热后的牛乳奶香味更浓厚,品评时需要选择适宜的温度,一般是室温(20～25 ℃)或与人体口腔的温度(37 ℃)接近。调味乳可能加入果料或香精,因此风味特征多样,对该类产品的要求是奶香味与目标香味能有机组合,协调一致。此外,虽然液体乳在口腔中停留的时间较短,通常小于 3 s,但是液体乳在口腔中仍然会引起黏厚感、润滑性、糊口感和油脂感的感知,并呈现微甜的味道。

液态乳的具体感官评价原则可参照 GB 25190—2010《食品安全国家标准　灭菌乳》(表 8-1)执行。同时,在此列出经过培训的专家小组关于液态乳中各感官属性的定义和评价标尺(表 8-2)。

表 8-1　《食品安全国家标准　灭菌乳》中关于灭菌乳的感官要求

项目	要求	检验方法
色泽	呈乳白色或微黄色	取适量试样置于 50 mL 烧杯中,在自然光下观察色泽和组织状态。闻其气味,用温开水漱口,品尝滋味。
滋味、气味	具有乳固有的香味,无异味	
组织状态	呈均匀一致液体,无凝块、无沉淀、无正常视力可见异物	

表 8-2　专家小组关于液体乳的感官属性定义和评价标尺(Schiano et al.,2017)

属性	定义	评价标尺
香气强度	样品的整体鼻腔效应	NA[1]
甘甜芳香	甜味芳香族化合物,通常与具有甜味的物质有关	香兰素、焦糖
蒸煮味	与熟牛奶有关的芳香物质	脱脂牛奶加热至 85 °C,30 min
硫黄/蛋黄味	与含硫化合物有关的芳香族化合物	煮熟的鸡蛋,水里冒出的硫化氢,新鲜的火柴
乳脂感	乳脂、内酯和椰子的芳香特性	新鲜椰肉、高脂稀奶油、δ-十二内酯(40 mg/kg)
焦糖味	与焦糖有关的芳香族化合物	甜炼乳、焦糖
奶油糖果	与奶油糖果有关的芳香物质	奶油糖果
饲料/麦芽/青贮饲料	与谷物、发酵干草和牛饲料混合物有关的芳香物质	玉米青贮饲料、麦芽提取物、新焙麦芽、2/3-甲基丁醛
草	青草,芳香与割过的草有关	鲜切草、干草、顺-3-己醇(50 mg/kg)

续表8-2

属性	定义	评价标尺
牛膻味/巴尼/酚醛树脂	与谷仓和牲畜拖车有关的气味;表明动物的汗液和排泄物	创可贴,甲酚(160 mg/kg)
金属/血清	与金属或稀有牛肉或生牛肉汁有关的芳香物质	新鲜生牛扒或碎牛肉或烤牛排汁
果味	草莓、菠萝的香味	新鲜菠萝,新鲜草莓
硬纸板	与湿纸板的香味有关的芳香物质	湿纸板
胡萝卜	罐装胡萝卜的芳香物质	胡萝卜罐头
甜味	糖引起的基本味觉感受	蔗糖(水中5%)
苦味	基本苦涩的味道	咖啡因(水中0.08%)
金属口感	与硫酸铜溶液和许多非营养甜味剂有关的口腔表面的余味或感觉	硫酸铜在水或牛奶中稀释(1%)
不透明度	表示不透明程度的视觉术语	水=0.0分;全脂牛奶=12.0分
黄色	人眼可见的黄色程度	超纯白贝尔油漆芯片:(PPU8-06)=0.0分;一杯牛奶(P260-1u)=3.5分
收敛性	舌头或口腔上的化学感觉因素,描述为皱褶或干燥感	明矾(水中1%)
黏度	用勺子从嘴唇上方吸出4.93 mL(1茶匙)液体所需的力	水=1.0分;重奶油=3.2分

[1]NA=不适用。

8.1.2 选择检验法

二维码 8-1 嗜好性感官评价——选择检验法

在液态乳的生产工艺优化和新产品开发等过程中,通常需要进行嗜好性调查,对产品的喜好度进行评价。因此本部分以常用于嗜好性评价的选择检验法为例,介绍选择检验法的内容和评价原则。操作视频见二维码8-1。

(1)定义　选择检验法是在3个以上的样品中,选择出一个最喜欢或最不喜欢的样品的检验方法。

(2)特点与应用范围　①试验简单易懂,技术要求低;②进行消费者嗜好性评价的人员无须经过培训,人员要求5人以上,可多达百人;③不适用于一些味道很浓或口腔滞留时间较长的样品,品尝前后需要彻底清洁口腔,不能留有残留物和残留味;④样品呈现顺序随机。

(3)结果分析与判断　选择检验法主要用于分析两类情况:第一种是数个样品间是否存在差异,第二种是多数人认为最好的样品与其他样品间是否存在差异。

①求数个样品间有无差异,根据检验判断结果,用如下公式求值:

$$x_0^2 = \sum_{i=1}^{m} \frac{\left(x_i - \frac{n}{m}\right)^2}{\frac{n}{m}} \qquad (8\text{-}1)$$

式中，m 表示样品数；n 表示有效鉴评表数；x_i 表示 m 个样品中最喜好其中某个样品的人数。

根据 x^2 分布表，当 $x_0^2 \geqslant x^2(f,\alpha)$（$f$ 为自由度，$f=m-1$，α 为显著水平），说明 m 个样品在 α 显著水平存在差异。

当 $x_0^2 < x^2(f,\alpha)$（f 为自由度，$f=m-1$，α 为显著水平），说明 m 个样品在 α 显著水平不存在差异。

②求被多数人判断为最好的样品与其他样品间是否存在差异，根据检验判断结果，用如下公式求值：

$$x_0^2=\left(x_i-\frac{n}{m}\right)^2\frac{m^2}{(m-1)n} \tag{8-2}$$

根据 x^2 分布表，当 $x_0^2 \geqslant x^2(f,\alpha)$，说明此样品与其他样品之间在 α 显著水平存在差异；反之，无差异。

8.1.3 液态乳感官评价案例解析

请分析 5 种巴氏杀菌乳样品间是否存在差异，样品 X 与其他样品是否存在差异，样品 X 与样品 A 是否存在差异。

以下按感官科学实验准备五要素阐述本案例。

人：召集身体健康的消费者 100 名，记录男女比例及年龄分布，简单介绍评价对象与评价方法，不经培训直接进行评价，共获得有效鉴评表数 95 份。

机：采用选择检验法的调查问卷表方式收集评价结果。

样：样品为 5 种巴氏杀菌乳，其中 1 种为自制的样品 X，4 种为市售的巴氏杀菌乳 A、B、C、D，使用 3 位数随机编码。将样品分装至透明的一次性饮水杯，各 30 mL。

法：选定选择检验法进行感官评价，调查问答表如表 8-3 所示。

表 8-3 选择检验法调查问卷表

样品类型：巴氏杀菌乳		
评价人性别：	评价人年龄：	评价日期：
试验指令： 请从左至右依次品尝牛乳样品，品尝后在你最喜欢的样品编号后的相对位置打√，品尝前后需充分漱口润洗。		
样品编号		
375		
681		
247		
462		
715		
备注：		

环：在品评前将样品放置在室温（20～25 ℃）下并平衡至室温，品尝前需漱口，且每品尝一个样品后需充分漱口润洗。为更好地进行区分，可将 30 mL 样品都饮用完，且最少品尝量不低于 5 mL。

评价结果统计表如表 8-4 所示，结果分析如下。

表 8-4　选择检验法评价结果统计表

样品	X	A	B	C	D	合计
评价员数	23	20	26	16	10	95

①分析 5 种巴氏杀菌乳样品间是否存在差异，由式(8-1)得出：

$$x_0^2=\sum_{i=1}^{m}\frac{\left(x_i-\frac{n}{m}\right)^2}{\frac{n}{m}}=\frac{m}{n}\sum_{i=1}^{m}\left(x_i-\frac{n}{m}\right)^2$$

$$=\frac{5}{95}\times\left[\left(23-\frac{95}{5}\right)^2+\left(20-\frac{95}{5}\right)^2+\left(26-\frac{95}{5}\right)^2+\left(16-\frac{95}{5}\right)^2+\left(10-\frac{95}{5}\right)^2\right]$$

$$=8.210$$

$$f=5-1=4$$

查 x^2 分布表可知 $x^2(4,0.05)=9.488>8.210>x^2(4,0.10)=7.779$，说明 5 个样品在 0.05 显著水平不存在显著差异，在 0.10 显著水平存在显著差异。

②分析样品 X 与其他样品是否存在差异，由式(8-2)得出：

$$x_0^2=\left(x_i-\frac{n}{m}\right)^2\frac{m^2}{(m-1)n}=\left(23-\frac{95}{5}\right)^2\frac{5^2}{(5-1)\times 95}=16.842$$

查 x^2 分布表可知 $16.842>x^2(4,0.05)=9.488$，说明 5 个样品在 0.05 显著水平存在显著差异。

③分析样品 X 与样品 A 是否存在差异，由式(8-2)得出：

$$x_0^2=\left(x_i-\frac{n}{m}\right)^2\frac{m^2}{(m-1)n}=\left(23-\frac{43}{2}\right)^2\frac{2^2}{(2-1)\times 43}=0.209$$

查 x^2 分布表可知 $0.209<x^2(1,0.05)=3.841$，说明样品 X 与样品 A 在 0.05 显著水平不存在显著差异。

8.2　发酵乳

8.2.1　发酵乳特点与感官评价原则

发酵乳是指向纯牛(羊)乳中加入乳酸菌(通常为嗜热链球菌和保加利亚乳杆菌)发酵后所制得的产品。发酵乳在乳酸菌的发酵作用下，产生了许多对人体有益的物质，风味醇厚，质构独特，并有效降低了乳中乳糖的含量，解决了乳糖不耐症人群喝牛奶出现腹泻等不适的问题，因而受到广大消费者的喜爱，成为我国消费量增长较快的乳制品之一。

优质的发酵乳应呈现均匀的乳白色或所添加果料的固有颜色，给人令人愉悦的香味，组织细腻、均匀、黏稠，表面光滑，无裂纹，无气泡，无乳清析出。发酵乳中风味物质类别及其贡献如表 8-5 所示，其中酸类是主要的滋味贡献者，羰基化合物是主要的气味贡献者。

表 8-5　发酵乳中风味物质类别及其贡献(Imhof et al. ,1995;Ott et al. ,1997)

风味物质类别	主要物质	风味贡献
酸类	非挥发性酸和以 C_2-C_{10} 的饱和脂肪酸为主的挥发性脂肪酸,乳酸、丙酮酸、草酸和琥珀酸等	主要的滋味贡献者
羰基化合物	乙醛、双乙酰、乙偶姻和丙酮等	主要的气味贡献者
醇类	乙醇、一丙醇、2-丙醇、1-丁醇、3-戊醇等,3-甲基丁醇(麦芽香)	乙醇对酸乳香味贡献尚未阐明
酯类	乙酸甲酯、乙酸乙酯、丁酸乙酯、己酸乙酯等	果香、花香,可降低苦味和其他异味
硫化物	甲硫醇、二甲基硫、二甲基二硫、三甲基二硫等	含量少,多引发风味缺陷
其他化合物	包括某些氨基酸或蛋白质、脂肪和乳糖的热降解成分等,如丙氨酸	非挥发性风味物质,对风味的影响限于滋味

由于发酵乳黏度较大,通常呈现半固态,其在口腔停留的时间较液态乳有所增加,通常在 3～10 s。因此,发酵乳的质构感知与香气释放显著受口腔加工条件的影响。在咀嚼的初期,发酵乳在口腔的前部,此时舌头和下腭之间的间隙较大(>10 μm),对发酵乳的感知主要取决于发酵乳整体的流变学属性,以黏厚感为主;随着咀嚼的进行,发酵乳凝胶结构瓦解,唾液与嚼碎的脂肪充分混合并产生薄膜,口腔间隙缩小,发酵乳中的固态乳脂肪在口腔温度下熔化,液态乳脂肪与口腔的表面接触,感知主要取决于发酵乳中脂肪颗粒所带来的润滑性(Dresselhuis et al. ,2008;Dressaire et al. ,2008);最后,在吞咽之前,口腔间隙进一步缩小(<0.1 μm),感知主要取决于脂肪颗粒表面膜的润滑效果和风味物质的释放程度。综上可知,发酵乳的感知主要取决于口腔咀嚼过程中乳成分的稳定性和微观结构动态变化,及其所影响的风味物质释放率,是一个动态的过程。

发酵乳的感官评价原则可参照 GB 19302—2010《食品安全国家标准　发酵乳》(表 8-6)执行。

表 8-6　GB 19302—2010《食品安全国家标准　发酵乳》感官要求

<table>
<tr><th rowspan="2">项　目</th><th colspan="2">要　求</th><th rowspan="2">检验方法</th></tr>
<tr><th>发酵乳</th><th>风味发酵乳</th></tr>
<tr><td>色泽</td><td>色泽均匀一致,呈乳白色或微黄色</td><td>具有与添加成分相符的色泽</td><td rowspan="3">取适量试样置于 50 mL 烧杯中,在自然光下观察色泽和组织状态。闻其气味,用温开水漱口,品尝滋味。</td></tr>
<tr><td>滋味、风味</td><td>具有发酵乳特有的滋味、气味</td><td>具有与添加成分相符的滋味和气味</td></tr>
<tr><td>组织状态</td><td colspan="2">组织细腻、均匀,允许有少量乳清析出;风味发酵乳具有添加成分特有的组织状态</td></tr>
</table>

8.2.2　定量描述分析法

在发酵乳产品研发等过程中,通常需要进行描述分析检验,以对产品配方和工艺进行定性定量评价。本部分以定量描述分析法为例，介绍描述分析检验法的内容和评价原则。

1）方法特点

定量描述分析法是在风味剖面法和质地剖面法的基础上发展起来的一种描述分析方法，旨在克服风味剖面法和质地剖面法仅提供定性信息、使用的描述词汇都是学术词汇等缺点。定量描述分析法是对一个产品能被感知到的所有感官特征的强度、出现的顺序、余味和滞留度以及综合印象等进行描述，使用非结构化的线性标度，描述分析的结果通过统计分析得出结论，可形成蜘蛛网图或直接以表格呈现。

定量描述分析法依照检验方法的不同可分为一致方法和独立方法两大类型。

（1）一致方法　在检验中所有的评价员（包括评价小组组长）都是一个集体的一部分，而工作目的是获得一个评价小组赞同的综合结论，使小组对被评价产品的风味特点达到一致的认识。试验可借助参比样品来进行，有时需要多次讨论方可达到目的。

（2）独立方法　由评价员先在小组内讨论产品的某种属性，然后由每个评价员单独工作，记录对食品感觉的评价分数，最后把统计的平均值作为评价的结果。无论是一致方法还是独立方法，在检验开始前，评价组织者和评价员应完成的工作包括：制定记录样品属性的列表、确定参比样、规定描述特性的词汇、建立描述和检验样品的方法。

此种方法的检验内容通常包括以下 6 点。

①特性特征的鉴定。用叙述词或相关的术语描述感觉到的特性特征。

②感觉顺序的确定。记录显示和察觉到的各特性特征所出现的顺序。

③强度评价。评价每种特性特征所显示的强度，特性特征的强度可用多种标度来评估。

④余味和滞留度的测定。样品被吞下（或吐出）后出现的与原来不同的特性特征称为余味，样品已被吞下（或吐出）后继续感觉到的特性特征称为滞留度。

⑤综合印象的评估。综合印象是对产品的总体评估，通常用三点标度评估，即以低、中、高表示。

⑥强度变化的评估。评价员从接触到样品到脱离样品这段时间内所感受到的刺激的感觉强度变化，如食品中的甜味、苦味的变化等。

2）人员选择的要求

定量描述分析需要由 8～12 名经过筛选和培训的品评人员组成评价小组。在正式试验前，首先要通过味觉、味觉强度、嗅觉区别和描述等试验对品评人员进行筛选（参评人员要具备识别试验样品感官性质差别的能力），然后进行面试，以确定品评人员的兴趣、参加试验的时间以及是否适合进行品评小组评价这种集体工作。

3）人员训练的要求

首先是建立描述词汇，召集所有的品评人员，提供有代表性的样品或参比标准品，品评人员对其进行观察，然后每个人对产品进行描述，轮流给出描述词汇。由品评小组组长对描述词汇进行汇总，以确保所有的感官特征都被列出。然后大家分组讨论，对形成的描述词汇进行修订，并给出每个词汇的定义。重复 7～10 次，最后形成一份大家认可的带定义的描述词汇表。通过以上过程形成的描述词汇有时会达到 100 多个。虽然对描述词汇的数量没有限制，但在实际应用中，还是会通过合并、删减等方式将描述词汇减少到 50%。因为不同的人对相同性质的描述可能使用不同的词汇，这时就有必要根据定义进行合并，避免重复。

在建立描述词汇表的过程中，品评小组组长只起组织的作用，他不能对小组成员的发言进行评论，不能用自己的观点影响小组成员，但是小组组长可以决定何时开始正式试验。有时描述词汇是现成的，如有的食品公司对其主要产品已经形成了一份描述词汇表，在这种情况下，只需参评人员对描述词汇及其定义进行熟悉即可。对于正式试验前的培训时间，没有严格的规定，可从几小时至几十小时不等，根据品评人员的素质和评价的产品情况自行决定。有时在培训结束后，会对参评人员进行测试，判断其是否真正理解相应词汇定义且能做出正确的判断，从而剔除未通过测试的人员。培训结束后，要形成一份大家都认可的带定义的描述词汇表，供正式试验使用。操作视频(示例)见二维码 8-2。

二维码 8-2　感官评价标品培训

4)评价方法及结果分析

正式试验时，品评人员单独评价样品，对产品每项属性(每个描述词汇)进行打分。使用的标度可以是一条长 15 cm 的直线(图 8-1)，起点和终点分别位于距离直线两端 1.5 cm 处，一般是从左向右强度逐渐增加。品评人员可在这条直线上做出能代表产品该项属性强度的标记，也可以使用类项标度，试验重复 3 次以上。试验结束后，将标度上的刻度转化成数值输入计算机。收集各评价员的评价结果，进行方差分析或其他分析，试验结果通常用蜘蛛网图表示，该类图的中心向外有一些放射状的线，表示每个感官特性，线的长短代表强度的大小。

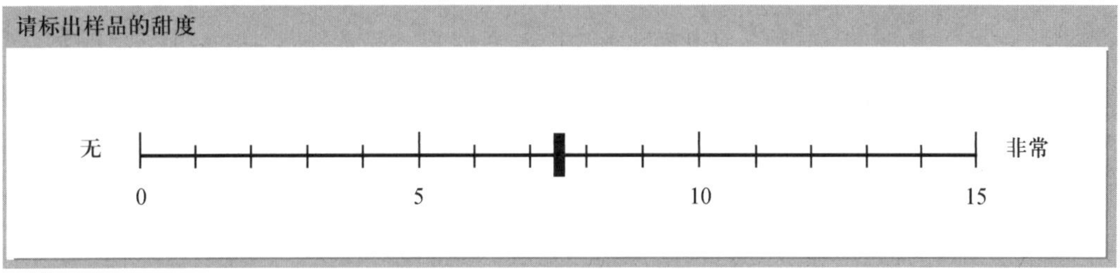

图 8-1　15 cm 标尺示意

此外，还有以下评价强度的方法。

①数字评估法。0＝不存在，1＝刚好可识别，2＝弱，3＝中等，4＝强，5＝很强。

②标度点评估法。弱｜｜｜｜强，在每个标度的两端写上相应的叙词，其中间级数或点数根据特性特征改变。

③直线评估法。例如，在 100 mm 长的直线上，在距每个末端大约 10 mm 处写上叙词(如弱—强)，评价员在线上做一个记号表明强度，然后测量评价员做的记号与线左端之间的距离(mm)，以此来表示强度数值。

如果评价员检验的是样品刺激从开始施加到结束的时间内感觉强度的变化，则可根据数据做出曲线，如发酵乳中甜味、酸味的感觉强度变化，嗅觉感知强度的变化等。

8.2.3　发酵乳感官评价案例解析

请用定量描述分析法评价 6 种发酵乳样品的奶油感属性的强弱。以下按感官科学实验准备五要素阐述案例。

人：首先招募 13 名年龄在 20～25 岁，视觉、嗅觉、味觉无障碍的感官评价员，成立描述性感官评价小组。训练后盲品打分误差不超过±1 的感官评价员共有 10 位，因此选用这 10 位感官评价员进行正式样品的感官评价。

机：采用定量描述分析的调查问卷表方式收集评价结果。

样：使用 6 种不同菌种发酵的发酵乳样品，分别编号为 1～6 号。样品分装至透明的一次性饮水杯，各 30 mL。

法：正式试验开始前，感官评价小组根据讨论和文献，建立了针对发酵乳奶油感感知的感官评价属性、评价参比物和评价标尺（表 8-7），进而利用标准品以及制备的特定强度的标品对感官评价员进行训练。训练由嗅、看、尝三部分组成，首先请感官评价员嗅闻、观察以及品尝不同特性强度对应的标品并进行记忆，之后对盲品进行打分以判断训练结果。总共进行了 16 h 的训练（每次 2 h，共计 8 次）。

表 8-7　发酵乳奶油感定量描述分析法感官属性的定义及标尺

奶油感感官贡献	定义及参考	程度标尺
整体奶油感	综合视觉、味觉、嗅觉及口腔触觉等多方面感觉进行打分 参考：脱脂乳＝0；棉花糖酱＝3；搅打稀奶油＝10	0（很弱）～10（强烈）
鼻前嗅觉贡献		
双乙酰味	参考：5 mg/L 双乙酰 95%乙醇溶液＝3；10 mg/L 双乙酰 95%乙醇溶液＝5；20 mg/L 双乙酰 95%乙醇溶液＝10	0（很弱）～10（强烈）
酸乳味	参考：30 mg/L 乙醛水溶液＝3；50 mg/L 乙醛水溶液＝5；100 mg/L 乙醛水溶液＝10	0（很弱）～10（强烈）
乳脂肪味	参考：10 mg/L δ-癸内酯水溶液＝3；20 mg/L δ-癸内酯水溶液＝5；40 mg/L δ-癸内酯水溶液＝10	0（很弱）～10（强烈）
黄油味	参考：无盐黄油＝10	0（很弱）～10（强烈）
视觉贡献		
颜色	发酵乳的外观色泽 参考：脱脂乳＝0，黄油＝10	0（白色）～10（黄色）
视觉光滑度	使用勺子舀取样品时，观察勺子背面是否有颗粒。如果没有看到颗粒（粗糙）和表面不规则，则发酵乳样品是“光滑的”。如果在发酵乳样品的表面上观察到颗粒状或不规则，则发酵乳样品是“颗粒状的”。 参考：脱脂乳＝0；花生酱＝10	0（很弱）～10（有颗粒）
视觉黏稠度	当盛放样品的勺子缓慢倾斜至 90°时，观察样品的黏稠度。如果样品容易流动，立即且连续地从勺子上流下，则样品是“易流动的”。如果发酵乳样品缓慢流动甚至不流动，说明发酵乳样品很“黏厚”。 参考：脱脂乳＝0；稀奶油＝3；花生酱＝10	0（易流动）～10（黏稠）
味觉贡献		
酸味	与酸有关的基本味觉 参考：0.05%柠檬酸盐水溶液＝2；0.08%柠檬酸盐水溶液＝5；0.15%柠檬酸盐水溶液＝10	0（很弱）～10（强烈）

续表8-7

奶油感感官贡献	定义及参考	程度标尺
甜味	与甜味有关的基本味觉 参考：2%蔗糖水溶液=2；5%蔗糖水溶液=5；10%蔗糖水溶液=10	0(很弱)～10(强烈)
鼻后嗅觉贡献		
双乙酰味	参考：5 mg/L 双乙酰 95%乙醇溶液=3；10 mg/L 双乙酰 95%乙醇溶液=5；20 mg/L 双乙酰 95%乙醇溶液=10	0(很弱)～10(强烈)
酸乳味	参考：30 mg/L 乙醛水溶液=3；50 mg/L 乙醛水溶液=5；100 mg/L 乙醛水溶液=10	0(很弱)～10(强烈)
乳脂肪味	参考：10 mg/L δ-癸内酯水溶液=3；20 mg/L δ-癸内酯水溶液=5；40 mg/L δ-癸内酯水溶液=10	0(很弱)～10(强烈)
黄油味	参考：无盐黄油=10	0(很弱)～10(强烈)
口腔触感贡献		
口腔光滑度	产品在舌头和上腭之间被微弱压缩之后，舌头在上腭上反复摩擦，在这个过程中感受到的润滑性或颗粒感。如果感觉到光滑且没有粗糙颗粒，样品就是“光滑的”。如果在口腔中感觉到粗糙感或不规则颗粒，则将样品描述为“有颗粒的”。 参考：果冻布丁=0；脱脂乳=3；花生酱=10	0(光滑)～10(有颗粒)
口腔黏厚度	舌头上的产品黏度。如果样品立即流过舌头，它就是“易流动的”。如果样品停留在舌头上或缓慢流动并且难以吞咽，则样品是“黏稠的”。 参考：脱脂乳=0；稀奶油=3；花生酱=10	0(易流动)～10(黏稠)
口腔黏度	样品在舌头和上腭之间被压缩之后，样品是否易与口腔分离。如果分离时舌头没有感觉到阻力，样品立即与上腭分离，则样品没有黏性；如果舌头分离后感觉到很大阻力，且样品无法与上腭分离，说明样品黏性极大。 参考：果冻布丁=0；棉花糖酱=5；花生酱=10	0(无黏性)～10(有黏性)

环：实验在专业的感官评价室进行，每个感官评价员拥有一个独立的品评间，品评间配备白炽灯和水池以统一实验时的光线条件并方便实验的进行。感官评价试验在下午2时开始，实验温度为25 ℃。

发酵乳样品保存在4 ℃冷柜中，在实验开始前先为每一个品评间配备一个冰盒，在感官评价过程中要将发酵乳样品置于冰盒上以保证每个样品入口前低温。同时配备表8-7中提到的所有标准品。

实验由嗅、看、尝三部分组成，本实验的打分均为横向打分，即先对所有样品的某一指标进行打分。首先请感官评价员嗅闻某一特性不同强度的标准品，之后对所有样品的这一特性进行横向打分。评价样品时需先将样品杯放在鼻前再打开瓶盖，注意每嗅闻一次样品后将盖子盖回原处，直到嗅闻部分实验全部进行完毕，之后进行视觉感知部分的实验。首先观察标准品，之后将样品去盖后置于白炽灯光下观察并就这一特性横向打分。接下来进行鼻后嗅觉部分的评价实验，先请感官评价员嗅闻某一特性不同强度的标准品，然后将发酵乳样品放入口中，在咀嚼的过程中捏住鼻子，感受鼻腔中的气味强度并横向打分。每品尝一个样品后用清水漱口 15 s 后再进行下一个样品的评价。然后是味觉部分的实验，首先请感官评价员品尝某一特性不同强度的标准品，然后将发酵乳样品放入口中，并在咀嚼的过程中感受某一特性的强度并横向打分。每品尝一个样品后用清水漱口 15 s 后再进行下一个样品的评价。最后是奶油感感知部分的实验，首先请感官评价员品尝某一特性不同强度的标准品，然后将发酵乳样品放入口中，在咀嚼的过程中感受奶油感的强度并打分。每品尝一个样品后用清水漱口 15 s 后再进行下一个样品的评价。

具体的定量描述感官评价表如表 8-8 所示。

表 8-8　定量描述感官评价表

<table>
<tr><th>奶油感感官贡献</th><th colspan="4">定义及参考</th><th>程度标尺(0～10)</th></tr>
<tr><td colspan="6">鼻前嗅觉贡献
请将样品杯放在鼻前并打开瓶盖，嗅闻样品气味并按下列指标逐个打分</td></tr>
<tr><td>双乙酰味</td><td colspan="4">参考：20 mg/L 双乙酰 95%乙醇溶液＝10
10 mg/L 双乙酰 95%乙醇溶液＝5
5 mg/L 双乙酰 95%乙醇溶液＝3</td><td>0＝没有
10＝强烈</td></tr>
<tr><td>1 号：</td><td>2 号：</td><td>3 号：</td><td>4 号：</td><td>5 号：</td><td>6 号：</td></tr>
<tr><td>酸乳味</td><td colspan="4">参考：100 mg/L 乙醛水溶液＝10
50 mg/L 乙醛水溶液＝5
30 mg/L 乙醛水溶液＝3</td><td>0＝没有
10＝强烈</td></tr>
<tr><td>1 号：</td><td>2 号：</td><td>3 号：</td><td>4 号：</td><td>5 号：</td><td>6 号：</td></tr>
<tr><td>乳脂肪味</td><td colspan="4">参考：40 mg/L δ-癸内酯水溶液＝10
20 mg/L δ-癸内酯水溶液＝5
10 mg/L δ-癸内酯水溶液＝3</td><td>0＝没有
10＝强烈</td></tr>
<tr><td>1 号：</td><td>2 号：</td><td>3 号：</td><td>4 号：</td><td>5 号：</td><td>6 号：</td></tr>
<tr><td>黄油味</td><td colspan="4">参考：无盐黄油＝10</td><td>0＝没有
10＝强烈</td></tr>
<tr><td>1 号：</td><td>2 号：</td><td>3 号：</td><td>4 号：</td><td>5 号：</td><td>6 号：</td></tr>
<tr><td colspan="6">视觉贡献
请观察所有样品并在相应的指标下打分</td></tr>
<tr><td>颜色</td><td colspan="4">发酵乳的外观色泽</td><td>0＝白色
10＝黄色</td></tr>
<tr><td>1 号：</td><td>2 号：</td><td>3 号：</td><td>4 号：</td><td>5 号：</td><td>6 号：</td></tr>
</table>

续表 8-8

<table>
<tr><th colspan="2">奶油感感官贡献</th><th colspan="3">定义</th><th>程度标尺(0～10)</th></tr>
<tr><td colspan="2">视觉光滑度</td><td colspan="3">用勺子舀取发酵乳后观察勺子背面，如果没有感觉到颗粒感(粗糙度)和表面不规则，则发酵乳样品是“光滑的”(0)。如果在发酵乳样品的表面上观察到颗粒状(粗糙度)或不规则，则发酵乳样品是“颗粒状的”(10)</td><td>0＝光滑
10＝颗粒状</td></tr>
<tr><td>1 号：</td><td>2 号：</td><td>3 号：</td><td>4 号：</td><td>5 号：</td><td>6 号：</td></tr>
<tr><td colspan="2">视觉黏稠度</td><td colspan="3">当勺子缓慢倾斜至 90°时，观察产品的黏度。如果样品容易流动，立即且连续地从勺子上流下(非黏性)，则发酵乳样品是“流体”(0)。如果发酵乳样品缓慢流动甚至不流动，则发酵乳样品很“黏厚”(10)</td><td>0＝流体
10＝黏厚</td></tr>
<tr><td>1 号：</td><td>2 号：</td><td>3 号：</td><td>4 号：</td><td>5 号：</td><td>6 号：</td></tr>
</table>

本试验数据采用 Microsoft Excel 2010 和 IBM SPSS Statistics 25 软件进行分析，实验数据以“平均值±标准差”表示，并进行 3 次重复。对所得结果进行方差分析，具体如表 8-9。

表 8-9　定量描述感官评价结果表示例

整体奶油感	7.89±0.83^{e}	5.42±0.52^{cd}	4.63±0.84^{be}	5.52±0.85^{d}	3.25±1.04^{a}	8.00±0.69^{e}
			鼻前嗅觉贡献			
编号	1 号	2 号	3 号	4 号	5 号	6 号
双乙酰味	6.67±0.77^{e}	5.52±0.71^{c}	5.71±1.06^{cd}	2.21±0.42^{a}	2.00±0.76^{a}	6.28±0.83^{de}
酸乳味	2.22±0.65^{a}	2.83±0.42^{ab}	3.42±0.7^{ab}	4.62±0.84^{cd}	6.63±0.92^{e}	3.72±1.81^{abc}
乳脂肪味	5.00±0.69^{a}	3.51±0.53^{bc}	4.53±0.53^{de}	3.71±2.16^{bcd}	4.38±0.74^{cde}	5.22±0.55^{e}
黄油味	2.39±0.5^{ab}	2.00±0.67^{a}	3.00±0.47^{c}	2.62±0.72^{abc}	2.00±0.76^{a}	2.06±0.64^{a}
			视觉贡献			
编号	1 号	2 号	3 号	4 号	5 号	6 号
颜色	2.44±0.71^{a}	2.41±0.72^{a}	2.62±0.84^{a}	2.81±0.79^{a}	2.51±0.53^{a}	2.22±0.81^{a}
视觉光滑度	1.39±0.61^{a}	1.62±0.72^{a}	1.73±0.82^{a}	1.32±0.48^{a}	1.25±0.71^{a}	1.28±0.83^{a}
视觉黏稠度	5.67±0.91^{c}	5.91±0.88^{c}	4.94±0.74^{ab}	5.43±0.84^{bc}	5.00±0.53^{ab}	5.56±0.92^{bc}
			鼻后嗅觉贡献			
编号	1 号	2 号	3 号	4 号	5 号	6 号
双乙酰味	3.61±0.85^{abc}	3.23±0.63^{ab}	4.23±0.42^{bcd}	3.50±0.85^{abc}	3.25±0.46^{abc}	3.11±0.76^{ad}
酸乳味	4.22±0.73^{e}	2.25±0.63^{a}	3.33±0.67^{bc}	3.50±0.53^{cde}	4.00±0.00^{de}	5.22±0.73^{e}
乳脂肪味	3.52±0.71^{ef}	2.25±0.63^{bc}	3.00±0.67^{de}	2.13±0.57^{bc}	1.50±0.53^{ab}	3.11±0.68^{f}
黄油味	2.28±0.57^{a}	2.25±0.79^{a}	2.45±0.52^{a}	2.30±0.48^{a}	2.25±0.71^{a}	2.33±0.59^{a}

续表8-9

味觉贡献						
编号	1号	2号	3号	4号	5号	6号
酸味	2.51±0.71[a]	3.50±0.71[b]	2.50±0.53[a]	2.90±0.74[ab]	3.38±0.52[b]	3.67±0.77[b]
甜味	7.00±0.97[f]	4.15±0.74[abc]	4.80±0.63[bcd]	5.20±0.63[cde]	4.00±1.31[ab]	7.00±0.77[de]
口腔触感贡献						
编号	1号	2号	3号	4号	5号	6号
口腔光滑度	6.72±0.67[d]	5.90±0.57[c]	4.50±0.71[b]	3.50±0.53[a]	3.63±0.74[a]	6.22±0.81[c]
口腔黏厚度	7.00±0.77[e]	6.60±0.70[de]	5.20±0.63[b]	5.90±0.57[c]	4.25±0.71[a]	7.11±0.90[de]
口腔黏度	5.39±0.61[a]	5.40±0.70[a]	5.10±0.74[a]	5.50±0.53[a]	5.13±0.64[a]	5.33±0.59[a]

注：同一行的不同字母表示组间存在显著差异（$P<0.05$）。

该表格可根据数据分析需要，进一步绘制成蜘蛛网图或其他形式。

8.3 干酪

8.3.1 干酪的特点与感官评价原则

干酪是牛乳经凝乳并排出部分乳清而制成的新鲜或发酵成熟的产品。干酪富含钙及蛋白质等营养成分，且经过乳酸菌及酶的作用，蛋白质、脂肪、乳糖等大分子在成熟过程中分解产生如活性多肽等营养物质，并有效缓解了乳糖不耐症，被誉为“奶黄金”。因此，干酪成为发达国家的膳食主体，提供膳食钙的70%、蛋白质的25%。随着消费者饮食结构的调整及对干酪营养价值认识的深化，我国的人均干酪消费量也日渐增加。

全球有近千种干酪，种类繁杂多样，各具特征质地、香气与滋味。国际乳品业联合会按照水分含量将原干酪分为硬质、半硬质以及软质干酪三类。干酪通常呈半固态或固态，在口腔停留时间通常大于5 s，因此口腔加工对干酪的感官感知影响显著。

干酪的口腔加工是一个复杂的动态过程。干酪经口摄入后会依次经历机械形变、尺寸减小、唾液润湿、温度变化引起相变、颗粒聚集形成食团、吞咽、形成口腔涂层等过程，吞咽后仍可能有部分食物残留。呈半固体的干酪同时具有固体和液体的性质，类似于吞咽形成的食团，在口腔加工过程中只需要很小的咀嚼力就能吞咽，而呈固态的干酪需要更大的咀嚼力和更多的咀嚼时间。干酪的质构感知是动态的，发生在整个口腔加工过程中，其主导属性由流变特性逐渐过渡到摩擦特性，且过程涵盖干酪质构的瓦解与风味物质的释放。在口腔加工的初始阶段，干酪会发生大形变和破裂，质构感知机制表现为流变学机制，在这一阶段感官感知主要以质构感知为主，风味感知较弱。在口腔加工的后期，干酪的质构感知在很大程度上取决于食物-舌头、食物-舌头-上腭和舌头-上腭界面之间的摩擦磨损、唾液的润滑作用、食物和口腔的表面性质，主要由摩擦学属性主导，这一阶段干酪的感官感知以风味感知为主，辅以糊口感等质构属性。

干酪的具体感官评价原则可参照GB 5420—2021《食品安全国家标准　干酪》（表8-10）执

行。同时，在此列出经过培训的专家小组关于干酪中各质地属性的定义（表8-11）。

表8-10 《食品安全国家标准 干酪》中关于干酪的感官要求

项目	要求	检验方法
色泽	具有该类产品正常的色泽	取适量试样置于50 mL烧杯中，在自然光下观察色泽和组织状态。闻其气味，用温开水漱口，品尝滋味
滋味、气味	具有该类产品特有的滋味和气味	
组织状态	组织细腻，质地均匀，具有该类产品应有的硬度	

表8-11 由经过培训的专家小组定义的干酪质地属性的术语(Foegeding和Drake,2007)

质地属性术语	定义
手触觉评价术语	
内聚力	用拇指和两个手指按压样品5次，在操作过程中对样品保持在一起的程度评分
易碎的/脆性	用拇指和两个手指按压样品5次，对样品通过按压分解和破碎的容易程度进行评分
坚硬/硬度	定义1：在食指和拇指之间挤压一个干酪立方块（1.5 cm×1.5 cm×1.5 cm）所需的力 定义2：用拇指和两个手指轻轻按压样品1～2 s而不破裂，压缩样品所需的力
恢复率	将拇指和食指之间的样品按下30%，评估样品恢复到原始形状的速度或速率
柔软度	易屈服压力，易成型，柔韧，易延展
弹性	定义1：用拇指和两根手指轻按样品1～2 s而不破裂，评估压缩后样品回弹的速率 定义2：在拇指和食指之间按压样品30%，评估样品的总恢复量
黏的/黏性	用拇指和两个手指按压样品5次，评估样品黏在手指上的程度
咬第一口术语	
硬壳	用门牙评估第一口咬破干酪外皮时所需的力
坚硬/硬度	定义1：用门牙评估咬第一口干酪所需的力 定义2：用臼齿评估完全咬穿干酪所需的力
咬第一口的黏性	第一次咬时有黏性感觉
咬第一口的易碎性	用臼齿完全咬穿样本，并评估样本破裂的程度
橡胶似的/橡胶感	咬样品时感受到的弹性程度
硬度	咬样品（第一口）所需的力
咀嚼过程术语	
黏附性	咀嚼5次后评估咀嚼的物质黏在口腔表面的程度
咀嚼性	破碎干酪需要的咀嚼程度；需要大量咀嚼，质地像太妃糖
凝聚力	咀嚼5次后评估咀嚼后的黏合程度
奶油状的/奶油感	定义1：在咀嚼过程中，用舌头和上腭评估干酪被分解成奶油状半液体质地的程度 定义2：与重搅打奶油有关的感觉（例如，脂肪含量＞30%）

续表8-11

质地属性术语	定义
	咀嚼过程术语
易碎的/脆性	定义1:在最初的2～3次咀嚼过程中,评估干酪结构在口腔中的破碎程度 定义2:咀嚼过程中样品崩解时,嘴里的感觉
凝固性	咀嚼过程中在口腔中感觉到的凝结或粉状质地的程度
分解程度	咀嚼5次后,评估由于咀嚼样品发生的分解量
干燥	咀嚼时在口腔中感觉到的干燥或潮湿程度
坚硬	干酪提供的抵抗力程度,在使用门牙的前5次咀嚼过程中进行评估,范围从软到硬
颗粒状	定义1:样品分解时形成颗粒状结构的程度,在咀嚼的后半部分感觉到 定义2:咀嚼时口腔中有粗粒的感觉
面粉	样品碎成小块,难以收集吞咽时的口感
潮湿	定义1:干酪的感知水分含量;范围从干到湿 定义2:在咀嚼过程中,干酪在上腭周围具有潮湿或湿润质地的程度
口腔涂层	定义1:咀嚼过程中干酪覆盖上腭和牙齿的程度 定义2:咀嚼过程中舌头和腭部的涂层程度
油腻的	任何类型的油腻的口感
残留口感	吞咽前口中的"苦味"或颗粒感
糊口感带来的残留光滑感	吐出样品后在口腔中感觉到的光滑度
残留物	用拇指和两个手指按压样品5次,评估丢弃样品后留下的触感(残留)
橡胶似的/橡胶感	咬后干酪恢复到初始状态的程度,在最初的2～3次咀嚼过程中进行评估
黏滑的	黏性的、软的、潮湿的或黏性物质的
光滑的/光滑感	定义1:咀嚼过程中干酪破碎时相对于味觉的光滑程度 定义2:咀嚼5次后,评估被咀嚼物体表面光滑的程度
黏的/黏性	定义1:咀嚼过程中干酪对上腭和牙齿周围的黏性 定义2:咀嚼过程中的整体黏性感觉。
黏的	与食用非常黏稠的液体(如重搅打奶油或蜂蜜)有关的口感

8.3.2 瞬时主导感官评价法

在口腔加工过程中干酪的感官感知是一个动态过程而非静态过程,如何量化和辨别感知属性变化是评价产品品质和消费者喜好的关键,也是区分不同干酪食品在口腔加工过程中感官感知的直接体现。因此,在对干酪进行感官评价时,最好采用动态感官评价方法,以定性方式描述从口腔加工开始到结束的全过程中干酪感官属性的强度变化,进而根据数据做出评价。下面以近年来国际上最为流行的瞬时主导感官(temporal dominance of sensations, TDS)评价法为例,阐述如何结合风味的属性和变化特征多维度、多角度解释样品轮廓和变化规律差异。

1)定义

二维码8-3　TDS
动态感官评价

TDS评价法可以提供有关产品在口腔中加工时的主要属性的顺序以及它们随时间变化的信息,帮助理解口腔中的动态感官感知。TDS评价法要求评价人员筛选出一种具有主导性的感官属性,即在每个给定时间点所引起评价人员注意力的香气或质地特征,而无须确定其具体强度,允许同时评价多个感官属性,从而更加利于产品比较和开发。这种方法需要特定的感官软件帮助记录数据,如FIZZ、SensoMaker、RedJade等,以收集和快速记录感官评价员在口腔加工过程中感受到的所有感觉。TDS评价软件会在屏幕上显示设定的属性列表,让评价员可以在产品品尝过程中的每个时间点选择任何主要的感觉。相关介绍见二维码8-3。

2)特点与应用范围

①快速且有针对性;

②允许同时评价8～10个感官属性;

③适合于在口腔中停留时间比较长的半固态或固态食品的评价;

④需要软件辅助收集和记录评价结果。

3)结果分析与判断

TDS评价分析的基本原理是感官评价人员对特定时间点的主导性香气属性进行筛选,这是一个随机概率事件,因此需要对TDS评价的结果进行筛选,选出具有统计学意义的结果。分别设置随机选择概率 P_0 和显著性随机选择概率 P_S,其具体计算公式如下:

$$P_0=\frac{1}{s+1}$$
$$P_s=P_0+1.645\sqrt{\frac{P_0(1-P_0)}{n\times r}} \tag{8-3}$$

式中,s 为感官属性数量;n 为实验对象数量;r 为重复次数。

8.3.3　干酪感官评价案例解析

请用TDS评价法评价4种奶油干酪样品的质地属性的感知顺序。以下按感官科学实验准备五要素阐述案例。

人:首先招募10名年龄在20～25岁(男5名,女5名),视觉、嗅觉、味觉无障碍的感官评价员,熟悉干酪的TDS评价法,成立描述性感官评价小组。

机:使用配备有RedJade软件的计算机收集评价结果。每次评价中,收集每个评价员选择的主导属性以及主导属性开始和停止的时间,并绘制TDS曲线。在TDS曲线中,在每个时间点计算产品在评价小组成员之间某种感觉属性占主导的时间(优势率),并绘制随机选择概率线(偶然水平线)和显著性水平线(图8-2),彩图见二维码8-4。随机选择概率是属性被随机选择获得的优势率,它的值与属性的数量成反比[$P_0=1/(s+1)$];显著性水平是被认为显著的比率的最小值,根据式8-3计算。

样:样品为4种不同干酪样品,分别编号为1～4号。将样品切成均匀的方块,分装至一次性白色餐盘。在每一次实验中,按照完全平行的实验设计,在一次性白色餐盘上同时放置4个样品。每个样品均切成 20 g 的方块，且放在勺子里呈递给感官评价员。

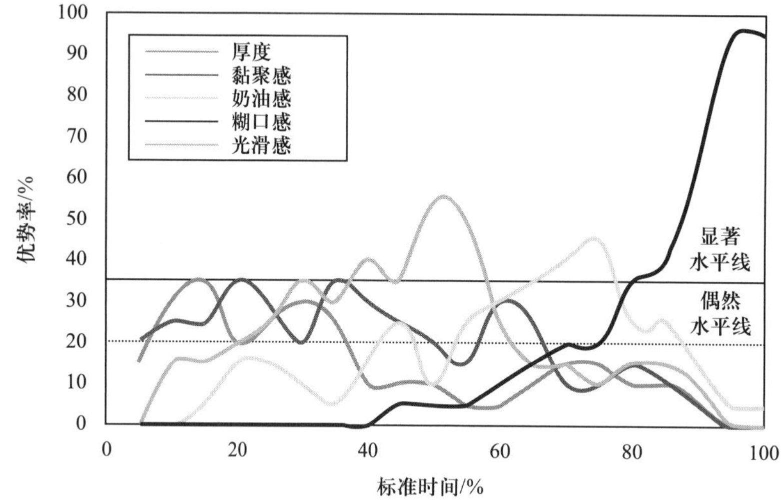

图 8-2　TDS 曲线

二维码 8-4　TDS 曲线

法：选择 TDS 评价法进行感官评价，在正式试验开始前对感官评价小组成员进行 4 次培训。培训的主要内容是熟悉 TDS 评价法的概念以及软件的操作流程，并且通过评估 5 种市售干酪，讨论生成一份与干酪口腔加工过程中风味、质构和口感相关的术语清单。最后选择表 8-12 所示的 5 个相关术语（黏厚度、凝聚力、奶油感、光滑感和糊口感）进行正式的评估。

正式评估实验中，要求评价员点击“开始”按钮，并在样本放入口腔后立即进行评估。要求他们在给定的时间点选择主导的感觉，并在评价过程中对强度进行评分。在评价过程中，一个给定的属性可以多次被选为主导属性。一旦吞咽样品，标志着此次评估结束，评估员需按下“停止”按钮。使用 TDS 评价法对干酪样品在 3 个不同的日期进行 3 次评估，以进行 3 次重复。计算机屏幕上呈现出 5 个属性（表 8-12），每个属性都与一个非结构化的等级相关联，范围从“一点都不强烈”到“非常强烈”。

环：评价在感官品评室进行，每个感官评价员拥有一个独立的品评间，品评间配备一台计算机、水池和白炽灯以统一实验时的光线条件并方便实验的进行。感官评价试验在下午 2 时开始，实验温度为 25 ℃。在品评前样品于室温下放置并平衡至室温。在提供样品的同时，提供漱口用的纯净水和纸巾。

表 8-12　由经过培训的感官评价员讨论生成的干酪感官属性及其定义

属性	定义	操作
质构		
黏厚度	在舌头和上腭之间挤压样品时感觉到的机械特性 低（薄）→高（厚）	将样品放在舌头上，以稳定的速度按压上腭一次
奶油感	对脂肪、光滑度和黏度的综合感觉 无感觉→非常强	同上
光滑感	与对颗粒大小和形状的感知有关的几何特性 粗糙（颗粒感）→光滑	将样品放入口中，然后充分咀嚼

续表8-12

属性	定义	操作
凝聚力	与物质在破裂前可以变形的程度有关的机械属性 低(容易破裂)→高	将样品放入口中,用舌头对着上腭挤压至少 5 次,或用舌头和上腭之间的作用力击碎样品
口感		
糊口感	吞咽后产品的口感,感觉到有一层薄薄的东西覆盖在上腭表面 无感觉→非常强	吞咽后

本章小结

感官评价是消费者对产品的直观评价,是衡量消费者对产品接受状况的首要方法。此外,感官评价也是工厂用于产品感官品质改良和生产质量控制的直接工具。感官评价的方法众多,选择合适、正确的感官评价方法是获取有效信息的关键。本章分别以液态乳、发酵乳和干酪为例,总结了液态、半固态和固态乳制品的特点,尤其是口腔加工特点,及其感官评价原则;在此基础上,分别以嗜好性试验的选择试验法、描述性试验中的定量描述分析和瞬时主导感官评价法为例,从感官科学实验准备的五要素阐述了三类乳制品的感官评价具体实施过程。未来需进一步了解特定乳制品在口腔中的加工行为,阐明口腔加工对乳制品的结构及感官感知的影响机制,同时筛选、搭配合适的方法来解释动态感官感知过程的感官信息,为精准设计乳制品结构、提升感官品质提供理论基础。

思考题

1. 请阐述液态乳和发酵乳感官评价时的重点差异有哪些。
2. 影响定量描述分析法描述食品各种感官特性的因素主要有哪些?
3. 请根据不同乳制品的口腔加工特点,选择适合冰激凌样品的感官评价方法并论述品评步骤。

参考文献

DRESSELHUIS D M,DE HOOG E H A,STUART M A C,et al. ,2008. The occurrence of in-mouth coalescence of emulsion droplets in relation to perception of fat [J]. Food Hydrocolloids,22(6):1170 1183.

DRESSAIRE E,BEE R,BELL D C,et al. ,2008. Interfacial polygonal nanopatterning of stable microbubbles [J]. Science,320(5880):1198-1201.

FOEGEDING E A,DRAKE M A,2007. Invited review:Sensory and mechanical properties of cheese texture [J]. Journal of Dairy Science,90(4):1611-1624.

IMHOF R,GLATTLI H,BOSSET J O,et al. ,1995. Volatile organic compounds produced by thermophilic and mesophilic single strain dairy starter cultures [J]. Lebensmittel-Wissenschaft and Technologie,28(1):

78-86.

LI X E, LOPETCHARAT K, QIU Y, et al., 2015. Sugar reduction of skim chocolate milk and viability of alternative sweetening through lactose hydrolysis [J]. Journal of Dairy Science, 98(3): 1455-1466.

MCCARTHY K S, LOPETCHARAT K, DRAKE M A, et al., 2017. Milk fat threshold determination and the effect of milk fat content on consumer preference for fluid milk [J]. Journal of Dairy Science, 100(3): 1702-1711.

OTT A, FAY L B, CHAINTREAU A, et al., 1997. Determination and origin of the aroma impact compounds of yogurt flavor [J]. Journal of Agricultural and Food Chemistry, 45(3): 850-858.

SCHIANO A N, HARWOOD W S, DRAKE M A, et al., 2017. A 100-year review: Sensory analysis of milk [J]. Journal of Dairy Science, 100(12): 9966.

SMITH S T, METZGER L, DRAKE M A, et al., 2016. Evaluation of whey, milk, and delactosed permeates as salt substitutes [J]. Journal of Dairy Science, 99(11): 8687-8698.

第9章

肉品感官评价操作规程案例

本章教学要点：了解和掌握畜、禽、水产制品的感官属性及评价方法。

肉品的感官属性和质量影响消费者对其的选择、接受和摄入，进而影响肉类产业。感官评价始于20世纪下半叶，是伴随食品和消费品工业迅速发展起来的一项科学技术。感官评价以解析食物的感官属性为主要目的，对产品的开发、优化和监控有重要作用。

感官评价可采用经过专业培训的感官评价小组对产品进行感官分析，也可采用未经相关培训的消费者评价小组。当使用经过培训的感官评价小组时，评价员的感官反馈是在培训过程中形成的，即意味着评价员对于产品属性的选择和评价存在一定的共识。相比之下，消费者评价小组通常不经过相关培训，倾向于直接表达主观强度感知或喜好。

肉品感官评价方法主要包括差别检验、描述性检验和情感检验。常用的差别检验方法包括：成对比较检验、三点检验与二-三点检验等，用于评价某个产品与另一个产品是否有差异，或者在指定的感官属性上是否有差异。通常实施差别检验时，评价员不需要接受完整的培训，但要知道实验流程和规范等。在描述性检验中，最常使用的描述性分析方法是定量描述分析，一般由8～12名经过培训的评价员组成小组，主要的培训内容包括：①各评价员提出描述词并对词汇达成一致；②对选定词汇所代表的感官属性进行强度评价。在情感检验中，9点享乐标度最为常用。

传统的描述性分析方法相对耗时，无法满足企业在产品开发过程中快速获得产品信息的需求，因此，相对快速的新兴感官评价方法如选择合适项目法（CATA）和评估合适项目法（RATA）等应运而生。CATA法要求消费者勾选出在样品中能够感知的感官或情绪所对应的词汇（Ares和Reis，2015）；RATA则在CATA法基础上，不仅要求消费者勾选感知到的属性，而且需要对所选属性的强度进行评分（Danner et al.，2018）。

对肉品进行感官评价前，需要在样品选择、前处理、加工、品鉴等环节进行全面的设计与规划，以确保相应的肉品感官属性得到充分体现。样品选择，即在畜类、禽类、海产类等大类中，对样品的品种、性别、年龄、饲养方式等进行合理选择。前处理包括对样品进行实验的部位进行处理，如是否切除筋膜、如何分割等。样品加工，即在蒸制、煮制、烤制、煎制、炸制等加工方法中选择契合实验目的的最佳方法，包括确定加工时间、温度及是否添加调味品等。样品品鉴，即确定评价员或消费者以何种形式评价样品。总而言之，对于肉品而言，评价方法取决于产品本身品质特性、评价目的和其他限制条件，还需要考虑到动物样品之间的差异，样品评价时的温度和照明颜色等。

本章将引用具体实验案例，介绍不同肉品的感官属性、加工工艺及所用感官评价方法，以期达到掌握肉品感官评价方法的目的。

9.1 畜肉制品

9.1.1 生鲜牛肉

牛肉含有丰富的蛋白质、维生素以及矿物元素等，是一种品质优良、广受消费者欢迎的日常肉类。牛的品种、年龄、饲养条件和宰后过程等条件决定了牛肉的组织结构（肌肉组织、脂肪组织、结缔组织、骨骼组织）和化学组成（蛋白质、脂肪、水、维生素等），进而影响牛肉的嫩度、多汁性和风味等感官属性。这些感官属性是牛肉品质的重要组成部分，也是影响消费者购买和复购决策的主要因素（表9-1）（Grunert et al.，2004）。

表 9-1　牛肉(熟肉)的感官描述词和定义

描述词	定义
气味强度	整体牛肉气味强度
嫩度	咀嚼肉样所需的最小力量,力量越小则嫩度越高
多汁性	前期咀嚼过程中,产品在口中释放的水分含量
咀嚼性	咀嚼肉样后吞咽的容易程度,易吞咽则咀嚼性低
风味强度	咀嚼和吞咽时感觉到的味道、气味和触觉刺激的组合

嫩度是肉的主要食用品质之一。宰前因素和宰后因素都会对牛肉嫩度产生较大影响(Stolowski et al.,2006;Boleman et al.,2004;Torrescano et al.,2003;Belew et al.,2003;张慧等,2019)。牛肉的风味主要通过加工产生,是驱动消费者整体喜好的关键因素(Dzudie et al.,2000;Hines et al.,1980)。牛肉中的蛋白质、脂质、碳水化合物和维生素等物质在加热时通过美拉德反应、脂质氧化等途径,生成风味物质。牛肉的滋味一般包括甜、鲜、咸,主要以蛋白质和核酸的降解产物等为物质来源,其中,游离氨基酸和核苷酸是最主要的滋味物质。牛肉的气味特征由挥发性小分子有机物如醛类、含硫化合物、酮类和杂环化合物等共同呈现(Mottram,1998)。此外,多汁性丰富了咀嚼牛肉时的感官体验,在一定范围内,肉中脂肪含量越多,肉的多汁性越好;不同加工方法对多汁性影响较大。

肉的感官属性与热加工过程中肌纤维蛋白的热变性程度有关(Murphy 和 Marks,2000)。若在较高的温度(如 300 ℃)下烤制牛肉,肉的外表面会形成不渗透层,从而增强多汁性,同时抑制加工过程中的风味损失。反之,若牛肉经过长时间的煮沸加工,则肉品的组织结构愈渐松散,肉品中的风味物质或前体物质更易释放和溶解,从而导致整体风味品质的下降(Wheeler et al.,1998)。

消费者对健康和良好感官体验的追求影响消费者的购买决策,其中牛肉的色泽、嫩度、多汁性以及风味等是影响牛肉感官属性的最主要因素。本节通过下述案例,阐述在进行牛排感官评价时如何设计和实施实验。

案例 1　牛排的感官评价

1. 实验目的

探明不同饲养条件下的牛犊所制成的牛排的感官属性差异(Braghieri et al.,2012)。

2. 实验样品

1)样品信息

选定分别于散养和圈养条件下饲养的波多利斯牛犊各 6 头,在 18 月龄时进行集中屠宰处理。

散养条件下,在天然围栏牧场(18 hm^2 的草地和 2 hm^2 的灌木植被)饲养牛犊。饲料:不同时间段内,在固定的有遮盖区域进行饲料补充,补充量分别为 2.0 kg/(天·头)(2 月至 6 月中旬)和 4.0 kg/(天·头)(6 月中旬至 8 月)。

圈养条件下,在谷仓中饲养牛犊。该谷仓包括一个有稻草覆盖的休息区和一个无遮盖的活动区,空间大小为 13.4 m^2/牛。饲料:在春季提供 6.0 kg/(天·头)的饲料和 2.0 kg/(天·头)的秸秆;在夏季分别提供 7.5 kg/(天·头)的饲料和 2.0 kg/(天·头)的秸秆。

2)样品制备方法

选取牛外脊部位,加工成 1.5 cm 厚的牛排,在真空条件下成熟 8 d,然后在 300 ℃预热的电烤架上加工,通过热电偶探头进行温度监测,直至内部中心温度达到 70 ℃。

3. 实验操作流程

1)实验环境

评价员的培训在讨论室或会议间进行,感官评价实验在标准感官实验室展开。

2)培训方法

(1)建立评价小组　感官评价小组由 10 名评价员构成(4 位男性和 6 位女性,年龄在 25～40 岁),皆有肉类感官评价的经验。

(2)收集感官词汇　引导评价员从气味、质构和风味等方面对加工后的牛排提出描述词并经讨论达成一致。

(3)建立参比样　评价小组成员经过 9 次培训,分别评估了不同肌肉部位与不同的加工方法、温度和时间下各牛排样品的感官属性,并得出以下参考标准(表 9-2、表 9-3 和表 9-4)。

①气味/风味强度。

表 9-2　不同气味/风味强度水平参比样的制备方法

强度水平	部位	方式	具体方法
低	外脊	水煮	将一片牛排浸入 1600 mL 冷水,煮沸 1 h
中		微波	将一片牛排放入容器中,盖碟,在微波炉中以 100%功率烹调 3 min(每面 1.5 min)
高		电烤	将电烤炉预热至 300 ℃,烹调牛排 8 min(每面 4 min)

②咀嚼性/嫩度强度。

参考预试验所得结果,选择牛腱、外脊和里脊三块部位的肌肉(强度分别对应低、中和高)和 12 min、8 min 和 5 min 三个烧烤时间(强度分别对应低、中和高)。将电烤炉预热至 300 ℃,牛排厚度为 1.5 cm,不加调味料。

表 9-3　不同咀嚼性/嫩度强度水平下参比样的制备方法

强度水平	部位	方式	内部中心温度/℃	时间/min
低	牛腱	电烤	75	12
中	外脊		70	8
高	里脊		53	5

③多汁性。

表 9-4　不同多汁性强度水平下参比样的制备方法

强度水平	部位	方式	内部中心温度/℃	时间/min
低	外脊	电烤	75	17
中			70	10
高			65	7

3)样品呈递

样品采用3位随机数进行编码，并在50 ℃食用温度下以随机顺序提供给评价员。

4)感官评价

小组成员需在感官评价开始之前和评价样品之间用清水漱口，尽量在相似的口腔环境下评价每个样品。根据100 mm非结构化线标度对属性进行评价，两端有锚点(0=没有，100=非常强)。共进行6次实验，每次提供4个样品。

4. 数据分析

使用单因素方差分析处理感官评价结果。

5. 结果与分析

实验发现，不同饲养条件对牛排的气味($P<0.05$)和滋味($P<0.01$)强度有显著影响。与散养牛肉相比，圈养牛肉具有更高的气味和滋味强度(表9-5)。

不同饲养条件对牛排的嫩度、咀嚼性和多汁性没有显著影响。Moloney等(2004)也观察到，散养和圈养条件下的牛排样品嫩度没有显著差异。尽管有研究指出，由于散养动物日常活动量相对较高，其肉质嫩度较圈养动物相对较低(Vestergaard et al.，2000)。然而，本研究中所使用的牛外脊部位受到日常运动的影响较小，不属于运动型肌肉，因此并未体现出嫩度上的差异。

表9-5　圈养和散养牛犊的感官评价结果

感官属性	散养	圈养	$P<$
气味	36.53±1.96	40.98±1.94	0.05
滋味	34.12±1.97	40.38±1.96	0.01
嫩度	43.17±2.06	43.73±2.04	NS
多汁性	35.21±2.14	34.54±2.12	NS
咀嚼性	43.09±2.11	42.36±2.09	NS

注：1. NS：not significant，不显著。

6. 小结

本实验为牛排的定量描述分析评价确定了通用的定量参考框架，可简化小组培训计划。在进一步的研究中，可以将定量描述分析结果与具有不同商业价值和消费者喜好度的牛肉进行联合分析。

9.1.2　干腌火腿

我国干腌火腿历史悠久，风味独特，深受广大消费者喜爱。干腌火腿是以猪后腿为原料，经腌制、干燥和成熟等工艺加工而成的传统肉制品。我国著名的“三大干腌火腿”有浙江金华火腿、云南宣威火腿和江苏如皋火腿。此外，还有同样据其产地命名，且各具独特风味的火腿，例如四川省的冕宁火腿，云南省的诺邓火腿、撒坝火腿和三川火腿，湖北省的宣恩火腿和安徽省的皖花火腿等。国际上著名的欧洲干腌火腿包括法国的巴约讷(Bayonne)火腿和科西嘉(Corsican)火腿，西班牙的伊比利亚(Iberian)火腿和塞拉诺(Serrano)火腿以及意大利的帕尔马(Parma)火腿等(郇延军等，2003)。

风味是火腿最重要的品质指标之一。干腌火腿风味形成的原因主要是在较长的生产过程中，脂肪和蛋白质等风味前体物质发生了酶促或非酶促变化，从而形成了众多风味成分。干腌火腿中的挥发性风味物质可以分为醛类、酮类、醇类、烷烃类、羧酸类、酯类、含硫化合物、含氧杂环化合物和胺类等(Liu et al.，2020；García-González et al.，2009)。本节通过下述案例，阐述如何设计和实施干腌火腿的感官评价实验。

案例 2　干腌火腿的气味评价

1. 实验目的

评价 3 种产地和不同等级的干腌火腿的重要气味属性特征(Xia et al.，2017)。

2. 实验样品

1)样品信息

本实验中使用的干腌火腿来自 3 个不同产地(金华、如皋和宣威)，每个产地各有 3 个等级。火腿样品的等级及缩略语详见表 9-6。每个等级包括 5 个样本，共计 45 份干腌火腿样品。购买后，真空包装并储藏于－20 ℃下。

表 9-6　本研究中不同产地和等级火腿的命名规则

产地	等级(年份)	缩略词
金华	优级	JHT
	一级	JH1
	二级	JH2
如皋	三年	RG3
	二年	RG2
	一年	RG1
宣威	三年	XW3
	二年	XW2
	一年	XW1

注：一般认为在 1～3 年的火腿熟成期内，熟成年份与火腿品质等级呈正比关系。

2)样品制备

将样品在 4 ℃解冻过夜，随后用无菌刀具去除表面上可见的脂肪层和皮层。将"三签法"中需使用的竹棒浸泡乙醇后，放在阴凉处干燥 30 min。"三签法"中竹签插入干腌火腿样品的示意图见图 9-1。

电子鼻样品：用竹签插入火腿三签点(股骨和胫骨骨缝附近、耻骨与股骨结合处和坐骨的肌腱部位)5～10 cm 处，保持 20 min，随后拔出并转移到 10 mL 带盖玻璃瓶中备用。

感官评价样品：用竹签插入火腿三签点(股骨和胫骨骨缝附近、耻骨与股骨结合处和坐骨的肌腱部位)5～10 cm 处，保持 20 min，随后拔出并迅速嗅闻其气味。

3. 电子鼻分析

电子鼻(型号：FOX 4000)的气体传感器阵列由 3 个金属氧化物传感器室和 18 个传感器组成。将样品瓶在 50 ℃下孵育 400 s，之后采样泵以 150 mL/min 的通量速度将顶空气味带入传感器阵列室，持续 600 s。此后，以 500 μL/s 的通量速度对传感器进行净化，持续 120 s。用 Alpha Soft 软件对 18 个传感器的最大响应峰进行分析。每个样品重复测量 8 次。

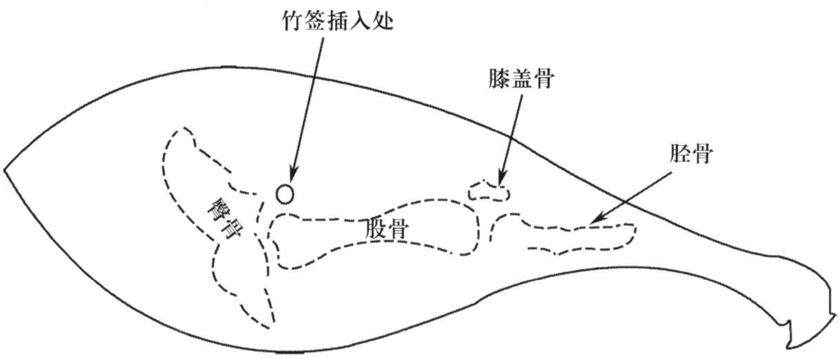

图 9-1　“三签法”中竹签插入干腌火腿样品的示意

4. 感官实验操作流程

1)人员配置

配置 15 名经过培训的感官评价员(8 位女性和 7 位男性,年龄在 20～30 岁)。培训短片见二维码 9-1。

二维码 9-1　培训短片

2)样品呈递

样品采用 3 位随机数进行编码,以随机顺序提供给评价员。感官实验重复 3 次。

3)感官评价

每位感官评价员分别嗅闻 9 个样品,对包括肉香味、腌制味、酸味、油脂味和嗅后清新味在内的气味属性,以 9 点标度进行评估(9-非常强;7-强;5-中等;3-弱;1-非常弱)。

同时,将 18 组样品提供给每位评价员进行三点检验。每组样品包含 3 个样本,其中 2 个是相同的,要求评价员选择有气味差异的样本。

5. 数据分析

对电子鼻数据进行判别函数分析和层次聚类分析。对 9 点标度结果进行主成分分析和层次聚类分析。根据三点检验法结果检验表对所得数据进行显著性分析。

6. 结果与分析

1)电子鼻数据分析

采用电子鼻对 3 种不同等级的我国干腌火腿(金华火腿、宣威火腿、如皋火腿)进行判别函数分析,前两个判别函数的累计方差贡献率达到 99.76%(图 9-2)。电子鼻可以有效区分不同产地的干制火腿:如皋火腿 3 个等级的对应点全部位于第一象限,宣威火腿 3 个等级的对应点分别位于第二和第三象限,金华火腿 3 个等级的对应点全部位于第四象限。宣威火腿的气味特征与其他两种火腿有很大的差异,这可能是不同地区的气候所致。云南省(宣威火腿)地处北半球低纬度高原,全年气温较高,温差较小。而浙江省(金华火腿)和江苏省(如皋火腿)位于我国东部,气温较高,冬夏温差较大。特殊的气候导致宣威火腿的水分含量远高于金华火腿和如皋火腿,可能导致了宣威火腿的独特风味。

根据 18 个传感器的响应信号,采用层次聚类分析对 45 个干腌火腿样品进行分类(图 9-3)。结果显示,干腌火腿样品以 13 的距离分为两组:第一组包括所有宣威火腿样品,第二组包括金华火腿和如皋火腿样品。其中,XW1、JH2 和 RG1 的气味特征与其他火腿样品相比有较大差

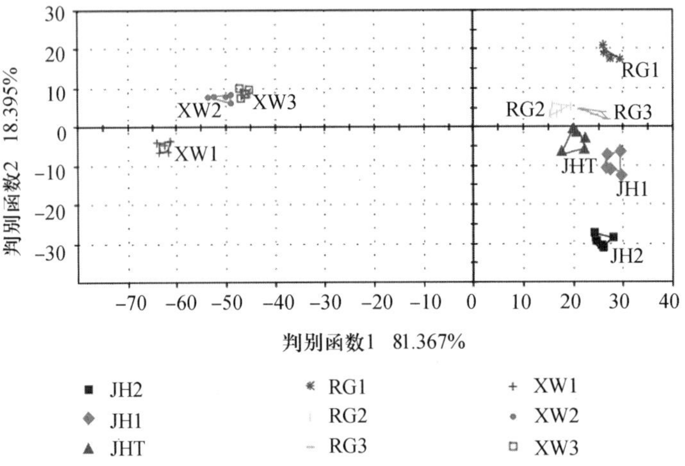

图 9-2 基于电子鼻数据的不同干腌火腿判别函数分析

异，这可能是由于一年期火腿的水分含量还处于较高的水平(Zhang et al.,2010)，一些重要的香气化合物如2-甲基丁醛、1-辛烯-3-醇、辛醛、壬醛、己醛、庚醛、苯甲醛和苯乙醛等还没有完全生成(Narváez-Rivas et al.,2014)。

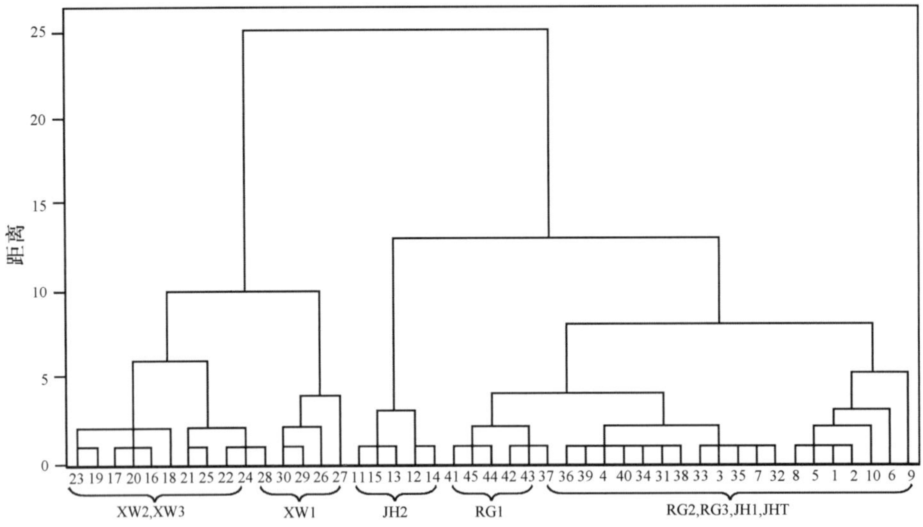

图 9-3 基于电子鼻数据的不同干腌火腿聚类分析

JHT:1-5　JH1:6-10　JH2:11-15　XW3:16-20　XW2:21-25　XW1:26-30　RG3:31-35　RG2:36-40　RG1:41-45

2)感官评价结果

9点标度结果的主成分分析见图9-4，前两个主成分共解释87.47%的变异性，宣威火腿的气味被明显区分开，与电子鼻的分类结果一致。其中，宣威火腿的腌制味和嗅后清新味比其他两种火腿更强烈，但肉香味最弱。研究表明，宣威火腿中含硫香气化合物成分的含量低于金华火腿和如皋火腿(高韶婷,2016)。含硫香气化合物由含硫氨基酸(如蛋氨酸和半胱氨酸等)经过斯特雷克(Strecker)降解形成，它们具有较低的气味阈值，因此可能是肉类风味的重要贡献物(Toldrá 和 Flores,1998)。这可能是宣威火腿肉味香气较弱的原因之一。

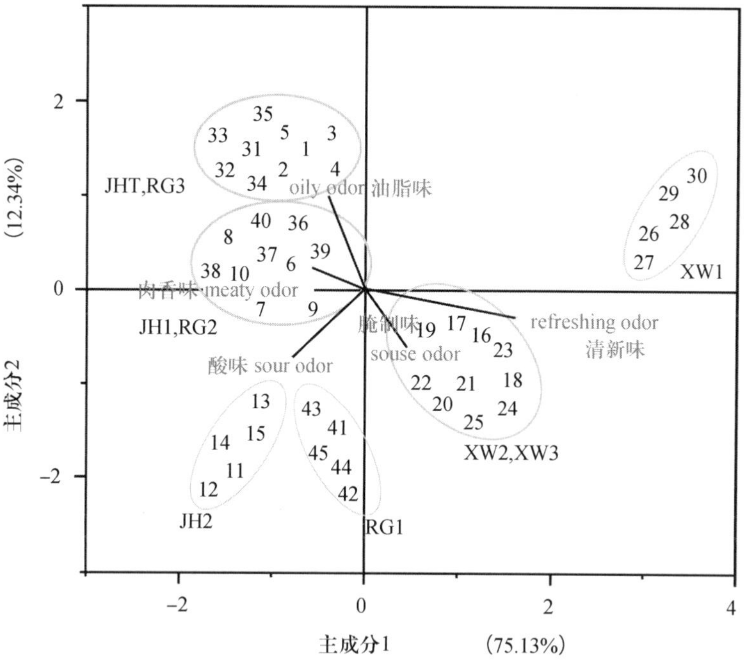

图 9-4　干腌火腿感官描述词的主成分分析

JHT：1-5，JH1：6-10，JH2：11-15，XW3：16-20，XW2：21-25，XW1：26-30，RG3：31-35，RG2：36-40，RG1：41-45

表 9-7 展示了不同等级干腌火腿的三点检验结果。XW1、JH2、RG1 分别与其他两个等级样品有显著差异（$P<0.05$）。且除 XW1 外，二年、三年陈的宣威火腿与同等级的如皋火腿、金华火腿相比，均有显著水平上的差异（表 9-8，$P<0.05$）。

表 9-7　不同等级干腌火腿的三点检验结果

样品	正确回答个数/个	三点检验检查表（$n=15$）			P 值
		5%	1%	0.1%	
RG2 & RG3	7				$P>0.05$
RG1 & RG3	9				$P<0.05$
RG1 & RG2	9				$P<0.05$
XW2 & XW3	3				$P>0.05$
XW1 & XW2	9	9	10	12	$P<0.05$
XW1 & XW3	9				$P<0.05$
JH2 & JH1	12				$P<0.01$
JH2 & JHT	9				$P<0.05$
JHT & JH1	8				$P>0.05$

表 9-8　不同产地干腌火腿的三点检验结果

样品	正确回答个数/个	三点检验检查表($n=15$)			P 值
		5%	1%	0.1%	
RG1 & XW1	7				$P>0.05$
RG1 & JH2	6				$P>0.05$
JH2 & XW1	11				$P<0.05$
RG2 & XW2	13				$P<0.01$
RG2 & JH1	6	9	10	12	$P>0.05$
JH1 & XW2	9				$P<0.05$
RG3 & XW3	9				$P<0.05$
RG3 & JHT	9				$P<0.05$
JHT & XW3	9				$P<0.05$

为了更好地比较电子鼻和感官评价的区分效果，对 9 点标度结果进行了层次聚类分析(图 9-5)。干腌火腿样品以 13 的距离分为三组：XW1 具有独特的气味，所以单独成组；RG2、RG3、JH1、JHT 和 JH2 组成了第二组；XW2、XW3 和 RG1 构成了第三组。感官评价小组无法从 XW3 和 XW2 中识别出 RG1，说明电子鼻在区分不同产地和不同等级的我国干腌火腿方面具有较强的能力。

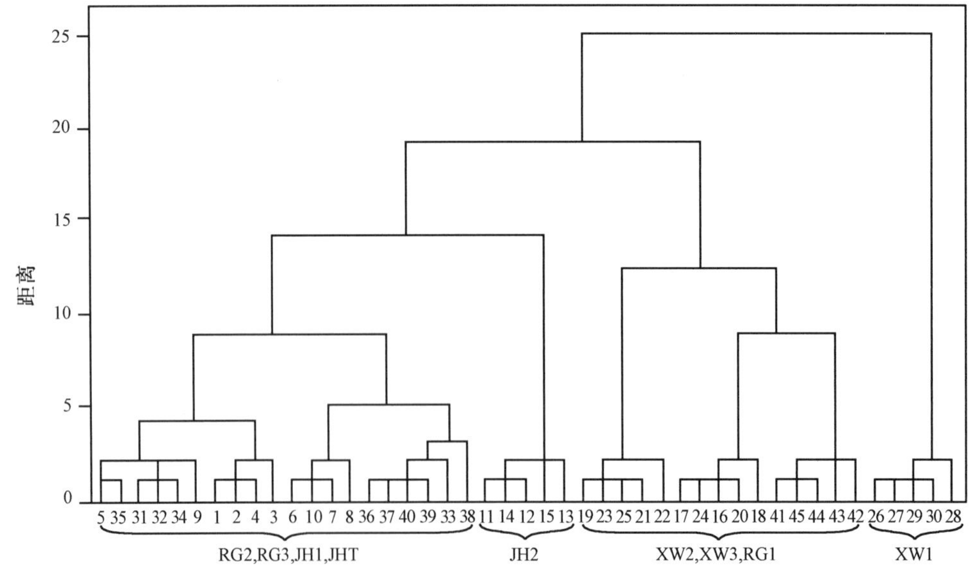

图 9-5　基于 9 点标度结果的干腌火腿层次聚类分析

JHT：1-5　JH1：6-10　JH2：11-15　XW3：16-20　XW2：21-25　XW1：26-30　RG3：31-35　RG2：36-40 和 RG1：41-45

7. 小结

宣威火腿的腌制味和嗅后清新味比金华火腿和如皋火腿更强烈，但肉香味较弱。相比感官评价，电子鼻可以更灵敏地区分不同等级和不同产地的干腌火腿。因此，电子鼻联合“三签法”的应用，可为鉴别干腌火腿提供一种新的思路。

9.2　禽肉制品

鸡肉是我国主要肉类品种之一，具有高蛋白、低脂肪的特点，加工后的鸡肉肉质细腻、鲜嫩多汁。对于消费者而言，生鸡肉的感官属性是重要的质量标准，其特征在于鸡肉的颜色、质地和气味。饲养、宰杀、运输、储藏条件等均会造成鸡肉色泽变灰暗、有黏液形成、弹性变差和气味异常等，影响消费者的接受度。熟鸡肉的多汁性、嫩度、风味强度则极为重要。鸡肉重要的挥发性物质包括醛、酮、醇、酯、呋喃、含硫化合物和碳氢化合物等(Feng et al.，2018)，如(*E*，*E*)-2,4-癸二烯醛、(*E*，*Z*)-2,4-癸二烯醛、己醛、壬醛和庚醛，主要为鸡肉贡献了类似油脂的气味(Sun et al.，2014；Qi et al .，2017；Guo et al.，2019；Schindler et al.，2010；Yun et al.，2012)。鸡肉的风味又因品种、年龄和部位等因素的不同而有所差异。因此，了解如何评价生/熟鸡肉的感官品质、消费者对鸡肉的接受度和影响鸡肉质量的因素对家禽养殖企业极为重要。本节通过下述案例，阐述在进行生/熟鸡肉感官评价时如何设计和实施实验。

案例3　生鲜鸡肉的感官评价

1. 实验目的

探明不同部位的生鸡肉(鸡胸和鸡腿)在冷藏条件下储藏一周的感官质量差异(Baston 和 Octavian，2010)。

2. 实验样品

1)样品信息

120 日龄三黄鸡共 12 只。

2)样品制备

所有鸡肉取鸡腿与鸡胸部位，装于聚乙烯托盘中并用透明塑料膜密封，于(4±1) ℃冰箱中储藏一周，并于冷藏的第 1 d、3 d、5 d 和 7 d 检测其感官属性。

3. 实验操作流程

1)人员配置

5 名评价员参与感官评价实验。

2)实验环境

感官评价实验在标准感官实验室展开，该实验室配备正气压，有独立的台位和适当的光线。

3)培训方法

为使评价小组熟悉生鸡肉的不同感官属性和评分标准，进行 2 次 1.5 h 的培训。

4)感官评价

对不同的感官属性以 1～3 的等级进行标度。分析的感官属性有：皮肤黏液、气味、皮肤颜色、肌肉颜色和肌肉弹性，如表 9-9 所示。

表 9-9　生鸡腿和鸡胸的感官属性、赋值和感官质量

描述词					赋值	感官质量
外观	气味	颜色		肌肉弹性		
皮肤黏液		皮肤	肌肉			
没有黏液	特有气味	白黄色	粉红色至淡红色	快速回弹	3	优秀
部分有黏液	不良气味（轻微的硫黄味或氨味）	淡奶油色	石榴色至微褐色	慢速回弹	2	接受
全部有黏液	异味（馊、酸或腐味）	灰色或淡绿色	灰褐色	不回弹	1	不可接受

4. 数据分析

通过计算平均值判定各储藏天数下鸡腿和鸡胸的感官质量。

5. 结果与分析

冷藏第 1 d，两个部位（鸡腿和鸡胸）的气味值都为 3。随着储藏时间的延长，鸡肉中微生物的活动及代谢产生了部分易挥发的含硫和氨基化合物，造成肉质的改变及异味的产生。评价员将这些异味描述为“抹布”或“玉米罐头”。经过一周的储藏后，鸡胸的气味值降为 1.3，而鸡腿的气味值降为 1.9。

在储藏的最后 1 d，鸡胸的皮肤颜色值从 3 降为 2，鸡腿的皮肤颜色值从 3 降为 2.3。皮肤颜色值受到鸡肉表面黏液的影响，这种黏液由假单胞菌的代谢活动产生。在储藏的第 1 d，鸡腿和鸡胸的表面都未观察到黏液，而从第 3 d 起，触摸鸡皮表面即能够感受到黏液。

在 7 d 的储藏时间内，鸡胸肌肉颜色值的差异为 0.6 分，鸡腿肌肉颜色值的差异为 0.9 分，差异均相对较小。

鸡肉的弹性通过用食指轻压的方式感知。通过监测鸡肉回弹至初始状态所需的时间，可以量化肉的质量。鸡胸和鸡腿的弹性随储藏时间延长而下降，第 1 d 与第 7 d 的差值各为 1.3 分和 1.5 分。

通过按天分析鸡肉解剖部位的得分，据表 9-9 可知：第 1 d，鸡胸和鸡腿的质量非常好（优秀）；第 3 d，鸡胸和鸡腿的质量在优良和可接受之间；第 5 d，鸡胸和鸡腿的质量在优良至可接受之间；第 7 d，鸡胸和鸡腿的质量在可接受至不可接受之间。

6. 小结

对于生鸡的鸡胸和鸡腿等解剖部位而言，某些感官属性是易于观察和监测的，例如气味、外观和肌肉弹性等。此外，还包括其本身的肌肉纤维特征，如肌肉颜色。对于评价员而言，最敏感的属性是鸡肉的气味和其表面形成的黏液。在本实验中，当储藏时间达到 7 d 时，由于鸡肉的异味和表面黏液，评价员将这两个部位的感官质量都判定在可接受至不可接受的范围。因此，可以通过分级标度对鲜鸡肉进行感官品质的分析。

案例 4　不同品种及不同加工方式的鸡肉感官属性评价

1. 实验目的

对比分析肉鸡和土鸡在不同加工方式下感官属性的差异（Dyubele et al.，2010）。

2. 实验样品

1)样品信息

日龄肉鸡和土鸡各 90 只,雏鸡都被安置在铺有木屑的育雏舍中,保持正常通风和温度。实验过程中,保持地面木屑的干燥,适当清洁。在日龄到二周龄期间,采用红外线灯为鸡群供暖。除此之外,避免人为干扰实验环境。所有雏鸡在同一育雏舍内饲养 21 d 后,再分配到两个不同的鸡舍内。试验期间持续提供光照、水和饲料。从日龄到第 21 日使用初生料,第 22～35 日使用生长料,第 36～42 日使用成品料。三类饲料的营养成分见表 9-10。到 42 d 时,从每个品系中随机抽取 60 只鸡,不给食过夜,直至翌日宰杀。

表 9-10　饲喂鸡群的三阶段日粮饲料组成

组成成分	初生料 (0～21 日)	生长料 (21～35 日)	成品料 (36～42 日)
蛋白质/%(min)	22	17.0/18.0	16.0/17.0
赖氨酸/%(min)	1.2	0.9	0.9
水分/%(max)	12	12	12
脂肪/%(min)	2.5	2.5	2.5
纤维素/%(max)	5	7	7
钙/%(min)	0.9/0.8	0.8	0.7
钙/%(max)	1.2	1.2	1.2
磷/%(min)	0.6/0.7	0.5	0.5

2)样品制备

在宰杀后的 24 h 内,采用两种不同的方法对鸡胸肉进行处理。第 1 种方法:将鸡胸肉放入沸水中煮制 30 min,并加盐进行调味;第 2 种方法:将鸡胸肉架于铁丝网上,于露天烤架上烧烤 30 min,表面撒盐调味。加工后,将两种方法处理后的鸡胸肉冷却到 60 ℃,随后去除外部结缔组织并切成约 20 mm×20 mm 的小块,用标有 3 位随机数的铝箔包裹直至品评。

3. 实验操作流程

1)人员配置

消费者感官评价小组由 82 名成员组成,均为某大学的学生或工作人员,按性别、年龄和种族分别分组。按年龄分为≤20 岁、21～25 岁、26～30 岁和 >30 岁组,按种族分为科萨(Xhosa)、修纳(Shona)及其他种族组恩德贝勒(Ndebele)和祖鲁(Zulu)。

2)样品呈递

将 3 位随机数字编码后的样品放在盘子里,随机分配给小组成员,确保每个小组成员都能品尝到不同品种和不同加工方法制备的鸡肉。

3)感官评价

使用 8 点描述性标度进行消费者感官评价实验。评价指标包括香气强度(1=极其平淡,8=极其强烈)、第一口的嫩度(1=极其坚韧,8=极其柔嫩)、对多汁性的初始印象(1=极其干燥,8=极其多汁)、对多汁性的持续印象(1=极其干燥,8=极其多汁)、肌肉纤维和整体嫩度(1=极其坚韧,8=极其柔韧)、结缔组织的数量(1=极其多,8=无)、整体风味强度(1=极其平淡,8＝极其强烈)及异味强度(1＝无,8＝极其强烈)。

4. 数据分析

采用一般线性模型分析品种、加工方法、参与者的性别、年龄和种族对感官属性的主要影响。各主要因素之间没有显著的交互作用,因此未包括在结果与分析中。均值比较采用最小显著性差异分析。

5. 结果与分析

1)肉鸡和土鸡肉的感官特征

由表 9-11 可知,鸡的品种对大多数感官属性都有显著影响。其中,肉鸡的大部分感官属性评分高于土鸡($P<0.05$),而两者在香气强度、整体风味强度和异味强度上无显著差异($P>0.05$),这可能是低肌内脂肪水平造成的(Wood 和 Enser,1997)。烤鸡肉的香气强度、对多汁性的初始印象、对多汁性的持续印象和整体风味强度值显著高于水煮鸡肉($P<0.05$)。

表 9-11　水煮和烤制鸡肉的感官属性评分($n=82$)

感官属性	水煮		烤制		SE
	肉鸡	土鸡	肉鸡	土鸡	
香气强度	4.4^{a}	4.4^{a}	5.3^{b}	4.9^{ab}	0.28
对多汁性的初始印象	5.2^{b}	4.2^{a}	5.9^{c}	4.6^{a}	0.22
第一口的嫩度	6.3^{b}	4.8^{a}	6.3^{b}	4.7^{a}	0.20
对多汁性的持续印象	5.5^{b}	4.7^{a}	5.9^{c}	4.8^{a}	0.20
肌肉纤维和整体嫩度	6.1^{b}	4.8^{a}	6.4^{b}	5.0^{a}	0.19
结缔组织的数量	5.4^{b}	4.2^{a}	5.6^{b}	4.6^{a}	0.25
整体风味强度	4.6^{a}	4.7^{a}	5.2^{b}	5.0^{ab}	0.25
异味强度	3.6	3.4	3.8	3.8	0.21

注:同一行中不同上标的数值在 $P<0.05$ 时有显著差异。

2)消费者背景对肉鸡和土鸡肉感官特征得分差异性的影响

消费者的性别和年龄对肉鸡和土鸡的大多数感官属性评分没有显著影响($P>0.05$)。3 个种族对香气强度、结缔组织的数量和异味强度方面的评价差异显著,科萨种族评价的气味强度比其他两组更低(表 9-12,$P<0.05$)。消费者的背景和态度影响了消费者对肉类的认知,且年龄、性别、教育或居住地和认知之间的关系尚未明确(Radder 和 Roux,2005)。

表 9-12　种族对鸡肉感官属性评分的影响

感官属性	种族		
	修纳(22 人)	其他(恩德贝勒和祖鲁,13 人)	科萨(47 人)
香气强度	5.3 ± 0.28^{a}	5.6 ± 0.33^{b}	4.3 ± 0.20^{c}
多汁性的初始印象	5.0 ± 0.21	5.0 ± 0.25	5.2 ± 0.15
第一口的嫩度	5.7 ± 0.20	5.4 ± 0.23	5.5 ± 0.14
多汁性的持续印象	5.4 ± 0.20	5.0 ± 0.24	5.3 ± 0.14
肌肉纤维和整体嫩度	5.7 ± 0.18	5.5 ± 0.21	5.6 ± 0.14

续表9-12

感官属性	种族		
	修纳(22 人)	其他(恩德贝勒和祖鲁,13 人)	科萨(47 人)
结缔组织的数量	4.5±0.25[b]	5.1±0.30[a]b	5.7±0.13[a]
整体风味强度	5.2±0.24	4.6±0.30	4.8±0.17
异味强度	4.3±0.26[a]	4.1±0.31[a]	2.6±0.19[b]

注:同一行中不同上标的数值在 $P<0.05$ 时有显著差异。

6. 小结

在本实验中,相较于土鸡,消费者对肉鸡的大部分感官属性评分较高。消费者对烤制鸡肉多种指标的评分也高于水煮鸡肉。在进行消费者评估时,应重视消费者的背景,且需要进一步结合肌肉特性和化学成分,如肌肉内脂肪和脂肪酸含量等,探索其与消费者感官评价结果之间的关系。

案例 5　评价白切鸡不同部位的气味

1. 实验目的

解析白切鸡 5 个部位(皮、胸、腿、头和尾)的气味差异和消费者对其的情绪响应(Xu et al.,2020)。

2. 实验样品

1)样品信息

18 只黄羽母鸡[(1.0±0.5)kg,饲养 60 d],均按《肉鸡屠宰质量管理规范》(NY/T 1174—2006)进行处理。

2)样品制备

白切鸡的加工方法为:清洗整鸡后,放入 90 ℃水中焯水 60 s,置于 85 ℃、2.0%盐水中炖煮 1 h。炖煮完成后立即浸入 0～4 ℃冰水,20 min 后沥干。

选取鸡皮、鸡胸、鸡腿、鸡头和鸡尾 5 个部位,用不锈钢刀具将各部分切成直径为 1～2 mm 的小块,装入无味铝箔袋密封,4 ℃保存,12 h 内使用。在正式实验前,分别称取 3 g 样品,装入标有 3 位随机数的 25 mL 样品瓶中,密封处理。白切鸡全鸡的部位拆分见图 9-6。

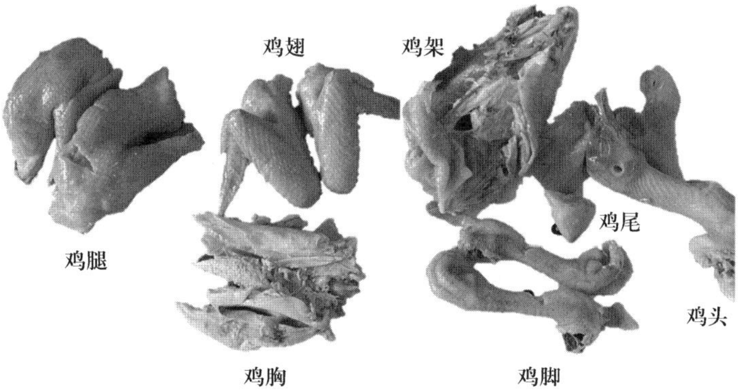

图 9-6　白切鸡全鸡的部位拆分

注:本实验中取鸡皮、鸡胸、鸡腿、鸡头和鸡尾进行研究,鸡皮为鸡胸部位的外皮。

3. 实验操作流程

1)人员配置

61 名消费者(34 名女性,27 名男性;8～40 岁)参与 CATA 感官评价实验。

2)实验环境

感官评价实验在标准感官实验室展开,该实验室配备日光灯,保持 20～23 ℃并通风。

3)样品呈递

待样品恢复室温(20 ℃)后以一元序列呈递样品。

4)感官评价

消费者分别嗅闻 5 个样品,在嗅闻时首先对整体喜好进行 9 点标度打分。然后进行 CATA 测试,要求消费者勾选适用于描述样品的属性词汇和情感词汇。CATA 测试中包含的 15 个感官描述词基于已发表研究和团队内部 10 名专业评价员建立的词汇(Brannan,2009;Byrnea 和 Bredie,2002;Frankea et al. ,2017;Yun et al. ,2012),10 个情感描述词情感术语基于已发表研究(King et al. ,2010)(表 9-13)。

表 9-13　鸡肉的 CATA 感官描述与情感描述词汇表

	词汇	定义
感官描述词	鸡肉味	与烤鸡胸肉有关的气味
	血腥味	与生瘦肉、血液、血清有关的气味
	鸡腥味	与鸡肉氧化有关的气味
	油脂味	与氧化油脂有关的气味
	腐烂的味道	由于食物变质而产生的气味
	鸡蛋味	与煮鸡蛋有关的气味
	鱼腥味	与煮熟鱼肉有关的味道
	面包味	与烤面包有关的气味
	坚果味	与榛子相关的气味
	霉味	与灰尘或霉有关的气味
	臭鸡蛋味	与臭鸡蛋有关的气味
	酸味	与酸有关的气味
	发酵味	与发酵的熟米饭有关的气味
	湿纸板味	与湿纸板有关的气味
	金属味	与金属(锡或铁)有关的气味
情感描述词	舒服的	
	放松的	
	喜悦的	
	愉快的	
	惊喜的	

续表9-13

	词汇	定义
情感描述词	满意的	
	清新的	
	烦闷的	
	厌恶的	
	孤独的	

4. 数据分析

每个 CATA 术语频率的确定基于使用该术语描述样本的消费者数量(属性未选择为“0”,属性选择为“1”)。Cochran's Q 检验用于确定感官和情感术语的每个样本之间的显著差异。使用符号检验进行配对比较(Meyners et al. ,2013)。基于情感和感觉描述符的频率,使用 Chi-square 距离形成的对应分析获得样品的二维图(Meyners et al. ,2016)。

5. 结果与分析

如表 9-14 所示,在白切鸡各部位中,鸡肉味的选择频率最高(80%～95%),异味和油脂味存在显著差异($P<0.05$)。在异味方面,选择频率最高的为鸡尾(77%)和鸡腿(77%),鸡胸的异味最不显著(57%)。而在油脂味中,鸡尾(92%)和鸡头(92%)的选择频率最高。

表 9-14　白切鸡各部位的感官属性 Cochran's Q 检验和配对比较

描述词	*P* 值	鸡头/%	鸡尾/%	鸡皮/%	鸡胸/%	鸡腿/%
鸡肉味	0.094	90.0^{a}	87.0^{a}	85.2^{a}	95.1^{a}	80.3^{a}
血腥味	0.284	44.0^{a}	44.0^{a}	37.7^{a}	31.1^{a}	41.0^{a}
异味	0.029	71.0^{ab}	77.0^{b}	72.0^{ab}	57.0^{a}	77.0^{b}
油脂味	0.000	92.0^{b}	92.0^{b}	87.0^{b}	62.0^{a}	79.0^{ab}
腐烂味	0.065	43.0^{a}	34.0^{a}	41.0^{a}	25.0^{a}	43.0^{a}
鸡蛋味	0.689	46.0^{a}	56.0^{a}	54.0^{a}	53.0^{a}	49.0^{a}
鱼腥味	0.080	38.0^{a}	53.0^{a}	48.0^{a}	34.0^{a}	49.0^{a}
面包味	0.140	21.0^{a}	25.0^{a}	23.0^{a}	34.0^{a}	26.0^{a}
坚果味	0.212	26.0^{a}	26.0^{a}	28.0^{a}	39.0^{a}	33.0^{a}
霉味	0.221	33.0^{a}	33.0^{a}	34.0^{a}	23.0^{a}	38.0^{a}
湿纸板味	0.053	41.0^{a}	34.0^{a}	38.0^{a}	33.0^{a}	53.0^{a}
金属味	0.846	26.0^{a}	28.0^{a}	25.0^{a}	23.0^{a}	30.0^{a}
臭鸡蛋味	0.644	36.0^{a}	31.0^{a}	34.0^{a}	26.0^{a}	34.0^{a}
酸味	0.970	33.0^{a}	31.0^{a}	34.0^{a}	36.0^{a}	34.0^{a}
发酵味	0.325	41.0^{a}	48.0^{a}	36.0^{a}	49.0^{a}	46.0^{a}

注:每一行中不同小写字母代表样品间的显著性差异($P<0.05$)。

如表 9-15 所示，舒适、愉快、惊讶、满意、清爽、恼怒、憎恶属性存在显著差异（$P<0.05$）。鸡胸的正面情绪比例最高，被认为是舒适（33%）、愉快（30%）、满意（30%）、清爽（20%）的。而较多消费者对鸡头和鸡腿的气味感到恼怒（鸡头 43%和鸡腿 41%）和憎恶（均为 38%）。

表 9-15　白切鸡各部位的情感属性 Cochran's Q 检验和配对比较

描述词	*P* 值	鸡头/%	鸡尾/%	鸡皮/%	鸡胸/%	鸡腿/%
舒适	0.005	12.0[a]	12.0[a]	15.0[ab]	33.0[b]	12.0[a]
放松	0.310	12.0[a]	13.0[a]	16.0[a]	2.1[a]	15.0[a]
幸福	0.158	3.0[a]	5.0[a]	3.0[a]	12.0[a]	5.0[a]
愉快	0.005	10.0[a]	15.0[ab]	12.0[a]	30.0[b]	10.0[a]
惊讶	0.049	7.0[ab]	10.0[ab]	8.0[ab]	13.0[b]	0.0[a]
满意	0.034	8.0[a]	16.0[ab]	15.0[ab]	30.0[b]	20.0[ab]
清爽	0.021	3.0[a]	8.0[ab]	12.0[ab]	20.0[b]	7.0[ab]
恼怒	0.001	43.0[b]	33.0[ab]	38.0[b]	13.0[a]	41.0[b]
憎恶	0.002	38.0[b]	36.0[b]	33.0[ab]	12.0[a]	38.0[b]
孤独	0.700	5.0[a]	7.0[a]	3.0[a]	3.0[a]	8.0[a]

注：每一行中不同小写字母代表样品间的显著性差异（$P<0.05$）。

如图 9-7 所示，F1 和 F2 在感官属性（a）中共占 83.55%的方差，在情感属性（b）中共占 94.84%的方差。鸡胸与发酵味和面包味属性更相关，与清爽、愉快、舒适、幸福、放松等情绪更相关。

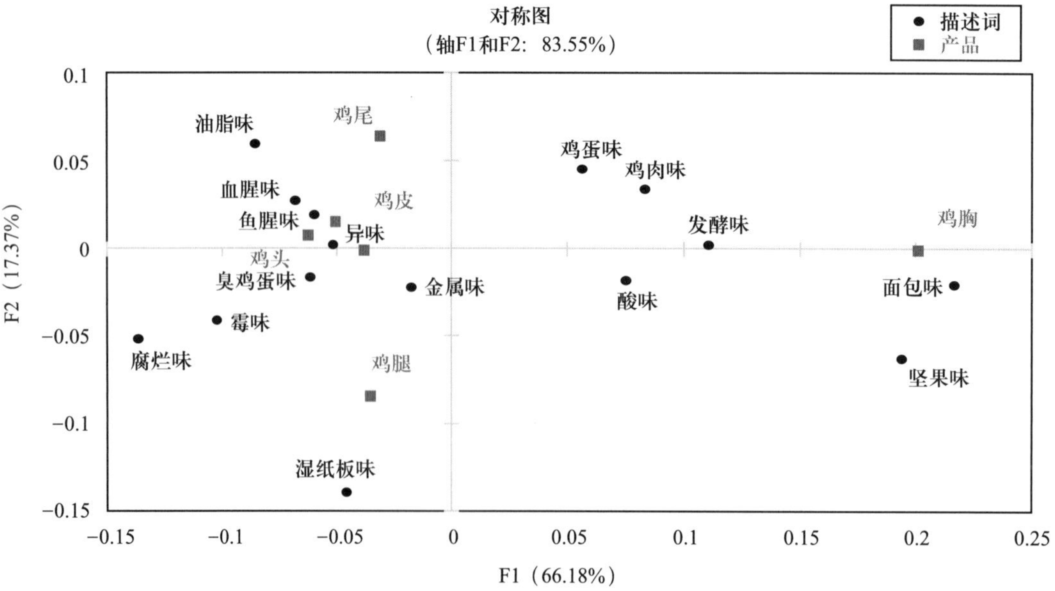

（a）

图 9-7　白切鸡各部位与感官属性（a）和情感属性（b）对应分析

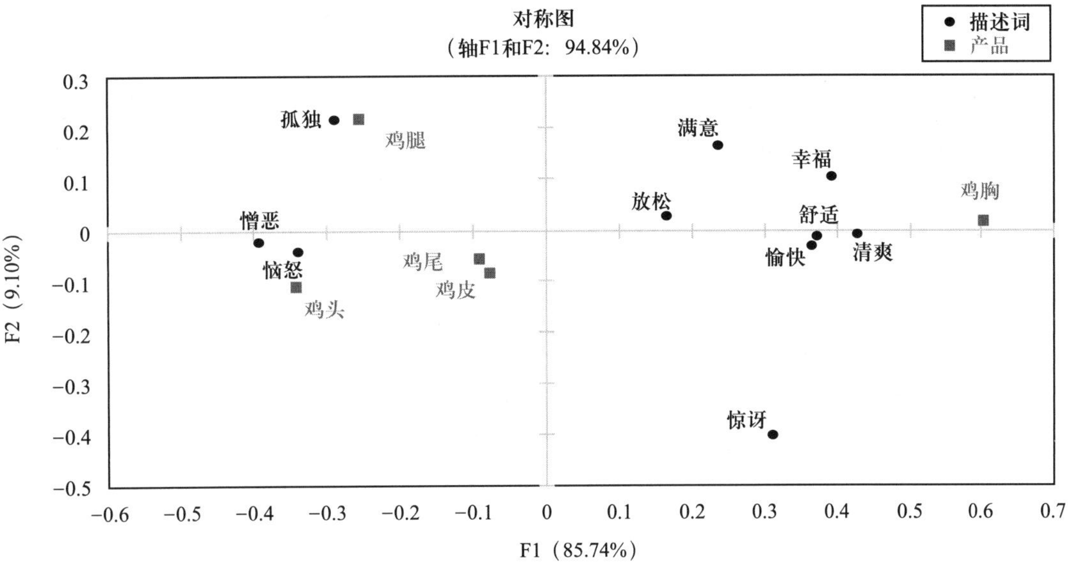

(b)

图 9-7 (续)

6. 小结

本实验基于 9 点标度和 CATA 检验发现白切鸡不同部位气味对消费者感官和情绪的刺激不同。相较于其他部位,鸡尾的异味较为强烈,消费者对鸡胸的情绪反馈更加积极。由此可知,CATA 是一种由消费者担任评价主体,相对容易执行的新兴消费者评价方法。

9.3 水产品

水产品滋味鲜美,肉质软嫩,营养丰富,对人体而言是一种优质的蛋白质膳食来源。随着生活水平的提高,人们更加注重水产品的安全性、营养价值和风味品质。消费者在选购水产品时,着重于观其色、闻其味。这是因为随着冷藏或冷冻时间的延长,新鲜水产品极易氧化而产生腥味等不良气味,从而对水产品质造成负面影响。因此,气味是判断水产品品质的重要指标。将新鲜水产品进行一定的加工处理,可以延长水产品的保存时间,进而提升经济价值。另外,在加工过程中,还可以赋予水产品新的风味和口感,从而提高消费者接受度。本节通过 3 个案例,阐述在进行鱼制品感官评价时如何设计和实施实验。

案例 6　不同日粮饲喂下的虹鳟鱼的感官评价

1. 实验目的

探明饲喂普通日粮和昆虫鱼粉日粮的虹鳟鱼的风味差异(Sealey et al.,2011)。

2. 实验样品

1)样品信息

普通黑水虻(black soldier fly,BSF)和富集黑水虻(enriched black soldier fly,EBSF)前蛹的氨基酸含量见表 9-16,脂肪酸含量见表 9-17。对于 4 种实验日粮,在氨基酸含量相等的情况下,分别采用 BSF 和 EBSF 前蛹替代 25% 和 50% 的鱼粉,从而配制出蛋白质含量为 45% 的

4 种实验鳟鱼日粮，并使用鱼油和禽类脂肪将日粮的脂肪含量调整为约 20%。同时，配制蛋白质含量为 45%且脂肪含量为 20%的对照日粮以进行对照实验(表 9-18)。

以 10 条鱼为一组进行计数和称重(1 458±34)g，并放养于 150 L 的玻璃鱼缸中。鱼缸内以 4～6 L/min 的流速供应未经处理的恒温泉水(14.5 ℃)。实验开始后，对鱼缸内的鳟鱼每天饲喂 2 次至其明显饱腹，同时测量并记录饲喂的饲料量，共计 8 周。每隔 2 周对鱼进行称重和记录，并计算每条鱼体重变化和饲料转化率[FCR＝饲料总量(干物质基础)/体重变化值]。本实验包含 3 个重复实验。

表 9-16　普通黑水虻前蛹和富集黑水虻前蛹的氨基酸含量　(g/100 g)

氨基酸	成分	
	普通黑水虻前蛹	富集黑水虻前蛹
丙氨酸	2.45	2.55
精氨酸	1.78	1.89
天冬氨酸	4.09	4.14
谷氨酰胺	4.42	4.17
甘氨酸	1.72	1.80
组氨酸	0.76	0.82
异亮氨酸	1.83	1.89
亮氨酸	2.66	2.72
赖氨酸	2.05	2.12
蛋氨酸	0.77	0.79
苯丙氨酸	1.83	1.82
丝氨酸	1.37	1.42
苏氨酸	1.58	1.60
酪氨酸	2.22	2.57
缬氨酸	2.99	3.06
总数	32.52	33.36

注：所有数值均为平均值(g/100 g 干样品)。

表 9-17　普通黑水虻前蛹和富集黑水虻前蛹的脂肪酸含量　%

脂肪酸	成分	
	普通黑水虻前蛹	富集黑水虻前蛹
月桂酸	23.6	37.1
肉豆蔻酸	5.1	6.3
棕榈酸	19.8	17.3
棕榈油酸	6.3	7.6

续表9-17

脂肪酸	成分	
	普通黑水虻前蛹	富集黑水虻前蛹
硬脂酸	6.5	2.0
油酸	22.7	18.8
亚油酸	6.8	5.9
亚麻酸	0	0.5
花生四烯酸	0	0.5
二十碳五烯酸(EPA)	0.1	3.5
二十二碳五烯酸	0	0.35
二十二碳六烯酸(DHA)	0	1.7

注:所有数值均为平均值。

表9-18　对照日粮和实验日粮的组成成分(以干重计)

成分	饮食				
	对照日粮	普通 BSF (25%)	普通 BSF (50%)	富集 BSF (25%)	富集 BSF (50%)
鱼粉(鳀鱼)[1]	29.07	21.80	14.54	21.80	14.54
普通 BSF	0	16.4	32.80	0	0
富集 BSF	0	0	0	18.12	36.24
玉米蛋白[1]	7.0	7.0	7.0	7.0	7.0
豆粕[1]	16.0	16.0	16.0	16.0	16.0
小麦蛋白[1]	7.8	7.8	7.8	7.8	7.8
Gem@凝胶[1]	14.19	7.46	0.70	10.12	6.03
鱼油[1]	2.60	3.20	2.60	3.20	3.80
禽类脂肪[1]	14.75	11.8	10.06	7.52	0.29
维生素预混料[2]	1.5	1.5	1.5	1.5	1.5
氯化胆碱[1]	0.5	0.5	0.5	0.5	0.5
Stay-C@35[1]	0.3	0.3	0.3	0.3	0.3
微量矿物混合物[3]	0.1	0.1	0.1	0.1	0.1
碳酸氢钙	2.55	2.55	2.55	2.55	2.55
牛磺酸	0.50	0.50	0.50	0.50	0.50
赖氨酸	2.33	2.30	2.28	2.25	2.16
苏胺酸	0.58	0.50	0.43	0.47	0.37
蛋氨酸	0.23	0.29	0.35	0.27	0.32

续表9-18

成分	饮食				
	对照日粮	普通 BSF (25%)	普通 BSF (50%)	富集 BSF (25%)	富集 BSF (50%)
分析成分(SE)[4]					
粗蛋白/%	46.0(±0.14)	48.5(±0.02)	50.4(±0.19)	51.2(±0.19)	52.5(±0.32)
脂质/%	20.9(±0.17)	20.5(±0.04)	21.3(±0.11)	17.5(±0.12)	19.2(±0.02)
总能量/(kcal/g)	5 450(±20)	5 524(±50)	5 445(±10)	5 357(±50)	5 579(±80)
灰分/%	7.4(±0.03)	9.8(±0.07)	12.2(±0.04)	8.8(±0.42)	9.2(±0.07)
水分/%	4.9(±0.19)	7.0(±0.04)	8.4(±0.20)	7.9(±0.28)	9.4(±0.08)

注:[1]原料来源:凤尾鱼粉、玉米粉、豆粕、鱼油和 Stay-C@35(维生素 C)来自美国爱达荷州 Rangen 公司。Gem@凝胶(预胶化小麦淀粉)和氯化胆碱来自美国犹他州默里市的 Nelson & Sons。

[2]每千克预混料的营养素含量:维生素 A(视黄醇棕榈酸酯),10 000 IU;维生素 D_3,720 IU;维生素 E(DL-%-生育酚乙酸酯),530 IU;烟酸,330 mg;泛酸钙,160 mg;核黄素,80 mg;单硝酸硫胺,50 mg;盐酸吡哆醇,45 mg;甲萘醌二硫酸钠,25 mg;叶酸,13 mg;生物素,1 mg;维生素 B_{12},30 μg。

[3]以每千克饮食计:锌,37 mg;锰,10 mg;碘,5 mg;铜,3 mg。

[4]饲料中组分成分含量以两个重复样本(±标准差)的方式计算。

2)样品制备

鳟鱼经宰杀、去骨制备成鳟鱼片,将样品分为对照组(A)、BSF 25%组(B)、BSF 50%组(C)、EBSF 25%组(D)和 EBSF 50%组(E)。随后采用塑料拉链袋包装后冷冻保存,确保样品运达实验室时处于冷冻状态。

将鱼片解冻后去皮,分别从头部和腹侧各切去约 10 mm,随后从鱼片背侧到腹侧横切 9.0 g(± 1.0 g)食用部分作为感官分析样品。将所得鱼片(6～9 片)放入 25 cm×30 cm 的密封袋中真空包装,保存于－23 ℃直至感官分析。

感官分析前将真空包装的冷冻鱼片解冻,于 74 ℃条件下水浴加热 6 min 后从密封袋中取出,并放入食品保温设备中保温 15 min,再将样品提供给评价员进行感官评价。

3. 实验操作流程

(1)人员配置　感官小组由 30 名未经培训的消费者组成(14 名男性和 16 名女性),小组成员来自不同的种族且具有不同的教育背景,年龄分布在 18～65 岁。

(2)实验环境　感官评价实验在标准感官实验室进行。

(3)样品呈递　所有样品均在红灯照射下以随机顺序呈递。

(4)感官评价　感官评价实验采用三点检验法进行,要求评价员分别品尝 3 个标有 3 位随机数的样品,随后从中选择一个与另外两个不同的样品并给出原因。不同样品之间采用无盐饼干和清水进行除味与漱口。

4. 数据分析

对感官实验所得结果进行统计,根据三点检验法结果检验表对所得数据进行显著性分析。

5. 结果呈现

由表 9-19 可知,以不同饲料饲喂的鳟鱼所制得的鱼片在滋味上无显著性差异。

表 9-19　不同饲料饲喂鳟鱼所制鱼片的三点检验结果

回答	日粮比较			
	对照 vs. 普通 BSF（25%）	对照 vs. 普通 BSF（50%）	对照 vs. 富集 BSF（25%）	对照 vs. 富集 BSF（50%）
错误/个	20	19	18	16
正确/个	10	11	12	14
总和/个	30	30	30	30
显著性（*P* 值）	0.568	0.415	0.276	0.090

注：在 $P<0.05$ 的情况下，需要 15 个正确的回答才有意义。

6. 小结

本实验发现不同饲喂日粮对鳟鱼的感官属性无显著影响。三点检验可评价鱼片是否具有风味差异。

案例 7　对比两种鲀的鲜味强度和消费者喜好度

1. 实验目的

探明暗纹东方鲀（*Takifugu obscurus*，*T. obscurus*）和红鳍东方鲀（*Takifugu rubripes*，*T. rubripes*）的鲜味强度和消费者的喜好度差异（Zhang et al.，2019）。

2. 实验样品

1）样品信息

T. obscurus 和 *T. rubripes* 各 40 尾，体征信息见表 9-20。将鲜活的鲀置于含水隔热泡沫盒中空运至实验室（期间不超过 4 h），简单测量其生物学指标后立即按照标准《养殖暗纹东方鲀鲜、冻品加工操作规范》（SC/T 3033—2016）处理。每条鱼取两片完整的鲀背肌（图 9-8）。将鲀肌肉放入铝箔袋后真空包装，置于－71 ℃保存。

图 9-8　鲀背肌

表 9-20　*T. obscurus* 和 *T. rubripes* 体征信息

品种	年龄/年	体重/g	体长/cm	体宽/cm
T. obscurus	2	332±56.6	24.0±1.21	6.45±0.64
T. rubripes	2	598±64.6	31.0±0.76	8.75±1.27

2）样品制备

将鲀肌肉置于 4 ℃冰箱过夜解冻备用。煮制样品制备：肌肉与水的比例为 1∶4（质量体积比），待水煮沸后放入肌肉，煮制 20 min。蒸制样品制备：将肌肉放于玻璃托盘中，待水烧开后置于蒸锅中蒸制 30 min。

两种鲀肌肉共制得 4 种样品，分别为：蒸制暗纹东方鲀（steamed *T. obscurus*，S. FO），煮制暗纹东方鲀（boiled *T. obscurus*，B. FO），蒸制红鳍东方鲀（steamed *T. rubripes*，S. FR）和煮制红鳍东方鲀（boiled *T. rubripes*，B. FR）。待熟制肌肉（图 9-9）冷却至室温后，切成 1 cm^3 小块放入塑料品评杯（50 mL）中备用。

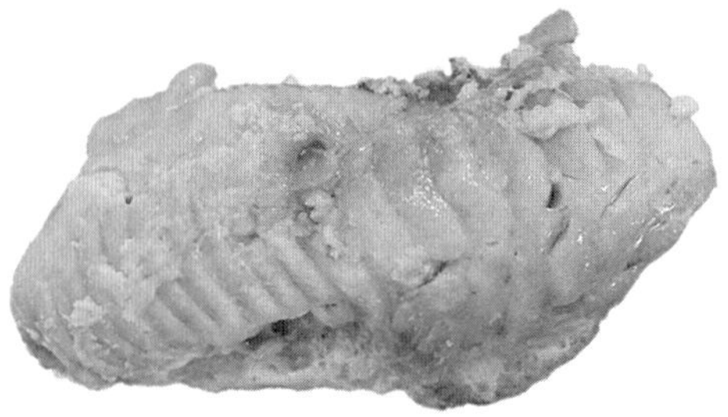

图 9-9　熟制鲀肌肉

3. 实验操作流程

1)人员配置

感官小组由 90 名消费者组成(65%女性,35%男性,年龄 20～54 岁),均为某高校的老师、工作人员、学生和大学周边的居民。

2)实验环境

感官评价实验在标准感官实验室展开。

3)样品呈递

所有样品均采用 3 位随机数进行编码并随机呈递给消费者进行品尝。

4)感官评价

鲀肉的鲜味强度和喜好程度通过 9 点标度法评估(1 为极弱/极其不喜欢,9 为极强/极其喜欢),要求消费者彻底咀嚼并吞咽样品,同时记录分值。不同样品之间采用清水漱口直至口腔中无余味,休息 1 min 后品尝下一个样品。每种样品仅品尝一次。

4. 数据分析

采用单因素方差分析探究各样品间的鲜味强度和喜好差异。

5. 结果与分析

由表 9-21 可知,*T. obscurus* 较 *T. rubripes* 具有更高的鲜味强度和喜好度。并且,消费者更喜爱 S. FO(蒸制暗纹东方鲀)。就熟制方式而言,蒸制处理更容易保留鲀肉的滋味组分,这可能是蒸制鱼肉具有更高的鲜味强度和喜好度的原因。

表 9-21　不同熟制条件下鲀肉的感官评价结果

鲀样品	感官评分值	
	鲜味强度	接受度
B. FR	5.0 ± 2.0^{c}	5.1 ± 1.4^{b}
S. FR	5.5 ± 2.0^{b}	5.1 ± 2.0^{b}
B. FO	5.6 ± 1.5^{b}	5.5 ± 2.0^{ab}
S. FO	6.1 ± 2.0^{a}	5.8 ± 1.5^{a}

注:每一列中不同小写字母代表样品间的显著性差异($P<0.05$)。

6. 小结

本研究发现加工方式和品种对鲀肉的鲜味强度和喜好度具有显著影响。本案例验证了可以通过 9 点标度法评价两种鲀在蒸制和煮制下的鲜味强度和喜好度。

案例 8　8 种鳕鱼制品的 QDA 检验和接受度检验

1. 实验目的

比较在产地（野生/养殖）、储藏时间（短期/长期）和储藏方法（新鲜/冷冻/气调包装）方面各不相同的 8 种鳕鱼制品其感官属性与消费者喜好之间的关系（Sveinsdóttir et al.，2009）。

2. 实验样品信息

野生和养殖的鳕鱼（*Gadus morhua*）由冰岛某鱼类实验室提供。鳕鱼经去皮、去尾和去骨后分别按照新鲜（fresh）、改良气调包装（modified atmosphere packaging，MAP）和冷冻（frozen，Froz）3 种方式进行包装和保存。将包装好的样品装入带有冰垫的聚苯乙烯箱中（4 ℃）空运至实验室，随后迅速储藏于冷库直至进一步实验。不同鳕鱼制品的详细信息见表 9-22。

表 9-22　鳕鱼样本的缩略说明

样品名称	种类	储藏	
		条件/℃	保存时间[a]
W-fresh-S	野生	0—1	3 d
W-fresh-L	野生	0—1	10 d
W-MAP-S	野生	0—1[b]	3 d
W-MAP-L	野生	0—1[b]	10 d
W-Froz-S	野生	24[c]	9 d
W-Froz-L	野生	24[c]	5 m
F-fresh-S	养殖	0—1	3 d
F-fresh-L	养殖	0—1	6 d

注：[a]储藏时间从装鱼当天开始计算。鳕鱼宰杀后整条置于冰块中，至切片前的储藏时间为（3±1）d。

[b]样品储藏规格为 500 g，采用改良气调包装，混合气体：50% CO_2、6.4% O_2、43.6% N_2。

[c]冷冻的鳕鱼样品采用单体速冻（individual quick freezing，IQF）包装，次日分析前在 4 ℃下过夜解冻。

3. QDA 实验操作流程

1）人员配置

QDA 感官评价小组由 9 名专业成员组成。

2）实验环境

感官评价实验在标准感官实验室展开。

3）样品制备和呈递

取鳕鱼中段样品 40～50 g 放入铝盒，随后将样品在预热后的烤箱中以 95～100 ℃加热处理 7 min。每个盛放样品的铝盒均采用 3 位随机数进行编码并在感官实验中以随机顺序呈递给感官小组成员（每个环节 4 个样品）。

4）培训方法

利用不同品种和新鲜度的鳕鱼样品（养殖/野生、新鲜/冷冻/改良气调包装）对小组成员进行培训。将制备后的鳕鱼样品提供给小组成员，要求成员们使用给定的感官属性词汇对样品进行描述。描述词为前期实验建立，最终确定的感官属性如表 9-23 所示。

表 9-23　鳕鱼制品的感官属性($n=33$)

简称	感官属性	定义
气味		
O-Sweet	甜味	甜的气味
O-BoilMilk	煮沸的牛奶	煮沸牛奶的气味
O-BoilPot	煮熟的马铃薯	煮熟马铃薯的气味
O-Butter	黄油	黄油味,爆米花
O-Vanilla	香草味	香草味,锯木屑、木材味
O-Meat	肉香味	让人联想到水煮肉
O-FrozSt	冷库	让人联想到冰箱和/或冷冻室的气味
O-TCloth	桌布	让人联想到桌布(清洁餐桌的湿布,放置 36 h)
O-TMA	三甲胺(trimethylamine,TMA)	让人联想到咸鱼干、胺的味道
O-Sour	酸味	变质酸味,醋酸
O-Sulphur	硫黄	火柴棒味
O-Putrid	腐臭	腐臭味
外观		
A-DarkCol	浅色/深色	左端:浅色、白色;右端:深色、黄色、褐色、灰色
A-DisCol	均匀/不均匀	左端:基本连颜色都是均匀的;右端:不均匀,有黑点
A-WhPrec	白色沉积	鱼汤或鱼肉上有白色沉积物
风味		
F-Salt	咸	咸味
F-Sweet	甜	甜味
F-Metallic	金属	金属味
F-Sour	酸味	变质酸味、醋酸
F-Butter	黄油	黄油味,爆米花
F-Meat	肉味	让人联想到水煮肉
F-FrozSt	冷库	让人联想到冰箱和/或冷冻室的气味
F-Pungent	辛辣	味辛
F-TMA	TMA	三甲胺,让人联想到咸鱼干、胺的味道
F-Putrid	腐臭	腐臭味
质构		
T-Flakes	剥落感	用叉子按压鱼肉,鱼肉会剥落成片的感觉
T-Soft	软度	左端:硬;右端:软 评估咬第一口时的坚硬和柔软程度

续表9-23

简称	感官属性	定义
T-Juicy	多汁性	左端:干燥;右端:多汁,咀嚼数次后评估
T-Tender	嫩度	左端:坚韧;右端:柔韧,咀嚼数次后评估
T-Mushy	黏感	黏稠的质地
T-Meaty	似肉的	像肉的口感
T-Clammy	沙砾感	鞣酸引起的质感
T-Rubber	橡胶感	口香糖类似的质感

5)感官评价

定量描述性分析实验在消费者测试的前一天进行。采用非结构化的量表(左端=0%,右端=100%)对样品各属性(外观、气味、风味和质构)的强度进行打分。

4. 消费者接受度检验操作流程

1)人员配置

消费者测试小组共由378名消费者构成(男性40%,女性60%),分别来自4个欧洲国家,包括冰岛(30%)、丹麦(28%)、荷兰(13%)和爱尔兰(29%);年龄分布为:18～29岁(31%)、30～44岁(19%)、45～59岁(23%)和60岁以上(27%)。所有消费者均来自测试机构附近的大学和工作场所,通过报纸、传单、电子邮件和电话进行招募,且每月至少食用一次鱼制品。

2)实验环境

感官评价实验在标准感官实验室展开。

3)样品制备和呈递

取鳕鱼中段样品40～50 g放入铝盒,随后于4 ℃条件下保存。后续处理方法根据不同国家进行相应的调整,同时保证不同处理方法下样品的内部温度都达到70 ℃。样品处理过程中采用铝箔纸进行覆盖或包裹,以避免样品处理过程中的水分损失。

冰岛:将样品在预热后的烤箱中以100 ℃处理7 min。

丹麦:将样品在预热后的烤箱中以100 ℃处理12 min。

爱尔兰和荷兰:采用传统加工方法将装有样品的铝盒置于装满水的托盘上,随后放入预热后的烤箱,以设定温度200 ℃(由于蒸发产生水蒸气,实际温度为100 ℃)分别加工7.5 min(爱尔兰)和12 min(荷兰)。

所有样品均采用3位随机数进行编码并以随机顺序呈递给不同国家的消费者进行品尝。

4)消费者评价

使用9点享乐标度(0-极其不喜欢,4-既不喜欢也不讨厌,8-极其喜欢)对样品的接受度进行打分。

5. 数据分析

对QDA数据进行水平效应校正后的单因素方差分析,利用Duncan多重比较检验计算多重比较结果,如无特殊说明,显著性水平定为5%。通过PLS模型,将初始方差(信号)和残差(噪声)绘制成每个小组成员、每个样本和每个感官属性的信噪比(S/N)。对不同感官属性的水平校正后均值进行主成分分析,并对接受度数据进行单因素方差分析。

6. 结果与分析

1)鳕鱼制品的定量描述分析结果

信号(S)与噪声(N)分析显示,所有样品 33 个感官属性中的 22 个属性的信噪比大于 1,表明评价小组具有良好的描述能力(表 9-24)。与其他样品相比,样品 W-Froz-S(短期冷冻储藏)和 W-MAP-S(短期改良气调包装储藏)的信噪比相对较低,这可能是由于这两个样品的感官结果趋近中间值(表 9-25)。此外,质构和外观属性有相对较高的信噪比,这表明样品的质构和外观与气味和滋味相比差异较大。

表 9-24 鳕鱼制品和感官属性的信噪比(S/N)

样品	S/N	感官属性	S/N	感官属性	S/N
W-fresh-L	1.19	O-Sweet	1.06	F-Metallic	1.04
W-fresh-S	1.34	O-BoilPotat	1.10	F-Meat	1.14
F-fresh-L	1.36	O-Meat	1.11	F-TMA	1.05
F-fresh-S	1.34	O-FrozSt	1.00	T-Flakes	1.01
W-Froz-L	1.42	O-TCloth	1.09	T-Soft	1.51
W-Froz-S	1.06	O-TMA	1.06	T-Juicy	1.21
W-MAP-L	1.23	A-Colour	1.31	T-Tender	1.87
W-MAP-S	1.03	A-Discol	1.11	T-Mushy	1.08
		A-WhPrec	1.24	T-Meaty	1.97
		F-Salt	1.16	T-Clammy	1.42
		F-Sweet	1.06	T-Rubber	1.35

注:O=气味,A=外观,F=风味,T=质构。

表 9-25 8 种鳕鱼制品的感官属性得分

感官属性	显著性	W-fresh-L	W-fresh-S	F-fresh-L	F-fresh-S	W-Froz-L	W-Froz-S	W-MAP-L	W-MAP-S
气味									
Sweet	**	23^{b}	29	32	38^{a}	22^{b}	33	33	30
BoilPotat	*	34	25	24	18^{b}	36^{a}	32	25	27
Meat	**	9	7	16^{a}	16^{a}	3^{b}	10	11	5
FrozSt	*	21	7	6	10	17	10	15	8
TCloth	**	16^{ab}	3^{ce}	3^{ce}	5^{ce}	14^{bd}	6^{cd}	8^{ac}	3^{ce}
TMA	***	10^{ab}	1^{ce}	2^{ce}	3^{ce}	7^{bd}	3^{cd}	3^{cd}	1^{ce}
Sour	**	9^{a}	0^{b}	5	2^{b}	3^{b}	3^{b}	2^{b}	1^{b}
外观									
DarkCol	***	47^{ab}	34^{cd}	19^{e}	21^{e}	47^{ab}	44^{bc}	38^{cd}	31^{d}
DisCol	***	43^{a}	32^{a}	22^{b}	20^{b}	42^{a}	41^{a}	34^{a}	35^{a}

续表9-25

感官属性	显著性	W-fresh-L	W-fresh-S	F-fresh-L	F-fresh-S	W-Froz-L	W-Froz-S	W-MAP-L	W-MAP-S
WhPrec	***	22^{cd}	14^{d}	36^{ab}	31^{bc}	16^{d}	28	31^{bc}	19^{cd}
风味									
Salt	***	7^{b}	3^{b}	10^{b}	7^{b}	27^{a}	7b	7b	3^{b}
Sweet	**	15^{d}	24	27	32^{ab}	21^{cd}	19^{cd}	24	33^{bc}
Metallic		19	27	30	25	15	22	26	29
Sour	*	11^{a}	2	8	6	7	4	7	1^{b}
Meat	***	6^{df}	7^{df}	31^{a}	28^{ab}	12^{cef}	22^{ac}	17^{bcde}	18
TMA	**	15^{ab}	$5c^{d}$	6	5^{cd}	13^{bd}	6	7^{cd}	2^{c}
质构									
Flakes		44	49	36	44	47	44	40	43
Soft	***	60^{bc}	66^{ab}	40^{d}	43^{d}	57^{be}	42^{d}	36^{d}	54^{c}
Juicy	***	52	64^{ab}	50^{cd}	50	60^{bc}	43^{d}	41^{d}	61^{bc}
Tender	***	60^{a}	66^{a}	33^{b}	32^{b}	60^{a}	33^{b}	30^{b}	60^{a}
Mushy	***	39^{ab}	41^{ab}	21^{cd}	16^{d}	36^{bc}	24	20^{cd}	30
Meaty	***	20^{cd}	14^{d}	55^{a}	55^{a}	13^{d}	32^{bc}	45^{a}	23^{cd}
Clammy	***	18^{b}	13^{b}	33^{a}	38^{a}	14^{b}	33^{a}	40^{a}	18^{b}
Rubber	***	9^{d}	6^{d}	34^{ab}	19^{cd}	5^{d}	28^{bc}	28^{bc}	8^{d}

注：1. 每一行中不同小写字母代表样品间的显著性差异（$P<0.05$）。

2. * $P<0.05$，** $P<0.01$，*** $P<0.001$。

根据主成分分析结果，样品之间最主要的差异是由质构引起的，主要是黏感、嫩度和软度。此外，不同样品之间存在明显的外观、气味和滋味差异。

W-Froz-L（长期冷冻储藏）和 W-fresh-L（长期新鲜储藏）野生鳕鱼样品相似，二者主要呈现深色和不均匀，也有经储藏产生煮熟的马铃薯味、冷库味以及三甲胺味。这些样品均未超过保质期，因此与变质有关的感官属性如三甲胺味和酸味的得分都低于 20 分。W-Froz-S（短期冷冻储藏）和 W-MAP-L（长期改良气调包装储藏）野生鳕鱼样品的颜色较深、不均匀，质地较干硬，而酸味和三甲胺味较少。W-fresh-S（短期新鲜储藏）野生鳕鱼是最多汁、肉质最柔软和嫩滑的样品。而 F-fresh-S（短期新鲜储藏）和 F-fresh-L（长期新鲜储藏）养殖鳕鱼则具有较为明显的黏感、橡胶感和肉味。并且，养殖鳕鱼的外观与野生鳕鱼也存在一定差异，比如，养殖鳕鱼的白色沉积物较多，颜色最浅且最均匀。

2）鳕鱼制品的消费者接受度检验结果

不同国家的消费者对鳕鱼制品的喜好度存在一定差异（表 9-26），整体而言，冰岛和爱尔兰消费者对鳕鱼制品的喜爱程度更高。爱尔兰（IR）消费者更喜欢经过长期冷冻储藏（W-Froz-L）的鳕鱼（−24 ℃下储藏 5 个月），而冰岛（IS）和荷兰（NL）消费者更喜欢经过短期冷冻储藏

(W-Froz-S)的鳕鱼(−24 ℃下储藏 9 d)。这种差异可能是各国的鱼类消费模式不同所导致的。相比于短期冷冻储藏,长期冷冻储藏的鳕鱼样品更具有与冷冻储藏相关的感官属性。爱尔兰消费者更易于购买冷冻鳕鱼制品,因此对冷冻鳕鱼的感官特性相对更加熟悉和偏爱,而冰岛消费者更易获得、购买和消费新鲜鳕鱼,更熟悉新鲜鳕鱼的感官属性,因此冰岛消费者比其他国家的消费者更喜欢短期冷冻储藏(−24 ℃下储藏 9 d)和短期改良气调包装储藏(0～1 ℃下储藏 3 d)的鳕鱼制品。由此可见,各国喜好的明显差异可能与产品的可获得性和熟悉程度有关,这可能是两个国家内部偏好不同的原因。

表 9-26 不同国家消费者对鳕鱼制品的喜好

国家	n	平均值	W-fresh-L	W-fresh-S	F-fresh-L	F-fresh-S	W-Froz-L	W-Froz-S	W-MAP-L	W-MAP-S
		**	ns	ns	ns	*	*	**	**	*
IS	112	5.3^{ac}	4.8	5.1	4.9	5.4^{a}	5.3^{b}	5.7^{ab}	5.5^{a}	5.6^{a}
DK	107	4.9^{d}	4.3	4.9	4.9	5.0	5.1^{b}	5.1^{cd}	4.5^{b}	4.9^{b}
IR	109	5.3^{ab}	5.0	5.5	5.0	5.3^{a}	6.0^{a}	5.0^{d}	5.2^{a}	5.3
NL	50	4.9^{cd}	4.5	5.4	4.3	4.4^{b}	4.8^{b}	5.7^{ac}	5.0	5.3

注:1. 每一列中不同小写字母代表样品间的显著性差异($P<0.05$)。

2. IS=冰岛,DK=丹麦,IR=爱尔兰,NL=荷兰。

3. ns=不显著,* $P<0.05$,** $P<0.01$。

7. 小结

各国对鳕鱼制品的态度、消费和喜好方面差异较大。QDA 与接受度检验相结合,可帮助判断究竟是哪种感官属性导致喜好差异。

本章小结

肉品的感官属性是其品质的重要指标,也直接决定消费者的选择和购买决策。通过了解肉及肉品的感官品质,有助于企业开发满足消费者期望的产品。

基于本章实验案例,我们可以得出以下小结。

1. 肉品感官评价方法多样化

感官评价的大类为差别检验、描述性检验和喜好检验,各大类中又包括多种不同的方法。因此,需根据实验目的选择适用方法,确保对肉类感官品质的准确评价。同时,选用符合既定目标的数据分析方法是感官评价的重要组成部分,对于不同的案例需要选择不同的统计方法进行感官数据的分析,并进一步剖析结果存在差异的原因。

2. 感官评价需重视操作规程

感官评价提出了在可控的条件下样品的制备和处理方法指南,从而可减小误差和避免实验中的不确定因素。人员配置方面,需根据所用方法,选择合理的参与人数和对应的培训过程。感官评价时如不注重培训环节,会使感官评价结果出现较大偏差,从而导致数据缺乏准确度和可信度。另外,消费者感官评价中,参与者通常无须培训。在样品制备、呈递和品评方面,通常将肉类切成合理的食用尺寸(立方体等)后呈递(图 9-10)。不过,以整块肉类为样品(如牛排)或选择肉糜搭配卷饼等呈递方式也同样可以采取,但应尽量保证呈递样品质量一致。完成样品制备后，应采取相应的保温措施以控制样品的温度。

切割前的火腿块　　切割中　　切割后的火腿小粒

图 9-10　火腿切割示意

3. 感官评价与其他技术联用

消费者能够通过口腔加工感受到肉的质构，类似地，肉的质构特性也可以通过质构仪测量得到。同理，颜色可以通过色度仪、机器视觉等方法测量。研究人员尝试将肉类物理质构与感官质构进行相关性分析，并结合其外观等信息探索新的肉品评价方法。智能感官技术如电子舌、电子鼻和电子眼等技术的开发，也为肉类等食品的区分和分类提供了更多的可能性。这些研究可以给企业和工厂等提供更加多元化的选择，从而实现人们快速检测产品感官属性的期望。

思考题

1. 在评价肉类感官属性时，需要注意哪些关键点？
2. 假设需要评价 3 种不同风味牛肉粒的感官属性，我们可以用什么方法？
3. 在评价肉类感官属性的同时，可以采取哪些理化、智能感官方法进行联合分析？

参考文献

高韶婷，2016. 基于多指纹图谱技术的我国三大干腌火腿风味品级评价研究[D]. 上海：上海海洋大学.

郇延军，周光宏，徐幸莲，2003. 中西方干腌火腿风味成分比较及形成机理分析[J]. 食品与发酵工业，29(11)：81-88.

张慧，丁原春，王喆，等，2019. 牛肉的营养价值及其嫩度的影响因素[J]. 饲料博览，2019(11)：47-50.

ARES G，REIS F，2015. Recommendations for use of balanced presentation order of terms in CATA questions[J]. Food Quality and Preference，46：137-141.

BASTON O，OCTAVIAN B，2010. Raw chicken leg and breast sensory evaluation[J]. Annals. Food Science and Technology，11(1)：25-30.

BELEW J B，BROOKS J C，MCKENNA D R，et al.，2003. Warner-Bratzler shear evaluations of 40 bovine muscles[J]. Meat Science，64(4)：507-512.

BOLEMAN C T，MCKENNA D R，RAMSEY W S，et al.，2004. Influence of feeding vitamin D(3) and aging on the tenderness of four lamb muscles[J]. Meat Science，67(2)：185-190.

BRAGHIERI A，PIAZZOLLA N，CARLUCCI A，et al.，2012. Development and validation of a quantitative frame of reference for meat sensory evaluation[J]. Food Quality and Preference,25(1):63-68.

BRANNAN R G,2009. Effect of grape seed extract on descriptive sensory analysis of ground chicken during refrigerated storage[J]. Meat Science,81(4):589-595.

BYRNEA D V,BREDIE W L P,2002. Sensory and chemical investigations on the effect of oven cooking on warmed-over flavour development in chicken meat[J]. Meat Science,61 (2002):127-139.

DANNER L,CRUMP A M,CROKER A,et al. ,2018. Comparison of rate-all-that-apply and descriptive analysis for the sensory profiling of wine[J]. American Journal of Enology and Viticulture,69(1):12-21.

DYUBELE N L,MUCHENJE V,NKUKWANA T T,et al. ,2010. Consumer sensory characteristics of broiler and indigenous chicken meat: A South African example[J]. Food Quality and Preference,21(7): 815-819.

DZUDIE T,NDJOUENKEU R,OKUBANJO T,2000. Effect of cooking methods and rigor state on the composition,tenderness and eating quality of cured goat loins[J]. Journal of Food Engineering,44:149-153.

FENG Y,CAI Y,FU X,et al. ,2018. Comparison of aroma-active compounds in broiler broth and native chicken broth by aroma extract dilution analysis (AEDA),odor activity value (OAV) and omission experiment [J]. Food Chemistry,265(1):274-280.

FRANKEA C,HöLLB L,LANGOWSKIA H-C,et al. ,2017. Sensory evaluation of chicken breast packed in two different modified atmospheres[J]. Food Packaging and Shelf Life,13:66-75.

GARCÍA-GONZÁLEZ D L,TENA N,APARICIO R,2009. Contributing to interpret sensory attributes qualifying Iberian hams from the volatile profile[J]. Grasas Y Aceites,60(3):277-283.

GRUNERT K G,BREDAHL L,BRUNSØ K,2004. Consumer perception of meat quality and implications for product development in the meat sector—a review[J]. Meat Science,66(2):259-272.

GUO L,YU B,WANG S,et al. ,2019. Effect of ripening with *Penicillium roqueforti* on texture, microstructure, water distribution and volatiles of chicken breast meat[J]. International Journal of Food Science & Technology,54(5):1550-1557.

HINES R C,RAMSEY C B,HOES T L,1980. Effects of microwave cooking rate on palatability of pork loin chops[J]. Journal of Animal Science,50(3):446-451.

KING S C,MEISEIMAN H L,2010. Development of a method to measure consumer emotions associated with foods[J]. Food Quality and Preference,21(2):168-177.

LIU H,HUANG J,HU Q,et al. ,2020. Dual-fiber solid-phase microextraction coupled with gas chromatography-mass spectrometry for the analysis of volatile compounds in traditional Chinese dry-cured ham [J]. Journal of Chromatography B,1140:121994.

MENGDIE F,QUNFEI X,JIANCHUN X,et al. ,2018. Aroma compounds in chicken broths of Beijing Youji and commercial broilers[J]. Journal of Agricultural and Food Chemistry,66 (39):10242-10251.

MEYNERS M ,CASTRUA J C,CARR B T,2013. Existing and new approaches for the analysis of CATA data[J]. Food Quality and Preference,30(2):309-319.

MEYNERS M, JAEGER S R,ARES G,2016. On the analysis of rate-all-that-apply (RATA) data[J]. Food Quality and Preference,49:1-10.

MOLONEY A P,FALLON R J,MOONEY M T,et al. ,2004. The quality of meat and fatness of bulls offered ad libitum concentrates,indoors or at pasture[J]. Livestock Production Science,87(2-3):271-276.

MOTTRAM D S,1998. Flavour formation in meat and meat products: A review[J]. Food Chemistry,62 (4):415-424.

MURPHY R Y,MARKS B P,2000. Effect of meat temperature on proteins,texture,and cook loss for ground chicken breast patties[J]. Poult Science,79(1):99-104.

NARVÁEZ-RIVAS M,GALLARDO E,LEÓN-CAMACHO M,2014. Chemical changes in volatile aldehydes and ketones from subcutaneous fat during ripening of Iberian dry-cured ham. Prediction of the curing time[J]. Food Research International,55:381-390.

QI J,LIU D Y,ZHOU G H,et al. ,2017. Characteristic flavor of traditional soup made by stewing Chinese yellow-feather chickens[J]. Journal of Food Science,82(9):2031-2040.

RADDER L,ROUX R L,2005. Factors affecting food choice in relation to venison:A South African example [J]. Meat Science,71(3):583-589.

SCHINDLER S,KRINGS U,BERGER R G,et al. ,2010. Aroma development in high pressure treated beef and chicken meat compared to raw and heat treated[J]. Meat Science,86(2):317-323.

SEALEY W M,GAYLORD T G,BARROWS F T,et al. ,2011. Sensory analysis of rainbow trout, oncorhynchus mykiss,fed enriched black soldier fly prepupae,hermetia illucens[J]. Journal of the World Aquaculture Society,42(1):34-45.

STOLOWSKI G D,BAIRD B E,MILLER R K,et al. ,2006. Factors influencing the variation in tenderness of seven major beef muscles from three Angus and Brahman breed crosses[J]. Meat Science,73(3):475-483.

SUN L,CHEN J,LI M,et al. ,2014. Effect of star anise (*Illicium verum*) on the volatile compounds of stewed chicken[J]. Journal of Food Process Engineering,37(2):131-145.

SVEINSDÓTTIR K,MARTINSDÓTTIR E,GREEN-PETERSEN D,et al. ,2009. Sensory characteristics of different cod products related to consumer preferences and attitudes[J]. Food Quality and Preference,20(2): 120-132.

TOLDRÁ F,FLORES M,1998. The role of muscle proteases and lipases in flavor development during the processing of dry-cured ham[J]. Critical Reviews in Food Science and Nutrition,38(4):331-352.

TORRESCANO G,SÁNCHEZ-ESCALANTE A,GIMÉNEZ B,et al. ,2003. Shear values of raw samples of 14 bovine muscles and their relation to muscle collagen characteristics[J]. Meat Science,64(1):85-91.

VESTERGAARD M,THERKILDSEN M,HENCKEL P,et al. ,2000. Influence of feeding intensity,grazing and finishing feeding on meat and eating quality of young bulls and the relationship between muscle fibre characteristics,fibre fragmentation and meat tenderness[J]. Meat Science,54(2):187-195.

WHEELER T L,SHACKELFORD S D,KOOHMARAIE,1998. Cooking and palatability traits of beef longissimus steaks cooked with a belt grill or an open hearth electric broiler[J]. Journal of Animal Science,76(11):2805-2810.

WOOD J D,ENSER M,1997. Factors influencing fatty acids in meat and the role of antioxidants in improving meat quality[J]. British Journal of Nutrition,78 Suppl 1(1):S49.

XIA D,ZHANG D N,GAO S T,et al. ,2017. Categorization of Chinese dry-cured ham based on three sticks' method by multiple sensory technologies[J]. Journal of Food Quality,2017:1-6.

XU Y,CHEN Y P,DENG S L,et al. 2020. Application of sensory evaluation,GC-ToF-MS,and E-nose to discriminate the flavor differences among five distinct parts of the Chinese blanched chicken[J]. Food Research International,137:109669.

YUN H,HAENG LEE K,JUNG LEE H,et al. ,2012. Effect of high-dose irradiation on quality characteristics of ready-to-eat chicken breast[J]. Radiation Physics and Chemistry,81(8):1107-1110.

ZHANG J,WANG L,LIU Y,et al. ,2010. Changes in the volatile flavour components of Jinhua ham during the traditional ageing process[J]. International Journal of Food Science & Technology,41(9):1033-1039.

ZHANG N,WANG W,LI B,et al. ,2019. Non-volatile taste active compounds and umami evaluation in two aquacultured pufferfish (*Takifugu obscurus* and *Takifugu rubripes*) [J]. Food Bioscience, 32: 100468.

第 10 章

现代食品感官分析仪器应用案例

本章教学要点：了解电子鼻、电子舌和眼动仪的应用案例。

10.1 电子鼻应用案例

案例 1 中式菜肴风味物质的检测

1. 知识目标

(1)了解电子鼻的基本操作方法。

(2)采用电子鼻评价添加酶对红烧肉热反应香精感官品质的影响。

2. 能力目标

(1)熟悉电子鼻测试过程,学会制备样品。

(2)重点掌握电子鼻的测试步骤和准确使用。

(3)熟练掌握使用电子鼻测定红烧肉香精的方法。

3. 实验方法

取 5 g 红烧肉香精样品置于顶空瓶中,在室温下平衡 30 min 待测。PEN3 电子鼻的测定条件为:清洗时间 300 s,样品准备时间 5 s,进样流量 300 mL/min,分析采样时间 150 s,每个样品重复 6 次。采用自带的软件系统对电子鼻测定数据进行判别因子分析(LDA)。

4. 实验结果

1)蛋白酶种类对红烧风味香精电子鼻气味轮廓的影响

蛋白酶种类电子鼻检测红烧风味香精气味轮廓的 LDA 分析如图 10-1 所示。由图 10-1 可知,LDA 图中得到第一主成分的贡献率为 75.495%,第二主成分的贡献率为 10.185%。Pap、Pin 与其他蛋白酶制备的香精在气味轮廓上距离很远,说明其气味特征差别较大,但 Pap 与其他蛋白酶相比气味特征差别更大。Fla、Alk、Pan、Neu 和 Ani 气味轮廓相互重叠,表明彼此之间气味特征差别不大。其中 Fla 和 Alk、Fla 和 Pan、Alk 和 Neu 和 Ani 部分重叠,说明它们彼此之间气味特征比较相似。根据蛋白酶种类对红烧风味香精的感官评价得分结果可知,感官评价得分最高的是 Pap,其次是 Fla 和 Pin,这与感官评价的结果一致。

2)加酶量对红烧风味香精电子鼻气味轮廓的影响

加酶量电子鼻检测红烧风味香精气味轮廓的 LDA 分析如图 10-2 所示。由图 10-2 可知,LDA 图中得到第一主成分的贡献率为 91.628%,第二主成分的贡献率为 4.260%。总的贡献率为 95.888%,能够描述挥发性风味物质随加酶量变化的趋势。加酶量为 0.3%制备的香精在气味轮廓上距离很远,其气味特征差别较大。其中加酶量 0.1%和加酶量 0.2%、加酶量 0.4%和加酶量 0.5%部分重叠,说明它们彼此之间气味特征比较相似。根据加酶量对红烧风味香精的感官评价得分结果可知,加酶量为 0.3%时感官评价得分最高,这与感官评价的结果一致。

案例 2 仿香物质的研究分析

1. 知识目标

(1)了解电子鼻的基本操作方法。

(2)采用电子鼻评价烟熏腊肉香精的应用。

2. 能力目标

(1)熟悉电子鼻测试过程,学会制备样品。

(2)重点掌握电子鼻的测试步骤和准确使用。

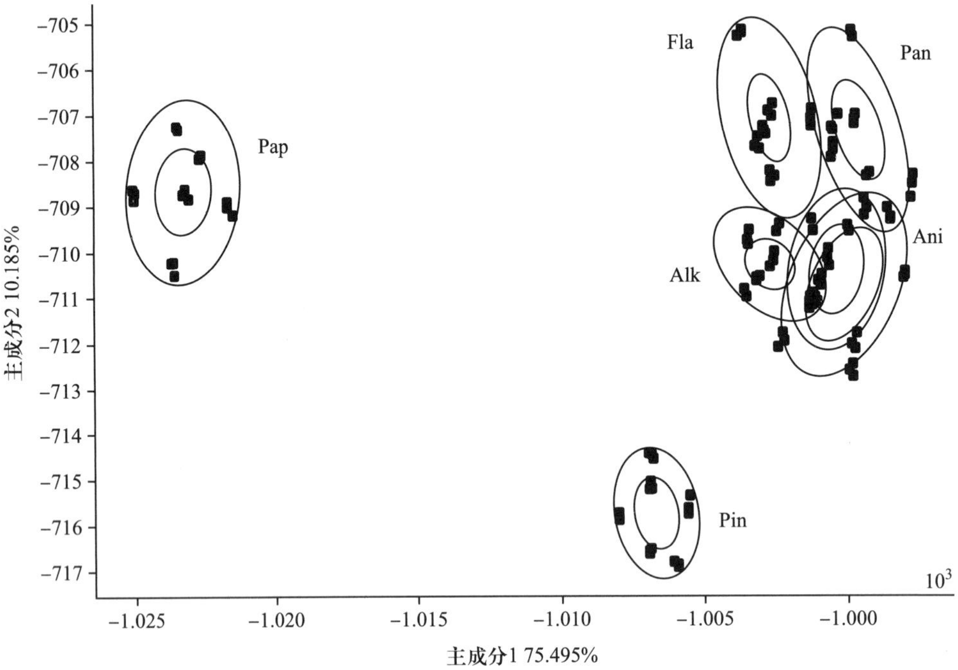

注：Neu 为中性蛋白酶，Alk 为碱性蛋白酶，Ani 为动物蛋白水解酶，Fla 为风味酶，Pap 为木瓜蛋白酶，Pan 为胰酶，Pin 为菠萝蛋白酶

图 10-1　蛋白酶种类电子鼻检测红烧风味香精气味轮廓的 LDA 分析

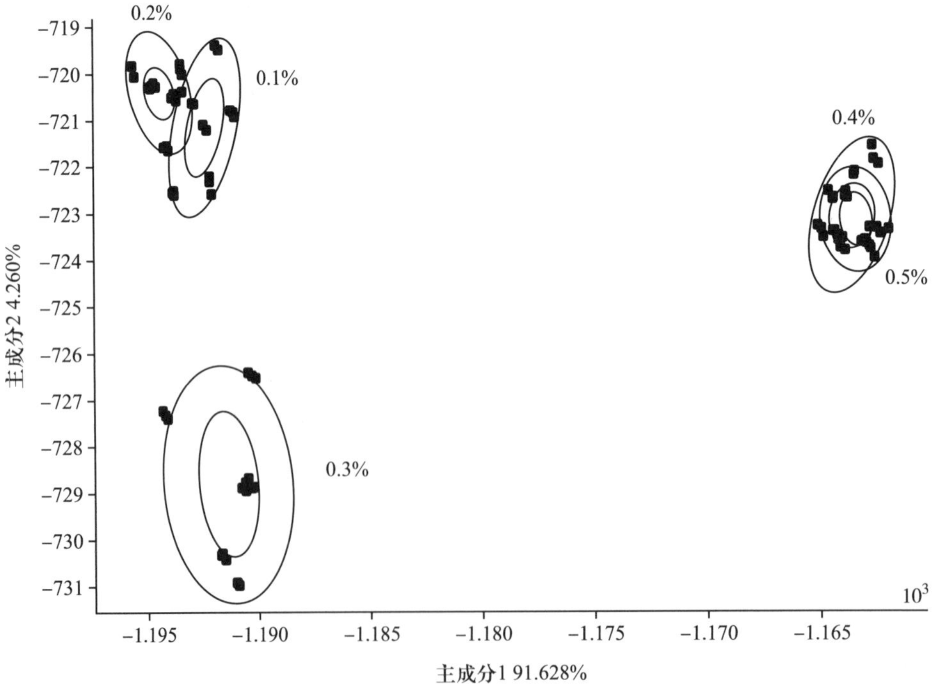

图 10-2　加酶量电子鼻检测红烧风味香精气味轮廓的 LDA 分析

(3)熟练掌握使用电子鼻测定烟熏腊肉香精的方法。

3. 实验方法

1)烟熏腊肉样品制备和腊肉香精制备

根据安全点与风味最佳工艺点风味组分的差异调配好烟熏腊肉香精;将安全点腊肉样品(11-3 号)和风味最佳点腊肉样品(11-18 号)切碎(约 0.20 cm)待用。

2)分析方法

将腊肉香精分别按百分之一、千分之一和万分之一浓度以 0.01 g,0.02 g,0.05 g,0.10 g,0.50 g,1.00 g 的添加量加入装有 2.00 g 切碎的安全点腊肉样品(约 0.20 cm)的顶空瓶中,在室温下平衡 30 min 待测。PEN3 电子鼻的测定条件为:清洗时间 300 s,样品准备时间 5 s,进样流量 300 mL/min,分析采样时间 150 s,每个样品重复 3 次。

3)数据分析

电子鼻测定数据采用自带的软件系统进行主成分分析(PCA)。

4. 实验结果

香精的添加量电子鼻检测结果如图 10-3 所示。图 10-3 中得到第一主成分的贡献率为 74.240%,第二主成分的贡献率为 24.350%。总的贡献率为 98.590%,能够描述挥发性风味物质随加酶量变化的趋势。结果说明香精在稀释浓度为 1%、添加量为 0.023 g 时使用效果最佳,添加香精后的样品最接近风味最佳点的烟熏腊肉。由图 10-4 可知,香精在稀释浓度为 1%、添加量为 0.10 g 时与 11-18 号样品的区分度最高,为 0.967;而在稀释浓度为 1%、添加量为 0.023 g 时与 11-18 号样品的区分度最低,相似度最高。因此,最佳的香精应用条件为:稀释浓度 1%,添加量 0.023 g。

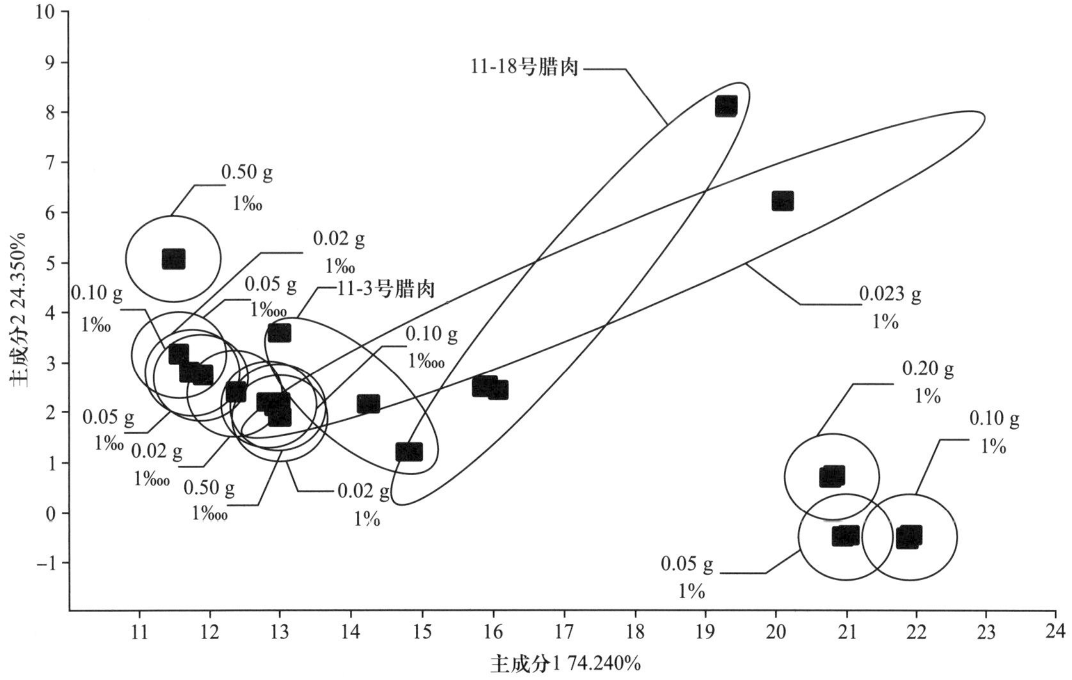

图 10-3　香精应用结果

PCA-Analysis

normalization : PCA
Matrix : Correlation-M.
Algorithm: PCA
Variance: 98.593%
1. main axis: 74.239%
2. main axis: 24.355%
Pattern Flie:
Discrimination power:

	11-18	1‰0-0.20g	1‰0-0.05g	1‰0-0.10g	1‰0-0.50g	1‰-0.02g	1‰-0.05g	1‰-0.10g	1‰-0.50g	1%-0.02g	1%-0.05g	1%-0.10g	1%-0.20g	1%-0.023g	11-3
11-18		0.687	0.777	0.645	0.636	0.739	0.737	0.899	0.728	0.638	0.930	0.967	0.949	0.168	0.499
1‰0-0.20g	0.687		1.000	0.997	0.996	1.000	1.000	1.000	1.000	0.999	1.000	1.000	1.000	0.576	0.680
1‰0-0.05g	0.777	1.000		1.000	1.000	1.000	0.999	1.000	0.999	1.000	1.000	1.000	1.000	0.613	0.740
1‰0-0.10g	0.645	0.997	1.000		0.998	1.000	1.000	1.000	0.999	1.000	1.000	1.000	1.000	0.557	0.684
1‰0-0.50g	0.636	0.996	1.000	0.998		1.000	1.000	1.000	0.999	0.996	1.000	1.000	1.000	0.552	0.663
1‰-0.02g	0.739	1.000	1.000	1.000	1.000		0.966	1.000	0.996	1.000	1.000	1.000	1.000	0.608	0.770
1‰-0.05g	0.737	1.000	0.999	1.000	1.000	0.966		1.000	0.999	1.000	1.000	1.000	1.000	0.607	0.763
1‰-0.10g	0.899	1.000	1.000	1.000	1.000	1.000	1.000		1.000	1.000	1.000	1.000	1.000	0.653	0.796
1‰-0.50g	0.728	1.000	0.999	0.999	0.999	0.996	0.999	1.000		1.000	1.000	1.000	1.000	0.600	0.746
1%-0.02g	0.638	0.999	1.000	1.000	0.996	1.000	1.000	1.000	1.000		1.000	1.000	1.000	0.556	0.809
1%-0.05g	0.930	1.000	1.000	1.000	1.000	1.000	1.000	1.000	1.000	1.000		0.995	1.000	1.000	0.950
1%-0.10g	0.967	1.000	1.000	1.000	1.000	1.000	1.000	1.000	1.000	1.000	0.995		1.000	0.987	0.960
1%-0.20g	0.949	1.000	1.000	1.000	1.000	1.000	1.000	1.000	1.000	1.000	1.000	1.000		0.987	0.953
1%-0.023g	0.168	0.576	0.613	0.557	0.552	0.608	0.607	0.653	0.600	0.556	1.000	0.987	0.987		0.394
11-3	0.499	0.680	0.740	0.684	0.663	0.770	0.763	0.796	0.746	0.809	0.950	0.967	0.953	0.394	

图 10-4 香精应用相关性矩阵

10.2 电子舌应用案例

案例 3 鸡汤和猪骨汤味觉信息的测定

1. 知识目标

(1)掌握电子舌仪器中传感器以及参比电极的活化、安装以及清洗，熟练掌握仪器操作以及数据处理。

(2)利用电子舌对鸡汤和猪骨汤常规五味及甜味味觉特性进行测定，得到鸡汤和猪骨汤的味觉信息。

2. 能力目标

(1)熟悉电子舌测试过程，学会制备样品。

(2)重点掌握电子舌的测试步骤和准确使用。

(3)熟练掌握使用电子舌测定汤品的方法。

3. 材料、仪器与试剂

1)材料

鸡汤、猪骨汤、乳胶手套、定性滤纸、100 μL 移液枪枪头等。

2)仪器

SA-402B 味觉分析系统、100 μL 移液枪。

3)试剂

①基准液[30 mmol/L KCl+0.3 mmol/L *L* (+)-酒石酸]。

②清洗液(此两种试剂必须按顺序添加)。

正极清洗液：7.46 g KCl+500 mL 蒸馏水+300 mL 无水乙醇+0.56 g KOH，定容至 1 L。

负极清洗液：500 mL 蒸馏水+300 mL 无水乙醇+8.3 mL 浓 HCl，定容至 1 L。

③传感器、参比电极内部液(3.33 mol/L KCl+饱和 AgCl 溶液)。

④参比电极浸泡液(3.33 mol/L KCl 溶液)。

⑤甜味传感器专用浸泡液。

4. 操作步骤

(1)样品要求为澄清液体,脂肪含量不超过5%,不能含有有机试剂,酒精度必须小于20%。炖煮后的鸡汤及猪骨汤样品需进行过滤除油处理。

(2)准备与活化传感器及参比电极。

(3)安装味觉传感器,放置样品及洗液。

(4)开机,校准传感器(只需在首次使用仪器前使用标准溶液校准)。

(5)设置测试程序,进行样品测定。

(6)结束实验,整理仪器。

5. 数据处理

使用“Taste analysis application”软件进行数据处理,将数据转化为味觉值。

6. 实验结果

两样品的味觉信息如表10-1。

表10-1　猪骨汤和纯鸡汤的味觉信息

样品	酸味	苦味	涩味	苦味的回味	涩味的回味	鲜味	鲜味的回味	咸味	甜味
猪骨汤	−33.24	10.13	0.02	1.42	−0.13	14.63	0.80	−1.40	11.33
纯鸡汤	−26.04	4.13	0.51	−0.14	0.22	10.91	5.33	6.11	4.63

转化为味觉雷达图如图10-5所示。

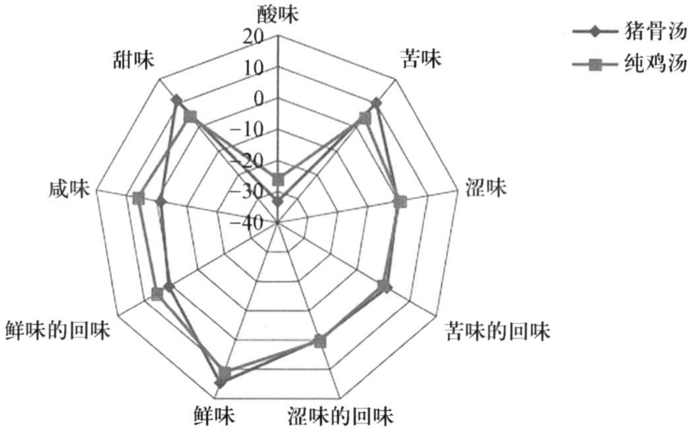

图10-5　猪骨汤和纯鸡汤的味觉雷达图

案例4　不同原料制备的鸡粉的常规5味味觉信息测定

1. 知识目标

(1)掌握电子舌仪器中传感器和参比电极的活化、安装以及清洗,熟练掌握仪器操作以及数据处理。

(2)利用电子舌对不同原料制备的鸡粉常规5味味觉特性进行测定,得到两鸡粉样品的常规5味味觉信息。

2. 能力目标

(1)熟悉电子舌测试过程,学会制备样品。

(2)重点掌握电子舌的测试步骤和准确使用。

(3)熟练掌握使用电子舌测定鸡粉的方法。

3. 材料、仪器与试剂

1)材料

两种不同原料鸡粉(原料为鸡胸肉、鸡骨泥)、定性滤纸、乳胶手套、100 μL 移液枪枪头等。

2)仪器

SA-402B 味觉分析系统、100 μL 移液枪。

3)试剂

①基准液[30 mmol/L KCl+0.3 mmol/L *L*(+)-酒石酸]。

②清洗液(此两种试剂必须按顺序添加)。

正极清洗液:7.46 g KCl+500 mL 蒸馏水+300 mL 无水乙醇+0.56 g KOH,定容至1 L。

负极清洗液:500 mL 蒸馏水+300 mL 无水乙醇+8.3 mL 浓 HCl,定容至 1 L。

③传感器、参比电极内部液(3.33 mol/L KCl+饱和 AgCl 溶液)。

④参比电极浸泡液(3.33 mol/L KCl 溶液)。

4. 操作步骤

(1)样品要求为澄清液体,脂肪含量不超过 5%,不能含有有机试剂,酒精度必须小于20%。将两种鸡粉分别加入 55 ℃蒸馏水配制成 0.5 mg/mL 的溶液,再经定性滤纸过滤,得到鸡粉溶液 1 号(鸡骨泥)和鸡粉溶液 2 号(鸡胸肉)。

(2)准备与活化传感器及参比电极。

(3)安装味觉传感器,放置样品及洗液。

(4)开机,校准传感器(只需在首次使用仪器前使用标准溶液校准)。

(5)设置测试程序,进行样品测定。

(6)结束实验,整理仪器。

5. 数据处理

使用“Taste analysis application”软件进行数据处理,将数据转化为味觉值。

6. 实验结果与分析

两鸡粉的味觉信息数据如表 10-2 所示。

表 10-2 两种鸡粉溶液的味觉信息

样品名称	酸味	苦味	涩味	苦味的回味	涩味的回味	鲜味	鲜味的回味	咸味
鸡粉溶液 1 号(鸡骨泥)	−27.94	5.82	1.48	−0.08	0.19	7.02	2.47	4.84
鸡粉溶液 2 号(鸡胸肉)	−27.75	6.56	1.63	0.16	0.21	7.03	2.44	4.78

转化为味觉雷达图如图 10-6 所示。从图 10-6 可以看出,两种不同原料制备的鸡粉在常规 5 味鲜味、咸味、苦味、涩味、酸味方面的测试值基本一致,用鸡骨泥替换鸡胸肉后鸡粉溶液在滋味方面的常规 5 味无太大差异,即口味特征无明显差异。

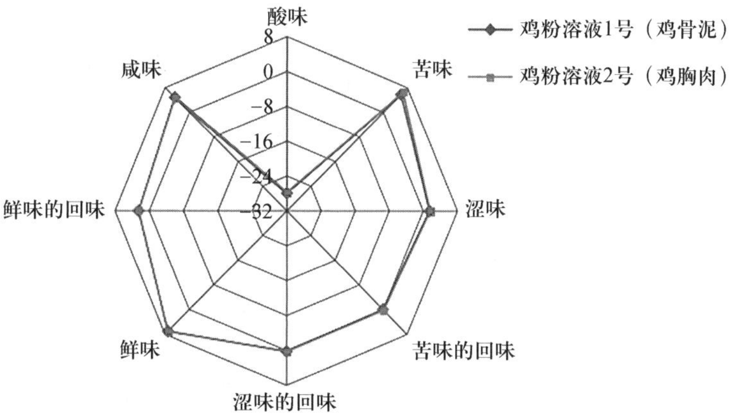

图 10-6　两种鸡粉溶液的味觉雷达图

10.3　眼动仪应用案例

案例 5　果酱包装的视觉偏好选择的测定

1. 知识目标

(1)在非目标导向的任务中收集消费者对果酱食品包装的认知信息。

(2)探讨哪些包装属性会影响消费者自我报告的尝试意愿。

2. 能力目标

(1)熟悉眼动追踪技术的测试过程。

(2)重点掌握眼动追踪过程中被试人员的矫正过程。

3. 材料与仪器

1)材料

4 种不同正交变化的设计属性：

①图片与文字(草莓和黑莓果酱)信息。

②罐子的形状/轮廓为圆形与圆柱形。

③质地光滑与脊状。

④书面单词“natural present”和“absent”作为眼动实验中刺激元素。

2)仪器

眼动追踪系统(Tobii TX300，Tobii，Stockholm，Sweden)。

4. 操作步骤

该研究是在一个标准照明条件下的安静房间中进行的。每个参与者坐在离眼动仪和屏幕 60 cm 的位置。校准后任务的一般指令在屏幕上显示 5 000 ms。主要内容如下:“一个果酱罐的图像将在屏幕上出现 2.5 s。请看它,然后按照屏幕上显示的任务说明去做。”总共有 16 张图片会单独出现。实验执行者口头解释这个过程,以确保参与者完全理解他们被要求执行的任务。在提供了这些说明之后,一个白屏显示 1 000 ms,然后每个图像单独显示 2 500 ms,最后是一个白屏。产品展示时间为 2 500 ms。然后,被试者被要求以 9 分制对其选择所尝试产品的意愿进行评级。说明如下:请评价您愿意尝试的产品的程度。由此完成共 16 个包装的眼动实验。

5. 数据处理

为了分析并比较16个果酱瓶中的注视点，实验将包装分成4个感兴趣区域(AOIs)，分别为：①带有水果照片(风味图片)区域；②包装边框区域；③品牌名称标志区域；④风味描述区域。

6. 实验结果与分析

眼动追踪产生的信息主要是在参与者可能没有意识到的情况下得到的，这些信息主要是，在购买东西时什么可能吸引消费者的注意力，以及他们在选择竞争产品时可能会关注什么(Rettie 和 Brewer 2000)。因此，眼动行为中常涉及的几个参数(如注视时长、注视点数目)如今被频繁使用，特别是当涉及评估消费者的注意力可能集中在哪里时，观察者的视觉注视轨迹与热点可能是一个最常用的参数(Gofman et al.，2009；Wedel 和 Pieters，2007；Rayner et al.，2008)。

经过数据汇总可知，消费者的主要注视区域为4个感兴趣区域(AOIs)(表10-3)，当被试者将注意力转向一个或另一个AOI时，相对而言该属性更为重要。在本案例中，相对于平均时间而言，最受关注的AOI是风味图片AOI(443 ms)和商品标志AOI(370 ms)，然后是产品信息(风味描述)AOI(365 ms)，最后是边框AOI(61 ms)。这些数值可从眼动追踪热点成像中获得。

表10-3　包装中4个感兴趣区域的平均热点注视时长数据分布表

风味图片	2-边框	风味描述	商品标志
443 ms	61 ms	365 ms	370 ms

案例6　眼动仪探究消费者对鱼制品的健康性认知

1. 知识目标

(1)了解眼动仪的原理及基本操作方法。

(2)利用眼动仪更好地了解消费者的认知。

2. 能力目标

(1)掌握眼动仪基本操作流程。

(2)掌握眼动核心指标的含义。

3. 材料与仪器

1)实验人员

参与者为年龄分布在30～55岁的30位母亲，这30位母亲均负责为家中的儿童、青少年和年轻成年人购买和准备食物(Olsen et al.，2008)。

2)刺激材料

15个图像均由一种鱼类产品(炸鱼块、烤鱼片和烤鱼汉堡)和两种蔬菜[生菜、煮土豆，天妇罗和(或)炸薯条]形成组合，并呈现在盘中被当作刺激材料。鱼类产品的热量为：鱼汉堡120 kcal(100 g)，鸡块360 kcal(130 g)，烤鱼片118 kcal(100 g)。每个盘子中的3个菜品都对应3个明确的感兴趣区域。

3)仪器和软件

Tobii T120 眼动追踪仪；Tobii Studio version 2.0.3。

4. 操作步骤

所有参与者被要求坐在离计算机显示器60 cm的椅子上。在开始之前，参与者被告知她们将看到15张由不同鱼制品(炸鱼块、烤鱼片和烤鱼汉堡)和不同配菜搭配成的盘子图片。在看完每一张图片后，参与者被要求回答一个问题——“你认为这道菜有多健康?”，用9个方框来表示从非常不健康到非常健康打分。图片的展示顺序是随机的，每张图片的播放时间为7 s。眼动数据分析基于感兴趣区域捕捉眼球注视信息(最小阈值200 ms)(Rayner，1998；Bialkova和Trijp，2011)。

5. 数据处理

获得每张图像的热图，并计算以下眼动跟踪指标：首次注视点、首次注视时间、注视次数、注视时长等。首个注视点是指消费者在屏幕上第一眼看到的地方；首次注视时间是指每个AOI的第一次注视时间；注视次数是指被试对刺激的注视频率；注视时长是指AOI内发生的注视时间的总和。

眼动结果采用SPSS 13.0统计软件(SPSS)进行分析。采用主成分分析(PCA)分析平均眼动指标的相关矩阵，以确定哪些参数与结果的变异性有关。PCA仅应用于鱼类产品AOI的眼球追踪指标。

多变量方差分析与双因素(鱼产品和配菜)被用于确定鱼产品及配菜是否具有显著差异。采用5%显著性水平的Tukey检验评价最小差异。

6. 实验结果与分析

眼动跟踪技术精确地记录了视觉注意的位置和持续时间，热图是其中一种表示结果的方法，采用颜色光谱来表明受试者注意力集中的位置。颜色变化根据热点呈现不同分布，具体颜色分布可参考Lorigo(2008)网页版。可以看出，在每种配菜组合中，与其他鱼类产品(炸鱼块或烤鱼片)相比，鱼汉堡呈现的红色区域最高，这表明这一兴趣区更能吸引受试者的注意力。

热图还可以显示健康评级的结果，其中分值最低的是炸鱼块、鱼肉汉堡、天妇罗和薯条的组合，可能是因为被试者担心这些菜都是油炸产品。研究结果还显示，人们对鱼类产品健康程度的感知有一个明确的顺序，认为鱼片比鱼汉堡或鱼块更健康。这种看法表明参与者可能会将鱼块与一些营养价值较低的加工食品或快餐联系起来。相比之下，他们会将烤鱼片与家庭餐联系在一起。鱼肉汉堡排名第二，所以人们认为它比鱼块更健康。两者都是商业加工产品，但鱼汉堡是烤制的，而不是油炸的。

在热图和健康感知之间的关系方面，鱼汉堡AOI吸引了更多的关注，这可能是由于参与者的好奇心或缺乏对这种鱼类产品的认识(Olsen et al.，2008)。健康得分证实了这一观察结果，因为装有鱼汉堡的盘子之间得分没有显著差异($P>0.05$)，表明消费者不能决定这些鱼产品中哪一个更健康，或者他们认为这些盘子里都包含了鱼汉堡，因此是同等健康的。

案例7　对高热量和低热量食物的偏好和选择

1. 知识目标

(1)了解眼动仪的基本操作方法。

(2)利用眼动追踪技术比较参与者对于高热量食物、低热量食物和非食物组合的反应性。

2. 能力目标

(1)熟悉眼动仪基本操作过程和测试过程。

(2)重点掌握眼动仪的测试步骤和准确使用。

3. 材料与仪器

1)实验人员

挑选 90 名女性(平均年龄为 24.6 岁)参加该实验。参与者的视力正常或矫正,没有身体或精神障碍,也没有服用药物。

2)实验材料

选择 60 幅图像,图像内容主要是:具有甜味的高热量食物(如奶油蛋糕、糖果等),具有甜味的低热量食物(如水果、水果沙拉等)和非食物(如办公用品等)。

3)仪器和软件

Tobii T120 眼动追踪仪;Tobii Studio version 2.0.3。

4. 操作步骤

图像共分为 10 组,每一组包括 3 种图像对:高热量食物+低热量食物,高热量食物+非食物,低热量食物+非食物。每个图像对在实验过程中显示两次。第二次显示图像对时,图像对设置为镜像,实验顺序是随机的。所有参与者都可以看到相同的图像对,但顺序不同。图片演示的眼球追踪实验持续时间大约为 8 min。

根据体重指数(BMI),参与者被分为 3 组:体重超重且关注体重(OW+),体重正常且关注体重(NW+),体重正常且不关注体重(NW-)。3 组参与者均被邀请参加眼动追踪实验。参与者被要求观看图像对。在每次实验之前,必须将屏幕中央的黑色十字加号固定 1 s。随后,呈现图像对持续 6 s。

在实验结束时,参与者对食欲和食物图像(5 种低热量食物和 5 种高热量食物)进行评分。评分方法为 7 分制,1 表明"一点都不",7 表明"非常"。

5. 数据处理

将眼动追踪软件中的数据导入 Excel 软件,获得注视时间与注视点的相关数据。计算参与者对食欲和食物图像评分的平均值和标准差。

6. 实验结果与分析

将整个 600 像素×450 像素的食物图像和非食物图像定义为 AOI。注视数据分析仅针对每个试验产生的两个 AOI 进行。通过分析包含高热量和低热量食物的图像对的注视百分比,可知参与者在不同时间对不同热量的食物或非食物的关注程度。通过分析食欲和食物图像的平均分和标准差,可知参与者对低热量食物和高热量食物的偏好选择。

1)包含高热量和低热量食物的图像对的注视百分比的分析结果

在不同时间间隔中,统计对包含高热量和低热量食物的图像对的注视百分比。在不存在食物的情况下,整个实验过程中均以视觉方式获取对高热量和低热量的食物关注程度。分析可知,在图片对演示的第 1 s 中,高热量食物比低热量食物和非热量食物更易引起视觉关注。此后,对高热量食物和低热量食物图像对的注意力有所降低,对高热量食物和非食物图像对以及低热量食物和非食物图像对的注视百分比有所升高,而且对低热量食物和非食物图像对的注视百分比高于对高热量食物和非食物图像对的注视百分比。

2)食欲和总体喜好分析结果

对食欲和食物图像的偏好程度进行评分(计算平均分和标准差),结果发现,参与者普遍偏爱低热量(相对于高热量)食品。在对低热量食品和高热量食品的食欲评分结果中发现,低热量食品与高热量食品相比食欲较高,这与偏好选择结果一致。(Potthoff 和 Schienle,2020)

思考题

1. 在眼动追踪实验中,刺激图片中的感兴趣区域(AOIs)如何划分?
2. 眼动实验结果中,图片中的热点分布能够表明什么?

参考文献

BIALKOVA S,TRIJP H,2011. An efficient methodology for assessing attention to and effect of nutrition information displayed front-of-pack[J]. Food Quality and Preference,22(6):592-601.

GOFMAN A,MOSKOWITZ H,FYRBJORK J,et al. ,2009. Rule developing experimentation to perception of food packages with eyetracking[J]. The Open Food Science Journal,3:66-78.

LORIGO L,HARIDASAN M,BRYNJARSDÓTTIR H,et al. ,2008. Eye tracking and online search: lessons learned and challenges ahead[J]. Journal of the American Society for Information Science and Technology,59(1):1041-1052.

OLSEN S O,HEIDE M,DOPICO D C,et al. ,2008. Explaining intention to consume a new fish product:a cross-generational and cross-cultural comparison[J]. Food Quality and Preference,19(7):618-627.

PIQUERAS-FISZMAN B,VELASCO C,SALGADO-MONTEJO A,et al. ,2013. Using combined eye tracking and word association in order to assess novel packaging solutions:A case study involving jam jars[J]. Food Quality and Preference,28(1):328-338.

POTTHOFF J,SCHIENLE A,2020. Time-course analysis of food cue processing:An eye-tracking investigation on context effects[J]. Food Quality and Preference,84:103936.

RAYNER K,MILLER B,ROTELLO C M,2008. Eye movements when looking at print advertisements: The goal of the viewer matters[J]. Applied Cognitive Psychology,22:697-707.

RAYNER K,1998. Eye movements in reading and information processing:20 years of research[J]. Psychological Research,124(3):372-422.

RETTIE R,BREWER C,2000. The verbal and visual components of package design[J]. Journal of Product and Brand Management,9(1):56-70.

WEDEL M,PIETERS R,2007. A review of eye-tracking research in marketing[J]. Review of Marketing Research,4:123-147.

附　　录

附录1　感官评价员筛选常用表

附表1-1　感官评价员筛选调查表

个人情况：

姓名：____________________　性别：____________________　年龄：____________________

职业：__________________________________　地址：__________________________________

联系电话：__________________________

你从何处听说我们这个招募？____

时间：

(1)一般来说，一周中，你的时间怎样安排？空余时间是哪天？

____

(2)从×月×日到×月×日之间，你是否要外出，如果外出，需要多长时间？

____

健康状况：

(1)你是否有下列情况？

假牙____

糖尿病____

口腔或牙龈疾病________________________________

食物过敏______________________________________

低血糖____

高血压____

(2)你是否在服用对器官有影响的药物，尤其对味觉和嗅觉？

____

饮食习惯：

(1)你目前是否在限制饮食？如果有，限制的是哪种食物？

____

(2)你最喜爱的食物是什么？____

(3)你最不喜欢的食物是什么？____

(4)你不能吃什么食物或是否有宗教禁忌？____

(5)你不愿意吃什么食物？____

(6)你认为你的味觉和嗅觉辨别能力如何？____

	嗅觉	味觉
高于平均水平	__________	__________
平均水平	__________	__________
低于平均水平	__________	__________

(7)你目前的家庭成员中有人在食品公司工作吗？__________________________________

(8)你是否抽烟？____

日常生活习惯：

(1)你是否喜欢使用香水？____

如果用，是什么品牌？______

(2)你喜欢带香味还是不带香味的物品？如香皂等。______

陈述理由。______

(3)请列出你喜爱的香味产品。______

陈述理由。______

(4)请列出你不喜爱的香味产品。______

陈述理由。______

(5)你最讨厌哪些气味？______

陈述理由。______

(6)你最喜欢哪些气味或者香气？______

(7)你认为你辨别气味的能力在何种水平？

高于平均值______平均值______低于平均值______

(8)你目前的家庭成员中有人在香精或者广告公司工作吗？______

如果有，是在哪一家？______

(9)品评人员在品评期间不能用香水，在品评小组成员集合之前 1 h 不能吸烟，如果你被选为选评人员，你愿意遵守以上规定吗？______

描述词小测验：

(1)如果某种香水类型是"果香"，你还可以用什么词汇来描述它？______

(2)哪些产品具有植物气味？______

(3)哪些产品有甜味？______

(4)哪些气味与"干净""新鲜"有关？______

(5)你怎样描述水果味和柠檬味之间的不同？______

(6)你用哪些词汇来描述男用香水和女用香水的不同？______

(7)哪些词语可以用来描述一篮子刚洗过的衣服的气味？______

(8)请描述一下面包坊里的气味。______

(9)请你描述一下某种品牌的洗涤剂气味。______

(10)请你描述一下某种品牌的香皂气味。______

(11)请你描述一下地下室的气味。______

(12)请你描述一下某食品店的气味。______

(13)请你描述一下香精开发实验室的气味。______

附录 2　感官分析国际标准

一、国际标准化组织(ISO)颁布的感官分析国际标准

ISO 共颁布感官分析国际标准 41 项，其中食品技术委员会感官分析分技术委员会(TC 34/SC 12)颁布 31 项，TC 34 下的其他产品领域分委会如 SC 05 乳与乳制品、SC 04 谷物和豆类、SC 08 茶叶、SC 15 咖啡分别颁布了 3 项、2 项、1 项和 2 项。其他的技术委员会如 TC 87 也颁布了一项有关检测葡萄酒等酒精饮料用的软木塞的气味/风味的感官评价方法标准。

附表 2-1　ISO/TC 34/SC 12 颁布的感官分析国际标准一览表

ISO 国际标准号	标准英中文名称
基础标准　2 项	
ISO 5492：2008/Amd 1:2016	Sensory analysis—Vocabulary 感官分析　术语
ISO 11035:1994	Sensory analysis—Identification and selection of descriptors for establishing a sensory profile by a multidimensional approach 感官分析　通过多元分析方法鉴定和选择用于建立感官剖面的描述词
方法标准　21 项	
ISO 6658:2017	Sensory analysis—Methodology—General guidance 感官分析　方法学　总论
ISO 4120:2021	Sensory analysis—Methodology—Triangle test 感官分析　方法学　三点检验
ISO 10399:2017	Sensory analysis—Methodology—Duo-trio test 感官分析　方法学　二-三点检验
ISO 5495:2005/Amd 1:2016/Cor 1:2006	Sensory analysis—Methodology—Paired comparison test 感官分析　方法学　成对比较检验
ISO 8588:2017	Sensory analysis—Methodology—“A”-“not A” test 感官分析　方法学　“A”-“非 A”检验
ISO 8587：2006/Amd 1:2013	Sensory analysis—Methodology—Ranking 感官分析　方法学　排序法
ISO 16820:2019	Sensory analysis—Methodology—Sequential analysis 感官分析　方法学　序贯分析
ISO 11056:2021	Sensory analysis—Methodology—Magnitude estimation method 感官分析　方法学　量值估计法
ISO 4121:2003	Sensory analysis—Guidelines for the use of quantitative response scales 感官分析　定量响应标度使用导则

续附表2-1

ISO 国际标准号	标准英中文名称
ISO 13299:2016	Sensory analysis—Methodology—General guidance for establishing a sensory profile 感官分析　方法学　建立感官剖面的导则
ISO 11036:2020	Sensory analysis—Methodology—Texture profile 感官分析　方法学　质地剖面检验
ISO 5497:1982	Sensory analysis—Methodology—Guidelines for the preparation of samples for which direct sensory analysis is not feasible 感官分析　方法学　不能直接感官分析的样品制备准则
ISO 29842:2011/Amd 1:2015	Sensory analysis—Methodology—Balanced incomplete block designs 感官分析　方法学　平衡不完全区组设计
ISO 3972:2011/Cor 1:2012	Sensory analysis—Methodology—Method of investigating sensitivity of taste 感官分析　方法学　味觉敏感度的测定
ISO 13301:2018	Sensory analysis—Methodology—General guidance for measuring odour, flavour and taste detection thresholds by a three-alternative forced-choice (3-AFC) procedure 感官分析　方法学　采用三点选配法(3-AFC)测定嗅觉、味觉和风味觉察阈值的一般导则
ISO 13302:2003	Sensory analysis—Methods for assessing modifications to the flavour of foodstuffs due to packaging 感官分析　方法学　包装材料引起的食品风味改变的评价方法
ISO 11037:2011	Sensory analysis—Guidelines for sensory assessment of the colour of products 感官分析　产品颜色感官评价导则
ISO 16779:2015	Sensory analysis—Assessment (determination and verification) of the shelf life of foodstuffs 感官分析　食品货架期评估(测评和确定)
ISO 11136:2014/Amd 1:2020	Sensory analysis—Methodology—General guidance for conducting hedonic tests with consumers in a controlled area 感官分析　方法学　受控区域消费者喜好测试一般导则
ISO 20613:2019	Sensory analysis—General guidance for the application of sensory analysis in quality control 感官分析　感官分析在产品质量控制中的应用导则
ISO 20784:2021	Sensory analysis—Guidance on substantiation for sensory and consumer product claims 感官分析　产品感官宣称证实导则
分析环境与人员管理标准　6 项	
ISO 8589:2007/Amd 1:2014	Sensory analysis—General guidance for the design of test rooms 感官分析　建立感官分析实验室的一般导则
ISO 5496:2006/Amd 1:2018	Sensory analysis—Methodology—Initiation and training of assessors in the detection and recognition of odours 感官分析　方法学　检测和识别气味方面评价员的入门和培训

续附表2-1

ISO 国际标准号	标准英中文名称
ISO 8586:2012	Sensory analysis—General guidelines for the selection, training and monitoring of selected assessors and expert sensory assessors 感官分析　优选评价员与专家评价员选拔、培训和管理导则
ISO 13300-1:2006	Sensory analysis—General guidance for the staff of a sensory evaluation laboratory—Part 1:Staff responsibilities 感官分析　感官分析实验室人员一般导则　第 1 部分:实验室人员职责
ISO 13300-2:2006	Sensory analysis—General guidance for the staff of a sensory evaluation laboratory—Part 2:Recruitment and training of panel leaders 感官分析　感官分析实验室人员一般导则　第 2 部分:评价小组组长的聘用和培训
ISO 11132:2012	Sensory analysis—Methodology—Guidelines for monitoring the performance of a quantitative sensory panel 感官分析　方法学　定量感官评价小组表现评估与核查
分析辅助器具标准	2 项
ISO 3591:1977	Sensory analysis—Apparatus—Wine-tasting glass 感官分析　器皿　葡萄酒品评杯使用要求
ISO 16657:2006	Sensory analysis—Apparatus—Olive oil tasting glass 感官分析　器皿　橄榄油品评杯使用要求

附表 2-2　ISO/TC 34/SC 04 颁布的感官分析国际标准一览表

ISO 国际标准号	标准英中文名称
ISO 7304-1:2016	Durum wheat semolina and alimentary pasta—Estimation of cooking quality of alimentary pasta by sensory analysis—Part 1:Reference method 硬质小麦粗粒面粉和通心面类制品　通过感官分析评估通心粉的蒸煮品质 第 1 部分:参比法
ISO 7304-2:2008	Alimentary pasta produced from durum wheat semolina—Estimation of cooking quality by sensory analysis—Part 2:Routine method 硬质小麦粗粒面粉和通心面类制品　通过感官分析评估通心粉的蒸煮品质 第 2 部分:常规法

附表 2-3　ISO/TC 34/SC 05 颁布的感官分析国际标准一览表

ISO 国际标准号	标准英中文名称
ISO 22935-1:2009	Milk and milk products—Sensory analysis—Part 1:General guidance for the recruitment, selection, training and monitoring of assessors 牛奶和乳制品　感官分析　第 1 部分:评价员招募、选拔、培训和考核的一般导则
ISO 22935-2:2009	Milk and milk products—Sensory analysis—Part 2:Recommended methods for sensory evaluation 牛奶和乳制品　感官分析　第 2 部分:感官评价推荐方法

续附表2-3

ISO 国际标准号	标准英中文名称
ISO 22935-3:2009	Milk and milk products—Sensory analysis—Part 3:Guidance on a method for evaluation of compliance with product specifications for sensory properties by scoring 牛奶和乳制品　感官分析　第3部分:采用评分法对产品感官指标符合性判定的一般导则

附表 2-4　ISO/TC 34/SC 08 颁布的感官分析国际标准一览表

ISO 国际标准号	标准英中文名称
ISO 3103:1980	Tea—Preparation of liquor for use in sensory tests 茶叶　用于感官评价的茶汤的制备

附表 2-5　ISO/TC 34/SC 15 颁布的感官分析国际标准一览表

ISO 国际标准号	标准英中文名称
ISO 6668:2008	Green coffee—Preparation of samples for use in sensory analysis 生咖啡　感官分析样品的制备
ISO 18794:2018	Coffee—Sensory analysis—Vocabulary 咖啡　感官分析　术语

附表 2-6　ISO/TC 87 颁布的感官分析国际标准一览表

ISO 国际标准号	标准英中文名称
ISO 22308-1:2021	Cork bark selected as bottling product—Part 1:Sensory evaluation—Methodology for sensory evaluation by soaking 选作封瓶材料的软木树皮　第1部分:感官评价　通过浸泡进行感官评价的方法

附表 2-7　ISO/TC 146/SC 6 颁布的感官分析国际标准一览表

ISO 国际标准号	标准英中文名称
ISO 16000-30:2014	Indoor air—Part 30:Sensory testing of indoor air 室内空气　第30部分:室内空气感官测试

二、美国材料与试验协会感官分析技术委员会(ASTM/E18)颁布的感官分析相关标准

美国材料与试验协会感官分析技术委员会共颁布感官分析标准45项,其中基础标准1项,方法标准39项,分析环境与人员管理标准5项,辅助器具标准0项。

附表 2-8　ASTM/E18 颁布的感官分析标准一览表

序号	标准编号	标准英中文名称	所属分委会
基础标准1项			
1	E253-22a	Standard terminology relating to sensory evaluation of materials and products 材料与制品的感官评价术语	E18.01

续附表2-8

序号	标准编号	标准英中文名称	所属分委会
方法标准 39 项			
2	E1697-05(2020)	Standard test method for unipolar magnitude estimation of sensory attributes 感官特性评价单极量值估计法	E18.03
3	E1909-13(2017)	Standard guide for time-intensity evaluation of sensory attributes 感官特性评价时间强度法	
4	E2262-03(2020)	Standard practice for estimating Thurstonian discriminal distances 瑟斯通差别度估算规程	
5	E544-18	Standard practice for referencing suprathreshold odor intensity 阈上气味强度评价规程	E18.04
6	E679-19	Standard practice for determination of odor and taste thresholds by a forced-choice ascending concentration series method of limits 强迫选择浓度递增法测定嗅觉和味觉阈值规程	
7	E1432-19	Standard practice for defining and calculating individual and group sensory thresholds from forced-choice data sets of intermediate size 基于中等规模强迫选择数据确定和计算个体和小组感觉阈值规程	
8	E1885-18	Standard test method for sensory analysis—Triangle test 感官分析方法　三点检验	
9	E2139-05(2018)	Standard test method for same-different test 感官分析方法　“A”-“非 A” 检验	
10	E2164-16	Standard test method for directional difference test 定向差异检验方法标准	
11	E2263-12(2018)	Standard test method for paired preference test 成对偏爱检验方法标准	
12	E2610-18	Standard test method for sensory analysis—Duo-trio test 感官分析方法　二-三点检验	
13	E2943-15	Standard guide for two-sample acceptance and preference testing with consumers 基于两种样品的消费者接受和偏爱测试指南	
14	E3009-15e1	Standard test method for sensory analysis—Tetrad test 感官分析方法　四分法	
15	E3041-17	Standard guide for selecting and using scales for sensory evaluation 感官评价标度选择和使用指南	

续附表2-8

序号	标准编号	标准英中文名称	所属分委会
16	E460-12	Standard practice for determining effect of packaging on food and beverage products during storage 确定包装对食品和饮料贮藏期影响的操作规范	E18.05
17	E619-17	Standard practice for evaluating foreign odors and/or flavors from paper packaging 外来气味及纸质包装带来气味的评价规范	
18	E1870-11(2019)	Standard test method for odor and taste transfer from polymeric packaging film 聚合物包装膜引起的气味和味道改变评价方法	
19	E2454-20	Standard guide for sensory evaluation methods to determine the sensory shelf life of consumer products 确定消费品感官货架期的感官评价方法指南	
20	E2609-08(2016)	Standard test method for odor or flavor transfer or both from rigid polymeric packaging 刚性聚合物包装引起产品气味或风味改变的评价方法	
21	E1958-22(2022)	Standard guide for sensory claim cubstantiation 感官质量宣称证实指南	
22	E2299-13(2021)	Standard guide for sensory evaluation of products by children and minors 儿童和未成年人产品感官评价指南	
23	E1083-00(2017)	Standard test method for sensory evaluation of red pepper heat 红辣椒热度(辣度)感官评价方法	E18.06
24	E1346-16	Standard practice for bulk sampling, handling, and preparing edible vegetable oils for sensory evaluation 感官评价用食用植物油取样、处理和制备规程	
25	E1395-90(2017)	Standard test method for sensory evaluation of low heat chilies 低辣度辣椒的感官评价方法	
26	E1396-90(2017)	Standard test method for sensory evaluation of oleoresin capsicum 辣椒油树脂的感官评价方法	
27	E1627-19	Standard practice for sensory evaluation of edible oils and fats 食用油和油脂的感官评价方法	
28	E1810-12	Standard practice for evaluating effects of contaminants on odor and taste of exposed fish 污染物对暴露其中的鱼的气味和味道的影响评价规程	
29	E1871-17	Standard guide for serving protocol for sensory evaluation of foods and beverages 食品和饮料感官评价样品的制备和提供指南	

续附表2-8

序号	标准编号	标准英中文名称	所属分委会
30	E1879-22	Standard guide for sensory evaluation of beverages containing alcohol 含酒精饮料的感官评价指南	E18.06
31	E2892-15	Standard test method for odor and flavor transfer from materials in contact with municipal drinking water 接触材料带入的饮用水气味和风味改变的评价方法	
32	E769-22	Standard test methods for odor of methanol, ethanol, n-propanol, and isopropanol 甲醇、乙醇、正丙醇和异丙醇气味测试方法标准	
33	E1207-14(2022)	Standard guide for sensory evaluation of axillary deodorancy 腋下除臭剂的感官评价指南	E18.07
34	E1490-19	Standard guide for two sensory descriptive analysis approaches for skin creams and lotions 润肤霜和乳液 2 种感官描述性分析方法指南	
35	E1593-13	Standard guide for assessing the efficacy of air care products in reducing the perception of indoor malodor 空气清新剂减少室内臭味感知的功效评价指南	
36	E2049-12	Standard guide for quantitative attribute evaluation of fragrance/odors for shampoos and hair conditioners by trained assessors 采用训练的评价员定量评价洗发水和护发素的香味/气味指南	
37	E2082-12	Standard guide for descriptive analysis of shampoo performance 洗发水性能描述性分析指南	
38	E2346/E2346M-15(2022)el	Standard guide for sensory evaluation of household hard surface-cleaning products with emphasis on spray triggers 家用硬表面清洁产品(喷雾类)感官评价指南	
39	E3314-21	Standard guide for protection of respondents and informed consent for sensory evaluation studies 感官评价研究中应答者保护和知情同意指南	
40	E3261-21	Standard guide for odor evaluation of products and materials under controlled conditions with trained panel 受控条件下经培训的评价小组对产品和材料气味评价指南	
分析环境与人员管理标准 5 项			
41	E2978-15	Standard guide for screening and training of assessors and a general approach for the sensory evaluation of toothpaste appearance, flavor, and texture 牙膏外观、香味和质地感官评价方法及评价员筛选与培训指南	E18.07

续附表2-8

序号	标准编号	标准英中文名称	所属分委会
42	E3288-22	Standard guide for screening and training of assessors and a general approach for the sensory evaluation of oral care products: Toothpaste and toothbrushes 口腔护理产品牙膏和牙刷感官评价及评价员的筛选与培训指南	E18.07
43	E3000-18	Standard guide for measuring and tracking performance of assessors on a descriptive sensory panel 描述性感官评价小组中评价员表现评估指南	E18.03
44	E3313-22	Standard guide for communication of assessor and panel performance 与评价员和评价小组进行其表现沟通指南	E18.05
45	E3093-20	Standard guide for structured small group product evaluations 有组织的小规模评价小组进行感官评价指南	

三、主要发达国家感官分析标准一览表

1. 英国标准学会(BSI)颁布的感官分析相关标准

英国标准学会共颁布感官分析标准 42 项,其中基础标准 2 项,方法标准 30 项,分析环境与人员管理标准 7 项,辅助器具标准 3 项。

附表 2-9　BSI 颁布的感官分析标准一览表

序号	标准编号	标准英中文名称
基础标准　2 项		
1	BS EN ISO 5492-2009	Sensory analysis—Vocabulary 感官分析　术语
2	BS ISO 18794-2018	Coffee—Sensory analysis—Vocabulary 咖啡　感官分析　术语
方法标准　30 项		
3	BS ISO 6658-2017	Sensory analysis—Methodology—General guidance 感官分析　方法学　总论
4	BS ISO 3972-2011	Sensory analysis—Methodology—Method of investigating sensitivity of taste 感官分析　方法学　味觉敏感度的测定
5	BS EN ISO 5495-2005＋A1-2016	Sensory analysis—Methodology—Paired comparison test. 感官分析　方法学　成对比较检验
6	BS EN ISO 4120-2021	Sensory analysis—Methodology—Triangle test 感官分析方法　三点检验
7	BS EN ISO 10399-2018	Sensory analysis—Methodology—Duo-trio test 感官分析方法　二-三点检验

续附表2-9

序号	标准编号	标准英中文名称
8	BS ISO 8588-2017	Sensory analysis—Methodology— “A”-“not A” test 感官分析方法 “A”-“非 A” 检验
9	BS ISO 16820-2019	Sensory analysis—Methodology—Sequential analysis 感官分析方法 序贯分析
10	BS ISO 8587-2006+A1-2013	Sensory analysis—Methodology—Ranking 感官分析 方法学 排序法
11	BS ISO 11056-2021	Sensory analysis—Methodology—Magnitude estimation method 感官分析 方法学 量值估计法
12	BS ISO 11036-2020	Sensory analysis—Methodology—Texture profile. 感官分析 方法学 质地剖面检验
13	BS EN ISO 13299-2016	Sensory analysis—Methodology—General guidance for establishing a sensory profile 感官分析方法 建立感官剖面的导则
14	BS EN ISO 11136-2017+A1-2020	Sensory analysis—Methodology—General guidance for conducting hedonic tests with consumers in a controlled area 感官分析 受控区域消费者喜好测试一般导则
15	BS ISO 13302-2003	Sensory analysis—Methods for assessing modifications to the flavour of foodstuffs due to packaging 感官分析 由包装材料引起的食品风味改变的评价方法
16	BS ISO 29842-2011	Sensory analysis—Methodology—Balanced incomplete block designs 感官分析 平衡不完全区组设计
17	BS ISO 11037-2011	Sensory analysis—Guidelines for sensory assessment of the colour of products 感官分析 产品颜色感官评价导则
18	BS ISO 22935-2-2009	Milk and milk products—Sensory analysis—Recommended methods for sensory evaluation 牛奶和乳制品 感官分析 感官评价推荐方法
19	BS ISO 22935-3-2009	Milk and milk products—Sensory analysis—Guidance on a method for evaluation of compliance with product specifications for sensory properties by scoring 牛奶和乳制品 感官分析 采用评分法对产品感官指标符合性判定的一般导则
20	BS ISO 4121-2003	Sensory analysis—Guidelines for the use of quantitative response scales 感官分析 定量响应标度使用导则
21	BS ISO 13301-2018	Sensory analysis—Methodology—General guidance for measuring odour, flavour and taste detection thresholds by a three-alternative forced-choice (3-AFC) procedure 感官分析 方法学 采用三点选配法(3-AFC)测定嗅觉、味觉和风味觉察阈值的一般导则

续附表2-9

序号	标准编号	标准英中文名称
22	BS ISO 16779-2015	Sensory analysis—Assessment (determination and verification) of the shelf life of foodstuffs 感官分析　食品货架期评估（测评和确定）
23	BS ISO 6668-2008	Green coffee—Preparation of samples for use in sensory analysis 生咖啡　感官分析用样品的制备
24	BS EN 1230-1-2009	Paper and board intended to come into contact with foodstuffs—Sensory analysis—Odour 接触食品的纸和纸板　感官分析　气味
25	BS EN 1230-2-2009	Paper and board intended to come into contact with foodstuffs—Sensory analysis—Off-flavour (taint) 接触食品的纸和纸板　感官分析　臭味（腐坏）
26	BS ISO 7304-1-2016	Durum wheat semolina and alimentary pasta—Estimation of cooking quality of alimentary pasta by sensory analysis—Part 1:Reference method 硬质小麦粗粒面粉和通心面类制品　通过感官分析评估通心粉的蒸煮品质　第1部分:参比法
27	BS ISO 7304-2-2008	Alimentary pasta produced from durum wheat semolina—Estimation of cooking quality by sensory analysis—Part 2:Routine method 硬质小麦粗粒面粉和通心面类制品　通过感官分析评估通心粉的蒸煮品质　第2部分:常规法
28	BS 5929-4-1986	Methods for sensory analysis of food—Flavour profile methods 感官分析方法　风味剖面检验
29	BS 4585-7-1989	Methods of test for spices and condiments—Determination of Scoville index of chillies 香料和调味品测试方法　辣椒辣度斯科尔指数测定
30	BS ISO 3103-2019	Tea—Preparation of liquor for use in sensory tests 茶叶　用于感官评价的茶汤的制备
31	BS ISO 20613:2019	Sensory analysis—General guidance for the application of sensory analysis in quality control 感官分析　感官分析在产品质量控制中的应用导则
32	BS ISO 20784-2021	Sensory analysis—Guidance on substantiation for sensory and consumer product claims 感官分析　感官与消费品宣称证实导则
分析环境与人员管理标准　7项		
33	BS EN ISO 8589-2010+A1-2014	Sensory analysis—General guidance for the design of test rooms 感官分析　建立感官分析实验室的一般导则
34	BS EN ISO 8586-2022	Sensory analysis—General guidelines for the selection, training and monitoring of selected assessors and expert sensory assessors 感官分析　优选评价员与专家评价员选拔、培训和管理导则

续附表2-9

序号	标准编号	标准英中文名称
35	BS ISO 5496-2006+A1-2018	Sensory analysis—Methodology—Initiation and training of assessors in the detection and recognition of odours 感官分析　方法学　检测和识别气味方面评价员的入门和培训
36	BS ISO 22935-1-2022	Milk and milk products—Sensory analysis—General guidance for the recruitment，selection，training and monitoring of assessors 牛奶和乳制品　感官分析　评价员招募、选拔、培训和考核的一般导则
37	BS ISO 13300-1-2006	Sensory analysis—General guidance for the staff of a sensory evaluation laboratory—Staff responsibilities 感官分析　感官分析实验室人员一般导则　实验室人员职责
38	BS ISO 13300-2-2006	Sensory analysis—General guidance for the staff of a sensory evaluation laboratory—Recruitment and training of panel leaders 感官分析 感官分析实验室人员一般导则　评价小组组长的聘用和培训
39	BS ISO 11132-2021	Sensory analysis—Methodology—Guidelines for monitoring the performance of a quantitative sensory panel 感官分析　方法学　定量感官评价小组表现评估与核查
辅助器具标准　3 项		
40	BS 5586-1-1978	Sensory analysis apparatus—Specification for wine-tasting glass 感官分析器皿　葡萄酒品评杯使用要求
41	BS ISO 22308-2005	Cork stoppers—Sensory analysis 软木塞　感官分析
42	BS ISO 16657-2006	Sensory analysis—Apparatus—Olive oil tasting glass 感官分析　器具　橄榄油品评杯使用要求

2. 法国标准化学会(AFNOR)颁布的感官分析相关标准

法国标准学会共颁布感官分析标准 42 项，其中基础标准 2 项，方法标准 31 项，分析环境与人员管理标准 6 项，辅助器具标准 3 项。

附表 2-10　AFNOR 颁布的感官分析标准一览表

序号	标准编号	标准英中文名称
基础标准　2 项		
1	NF V00-150/A1-2017	Sensory analysis—Vocabulary 感官分析　术语
2	NF V09-021-1995	Sensory analysis—Identification and selection of descriptors for establishing a sensory profile by a multidimensional approach 感官分析　通过多元分析方法鉴定和选择用于建立感官剖面的描述词
方法标准　31 项		
3	NF V09-001-2017	Sensory analysis—Methodology—General guidance 感官分析　方法学　总论

续附表2-10

序号	标准编号	标准英中文名称
4	NF V09-002-2012	Sensory analysis—Methodology—Method of investigating sensitivity of taste 感官分析 方法学 味觉敏感度的测定
5	NF V09-005-2013	Sensory analysis—Methodology—Guidelines for the preparation of samples for which direct sensory analysis is not possible 感官分析 方法学 不能直接感官分析的样品制备准则
6	NF V09-007-2016	Sensory analysis—Methodology—General guidance for establishing a sensory profile 感官分析 方法学 建立感官剖面的导则
7	NF V09-008-2011	Sensory analysis—Guidance for sensory assessment of the colour of products 感官分析 食品颜色评价的总则和检验方法
8	NF V09-009-2004	Sensory analysis—Methods for assessing modifications to the flavour of foodstuffs due to packaging 感官分析 由包装材料引起的食品风味改变的评价方法
9	NF V09-012/A1-2016	Sensory analysis—Methodology—Paired comparison test 感官分析 方法学 成对比较检验
10	NF V09-013-2021	Sensory analysis—Methodology—Triangle test 感官分析 方法学 三点检验
11	NF V09-015-2004	Sensory analysis—Guidelines for the use of quantitative response scales 感官分析 定量响应标度使用指南
12	NF V09-018-2007	Sensory analysis—Methodology—Ranking 感官分析 方法学 排序法
13	NF V09-019-2021	Sensory analysis—Methodology—Magnitude estimation method 感官分析 方法学 量值估计法
14	NF V09-020-2018	Sensory analysis—Methodology—Duo-trio test 感官分析 方法学 二-三点检验
15	NF V09-022-2020	Sensor analysis—Methodology—Texture profile 感官分析 方法学 质地剖面检验
16	NF V09-023-2018	Sensory analysis—Methodology—General guidance for measuring odour, flavour and taste detection thresholds by a three-alternative forced-choice (3-AFC) procedure 感官分析 方法学 采用三点选配法(3-AFC)测定嗅觉、味觉和风味觉察阈值的一般导则
17	NF V09-024-2004	Sensory analysis—Methodology—Sequential analysis 感官分析 方法学 序贯分析
18	NF V09-029-2017	Sensory analysis—Methodology—"A"-"not A" test 感官分析 方法学 "A"-"非 A" 检验

续附表2-10

序号	标准编号	标准英中文名称
19	NF V09-030-2019	Sensory analysis—General guidance for the application of sensory analysis in quality control 感官分析　感官分析在产品质量控制中的应用导则
20	NF V09-031/A1-2020	Sensory analysis—Methodology—General guidance for conducting hedonic tests with consumers in a controlled area 感官分析　方法学　受控区域消费者喜好测试一般导则
21	NF V09-501-2010	Sensory analysis—General guidance for sensory evaluation—Description, differentiation and hedonic measurement 感官分析　感官评价的一般导则　描述、差异和快感度测试
22	NF V09-502-2013	Sensory analysis—General guidance for the control, by sensory analysis, of the quality of a product during its processing 感官分析　感官分析在产品质量控制中的应用导则
23	NF V09-010-2021	Sensory analysis—Methodology—Guidelines for measurement of the performance of a quantitative descriptive sensory panel 感官分析　方法学　定量描述评价小组表现评估导则
24	NF V09-016-2021	Sensory analysis—Guidance on substantiation for sensory and consumer product claims 感官分析　感官与消费品宣称证实导则
25	NF V03-313-2008	Green coffee—Preparation of samples for use in sensory analysis 生咖啡　感官分析试样的制备
26	NF V03-355-1981	Tea—Preparation of liquor for use in sensory tests 茶叶　用于感官评价的茶汤的制备
27	NF V03-714-1-2016	Durum wheat semolina and alimentary pasta—Estimation of cooking quality of alimentary pasta by sensory analysis—Part 1: reference method 硬质小麦粗粒面粉和通心面类制品　通过感官分析评估通心粉的蒸煮品质　第1部分:参比法
28	NF V03-714-2-2008	Alimentary pasta produced from durum wheat semolina—Estimation of cooking quality by sensory analysis—Part 2: Routine method 硬质小麦粗粒面粉和通心面类制品　通过感官分析评估通心粉的蒸煮品质　第2部分:常规法
29	NF V04-029-2-2009	Milk and milk products—Sensory analysis—Part 2: recommended methods for sensory evaluation 牛奶和乳制品　感官分析　第2部分:感官评价推荐方法
30	NF V04-029-3-2009	Milk and milk products—Sensory analysis—Part 3: guidance on a method for evaluation of compliance with product specifications for sensory properties by scoring 牛奶和乳制品　感官分析　第3部分:采用评分法对产品感官指标符合性判定的一般导则

续附表2-10

序号	标准编号	标准英中文名称
31	NF Q03-085-1-2009	Paper and board intended to come into contact with foodstuffs—Sensory analysis—Part 1:odour. 接触食品的纸和纸板　感官分析　第1部分:气味
32	NF Q03-085-2-2009	Paper and board intended to come into contact with foodstuffs—Sensory analysis—Part 2:off-flavour (taint) 接触食品的纸和纸板　感官分析　第2部分:臭味(腐坏)
33	NF X43-404-30-2014	Indoor air—Part 30:sensory testing of indoor air 室内空气　第30部分:室内空气的感官评价
分析环境与人员管理标准　6项		
34	NF V09-105 /A1-2014	Sensory analysis—General guidance for the design of test rooms 感官分析　建立感官分析实验室的一般导则
35	NF V09-003-2014	Sensory analysis—General guidelines for the selection, training and monitoring of selected assessors and expert sensory assessors 感官分析　优选评价员与专家评价员选拔、培训和管理导则
36	NF V09-004-1-2006	Sensory analysis—General guidance for the staff of a sensory evaluation laboratory—Part 1:staff responsibilities 感官分析　感官分析实验室人员一般导则　第1部分:实验室人员职责
37	NF V09-004-2-2006	Sensory analysis—General guidance for the staff of a sensory evaluation laboratory—Part 2:recruitment and training of panel leaders 感官分析　感官分析实验室人员一般导则　第2部分评价小组组长的聘用和培训
38	NF V09-006/A1-2018	Sensory analysis—Methodology—Initiation and training of assessors in the detection and recognition of odours 感官分析　方法学　检测和识别气味方面评价员的入门和培训
39	NF V04-029-1-2009	Milk and milk products—Sensory analysis—Part 1:general guidance for the recruitement, selection, training and monitoring of assessors. 牛奶和乳制品　感官分析　第1部分:评价员招募、选拔、培训和考核的一般导则
辅助器具标准　3项		
40	NF V09-110-1971	Sensory analysis—Apparatus—Wine-tasting glass 感官分析器皿　器具　葡萄酒品评杯使用要求
41	NF V09-111-2006	Sensory analysis—Apparatus—Olive oil tasting glass 感官分析器皿　器具　橄榄油品评杯使用要求
42	NF B57-102-1-2021	Cork bark selected as bottling product—Part 1: sensory evaluation—Methodology for sensory evaluation by soaking 选作封瓶材料的软木树皮　第1部分:感官评估　通过浸泡进行感官评估的方法

3. 德国标准学会(DIN)颁布的感官分析相关标准

德国标准学会共颁布感官分析标准 37 项,其中基础标准 1 项,方法标准 31 项,分析环境与人员管理标准 3 项,辅助器具标准 2 项。

附表 2-11 DIN 颁布的感官分析标准一览表

序号	标准编号	标准英中文名称
基础标准 1 项		
1	DIN EN ISO 5492-2017	Sensory analysis—Vocabulary 感官分析 术语
方法标准 31 项		
2	DIN 10950-2020	Sensory analysis—Basic principles 感官分析 基本原则
3	DIN EN ISO 5495-2016	Sensory analysis—Methodology—Paired comparison test 感官分析 方法学 成对比较检验
4	DIN EN ISO 4120-2021	Sensory analysis—Methodology—Triangle test 感官分析 方法学 三点检验
5	DIN EN ISO 10399-2018	Sensory analysis—Methodology—Duo-trio test 感官分析 方法学 二-三点检验
6	DIN 10972-2003	Sensory analysis—A-not A test 感官分析 “A”-“非 A” 检验
7	DIN ISO 16820-2021	Sensory analysis—Methodology—Sequential analysis 感官分析 方法学 序贯分析
8	DIN ISO 8587-2010	Sensory analysis—Methodology—Ranking 感官分析 方法学 排序法
9	DIN EN ISO 13299-2016	Sensory analysis—Methodology—General guidance for establishing a sensory profile 感官分析 方法学 建立感官剖面一般导则
10	DIN ISO 3972-2013 Bb. 1-2018	Sensory analysis—Methodology—Method of investigating sensitivity of taste 感官分析 方法学 味觉敏感度的测定
11	DIN ISO 29842-2013	Sensory analysis—Methodology—Balanced incomplete block designs 感官分析方法 平衡不完全区组设计
12	DIN ISO 16779-2018	Sensory analysis—Assessment (determination and verification) of the shelf life of foodstuffs 感官分析 食品货架期评估(测评和确定)
13	DIN ISO 22935-2-2012	Milk and milk products—Sensory analysis—Part 2: Recommended methods for sensory evaluation 牛奶和乳制品 感官分析 第 2 部分:感官评价推荐方法

续附表2-11

序号	标准编号	标准英中文名称
14	DIN ISO 22935-3-2012	Milk and milk products—Sensory analysis—Part 3:Guidance on a method for evaluation of compliance with product specifications for sensory properties by scoring 牛奶和乳制品　感官分析　第3部分:采用评分法对产品感官指标符合性判定的一般导则
15	DIN EN 1230-1-2010	Paper and board intended to come into contact with foodstuffs—Sensory analysis—Part 1:Odour 接触食品的纸和纸板　感官分析　第1部分:气味
16	DIN EN 1230-2-2018	Paper and board intended to come into contact with foodstuffs—Sensory analysis—Part 2:Off-flavour (taint) 接触食品的纸和纸板　感官分析　第2部分:臭味(腐坏)
17	DIN 10955-2004	Sensory analysis—Testing of packaging materials and packages for foodstuffs 感官分析　由包装材料引起的食品风味改变的评价方法
18	DIN 10964-2014	Sensory analysis—Simple descriptive test 感官分析　简单描述性检验
19	DIN 10966-2018	Sensory testing methods—Intensity test 感官评价方法　强度评价
20	DIN 10967 Bb. 1-2000 DIN EN ISO 13299 Bb. 1-2016	Sensory analysis—Investigation of profiles—Examples for the statistical evaluation 感官分析　外形的检查　统计评估的示例
21	DIN 10969-2018	Sensory analysis—Descriptive analysis with following quality evaluation 感官分析　用于质量评价的描述性分析法
22	DIN 10970-2013	Sensory analysis—Time intensity test 感官分析方法　时间强度法
23	DIN 10973:2006-04	Sensory analysis—In/out test 感官分析　合格/不合格测试
24	DIN 10974-2008	Sensory analysis—Consumer sensory evaluation 感官分析　消费者感官评价
25	DIN 10975-2005	Sensory analysis—Expert witness for the judgement of conformity with foodlaw 感官分析　按照食品评价方法进行专家判定
26	DIN 10976-2016	Sensory analysis—Difference from control-test (DfC-Test) 感官分析　对照差异测试(DfC测试)
27	DIN 10977-2021	Sensory analysis—Sensory claims—Verification of product-related and comparative claims 感官分析　感官宣称　感官与消费品宣称证实导则
28	DIN EN ISO 11136-2020	Sensory analysis—Methodology—General guidance for conducting hedonic tests with consumers in a controlled area 感官分析　方法学　受控区域消费者喜好测试一般导则

续附表2-11

序号	标准编号	标准英中文名称
29	DIN EN ISO 11132-2021	Sensory analysis—Methodology—Guidelines for the measurement of the performance of a quantitative descriptive sensory panel 感官分析　方法学　定量描述评价小组表现评估导则
30	DIN 10455-1989	Sensory analysis of butter 黄油的感官分析方法
31	DIN 10809-1988	Analysis of tea—preparation of liquor for use in sensory tests 茶叶　用于感官评价的茶汤的制备
32	DIN ISO 16000-30-2015	Indoor air—Part 30:Sensory testing of indoor air 室内空气　第30部分　室内空气的感官评价
分析环境与人员管理标准　3项		
33	DIN EN ISO 8589-2014	Sensory analysis—General guidance for the design of test rooms 感官分析　建立感官分析实验室的一般导则
34	DIN EN ISO 8586-2022	Sensory analysis—General guidelines for the selection, training and monitoring of selected assessors and expert sensory assessors 感官分析　优选评价员与专家评价员选拔、培训和管理导则
35	DIN ISO 22935-1-2012	Milk and milk products—Sensory analysis—Part 1:General guidance for the recruitment, selection, training and monitoring of assessors 牛奶和乳制品　感官分析　第1部分:评价员招募、选拔、培训和考核的一般导则
辅助器具标准　2项		
3	DIN 10960-2000	Apparatus for sensory analysis—Wine testing glasses 感官分析器皿　葡萄酒品评杯使用要求
3	DIN 10956-2007	Apparatus for sensory analysis—Universal testing glasses and lids—Requirements and instructions for use 感官分析仪器　玻璃杯和杯盖通用测试方法　要求和使用说明

4. 澳大利亚标准协会(SAA)颁布的感官分析相关标准

澳大利亚标准学会共颁布感官分析标准11项,其中基础标准1项,方法标准9项,分析环境与人员管理标准1项,辅助器具标准0项。

附表2-12　SAA颁布的感官分析标准一览表

序号	标准编号	标准英中文名称
基础标准　1项		
1	AS 2542.3-2014	Sensory analysis—Vocabulary 感官分析　术语
方法标准　9项		
2	AS 2542.1.1-2014	Sensory analysis—Methodology—General guidance 感官分析　方法学　总论

续附表2-12

序号	标准编号	标准英中文名称
3	AS 2542.2.5-2014	Sensory analysis—Methodology—'A not A' test 感官分析　方法学　"A"-"非 A" 检验
4	AS 2542.2.6-2014	Sensory analysis—Methodology—Ranking 感官分析　方法学　排序法
5	AS 2542.2.4-2014	Sensory analysis—Methodology—Duo-trio test 感官分析　方法学　二-三点检验
6	AS 2542.2.3-2014	Sensory analysis—Guidelines for the use of quantitive response scales (rating) 感官分析　定量响应标度使用导则
7	AS 2542.2.2-2014	Sensory analysis—Methodology—Triangle test 感官分析　方法学　三点检验
8	AS 2542.2.1-2007	Sensory analysis—Specific methods—Paired comparison test 感官分析　特定方法　成对比较检验
9	AS 2300.4.2-1994 (R2016)	Methods of chemical and physical testing for the dairying industry—Dried milk and dried milk products—Sensory examination 乳品工业的化学和物理试验方法　奶粉和奶粉制品　感官检验
10	AS 2609.1-2005 (R2016)	Methods for assessing modifications to the flavour of foodstuffs due to packaging—Sensory analysis 感官分析　包装材料引起的食品风味改变的评价方法
分析环境与人员管理标准　1 项		
11	AS 2542.1.3-2014	Sensory analysis—Methodology—Selection, training and monitoring of selected assessors and expert sensory assessors 感官分析　方法学　优选评价员与专家评价员选拔、培训和管理导则

5. 日本工业标准调查会(JISC)颁布的感官分析相关标准

日本工业标准调查会共颁布感官分析标准 2 项，其中基础标准 1 项，方法标准 1 项，分析环境与人员管理标准 0 项，辅助器具标准 0 项。

附表 2-13　JISC 颁布的感官分析标准一览表

序号	标准编号	标准英中文名称
基础标准　1 项		
1	JIS Z8144-2004	Sensory analysis—Vocabulary 感官分析　术语
方法标准　1 项		
2	JIS Z9080-2004	Sensory analysis—Methodology 感官分析　方法学

附录3　三点检验和定量描述性分析所需附件

附件1:

附　录　A
（规范性附表）
三点检验所需正确答案数和评价员数查询表

表A.1中列出的值是在一定α-风险水平（列）上，达到显著性所需的最少正确答案数和相应的评价员数n（行）。如果正确答案数大于或等于表A.1中的值，则拒绝"无差别"的假设。

表A.1　三点检验确定存在显著性差别所需最少正确答案数

n	α					n	α				
	0.20	0.10	0.05	0.01	0.001		0.20	0.10	0.05	0.01	0.001
6	4	5	5	6	—	27	12	13	14	16	18
7	4	5	5	6	7	28	12	14	15	16	18
8	5	5	6	7	8	29	13	14	15	17	19
9	5	6	6	7	8	30	13	14	15	17	19
10	6	6	7	8	9	31	14	15	16	18	20
11	6	7	7	8	10	32	14	15	16	18	20
12	6	7	8	9	10	33	14	15	17	18	21
13	7	8	8	9	11	34	15	16	17	19	21
14	7	8	9	10	11	35	15	16	17	19	22
15	8	8	9	10	12	36	15	17	18	20	22
16	8	9	9	11	12	42	18	19	20	22	25
17	8	9	10	11	13	48	20	21	22	25	27
18	9	10	10	12	13	54	22	23	25	27	30
19	9	10	11	12	14	60	24	26	27	30	33
20	9	10	11	13	14	66	26	28	29	32	35
21	10	11	12	13	15	72	28	30	32	34	38
22	10	11	12	14	15	78	30	32	34	37	40
23	11	12	12	14	16	84	33	35	36	39	43
24	11	12	13	15	16	90	35	37	38	42	45
25	11	12	13	15	17	96	37	39	41	44	48
26	12	13	14	15	17	102	39	41	43	46	50

注1：表中的数值根据二项式分布求得，因此是准确的。对于表中未设的n值，根据下列二项式的近似值计算其近似值。

最小正确答案数（x）＝大于式中最近似的整数：$x = (n/3) + z\sqrt{2n/9}$

其中z随下列显著性水平变化而异：α＝0.02时，0.84；α＝0.10时，1.28；α＝0.05时，1.64；α＝0.01时，2 33；α＝0.001时，3.09。

注2：当n值＜18时，不宜用三点检验检验差别。

附件 2:15 点打分标尺示例

苦味：

|--------|--------|--------|--------|--------|--------|--------|--------|--------|--------|--------|--------|--------|--------|--------|

0 1 2 3 4 5 6 7 8 9 10 11 12 13 14 15

酸味：

|--------|--------|--------|--------|--------|--------|--------|--------|--------|--------|--------|--------|--------|--------|--------|

0 1 2 3 4 5 6 7 8 9 10 11 12 13 14 15

涩味：

|--------|--------|--------|--------|--------|--------|--------|--------|--------|--------|--------|--------|--------|--------|--------|

0 1 2 3 4 5 6 7 8 9 10 11 12 13 14 15

附件 3:小组的一致性、小组成员的重复性和区分能力的检验方法

描述性数据可以使用 Excel、SPSS 等数据处理软件进行处理分析，也可以使用专业的感官分析软件，下面以 PanelCheck 软件为例，介绍统计分析方法及数据处理的具体步骤。

(1)评价小组一致性　使用 Profile plot 方法来评估评价小组整体的一致性。该方法能反映出评价小组整体在评价某个属性时的表现是否一致。在 Profile plot 属性图中，每张图代表一个属性、每条线代表一个评价员。所有的线越聚拢则评价小组在该属性的评价上一致性越高，相反，所有的线越杂乱则说明评价小组在该属性的评价上一致性越差。使用 PanelCheck 软件进行一致性分析的操作步骤如下：Univariate →Profile plot →Sensory data →Overview Plot，图 A. 1 是一致性分析示例。

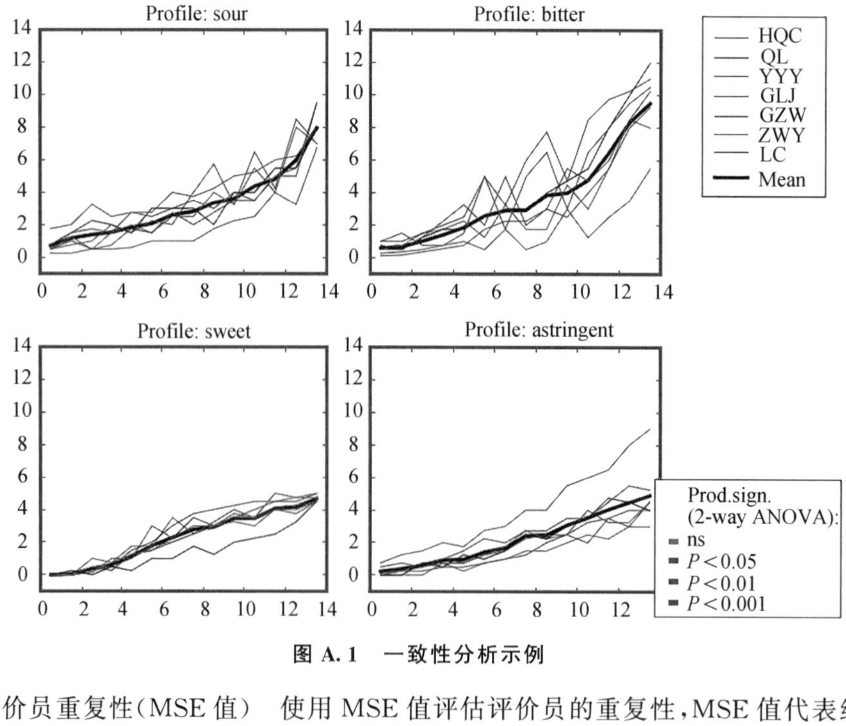

图 A. 1　一致性分析示例

(2)评价员重复性(MSE 值)　使用 MSE 值评估评价员的重复性，MSE 值代表组内方差，是由各组变量值和组内算术平均数计算出来的方差，反映组内变量值差异程度。某一评价员在某一个属性上 MSE 值的计算公式为：

$$MSE=\frac{\sum_{(k,j)}(x_{kj}-\bar{x}_k)^2}{n_k}$$

式中，k 为样品，j 表示对 k 样品的第 j 次重复评价，$\bar{x}_k$ 为 k 样品在该属性的平均值，n_k 为样品个数。

MSE 值越小说明单个评价员的重复性越好，使用 PanelCheck 软件进行重复性分析的操作步骤如下：Univariate →MSE Plots →Sensory data →General Plot。图 A.2 为评价员重复性分析示例。

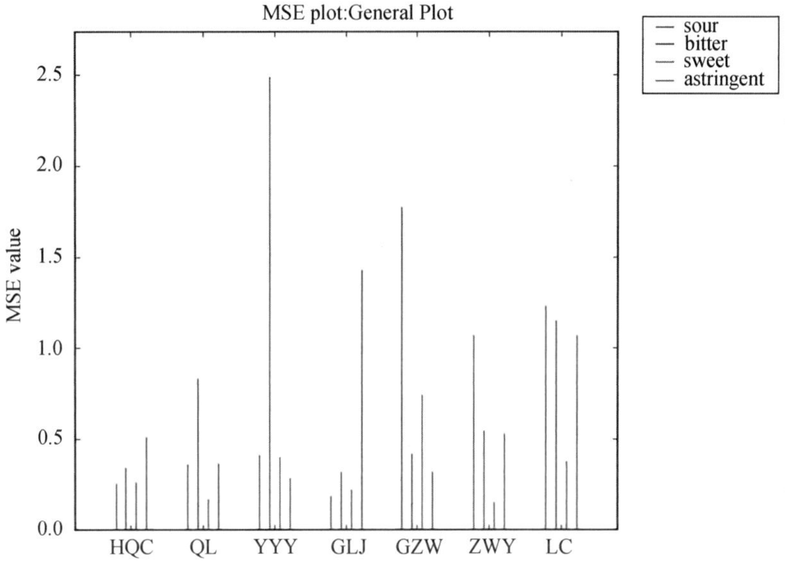

图 A.2　评价员重复性分析示例

(3)评价员区分能力(F 值)　评价员区分能力可以用 F 值来评估。F 值即组间方差与组内方差的比值。其中组间方差是由各组算术平均数和总体算术平均数计算出来的方差，反映各组算术平均值的差异程度，其计算公式为：

$$\sigma^2=\frac{\sum_{i=1}^{k}(\bar{x}_k-\bar{x})^2 n_j}{n_k-1}$$

式中，n_j 为样品 k 的重复评价次数，$\bar{x}$ 为该属性总体平均值。

因此 F 值的计算公式为：

$$F=\frac{\sigma^2}{MSE}$$

F 值越大说明评价员对相关属性的区分能力越好，使用 PanelCheck 软件进行区分能力测试的操作步骤如下：Univariate →F&p Plots →Sensory data →F-values →General Plot。评价员区分能力分析示例如图 A.3 所示：

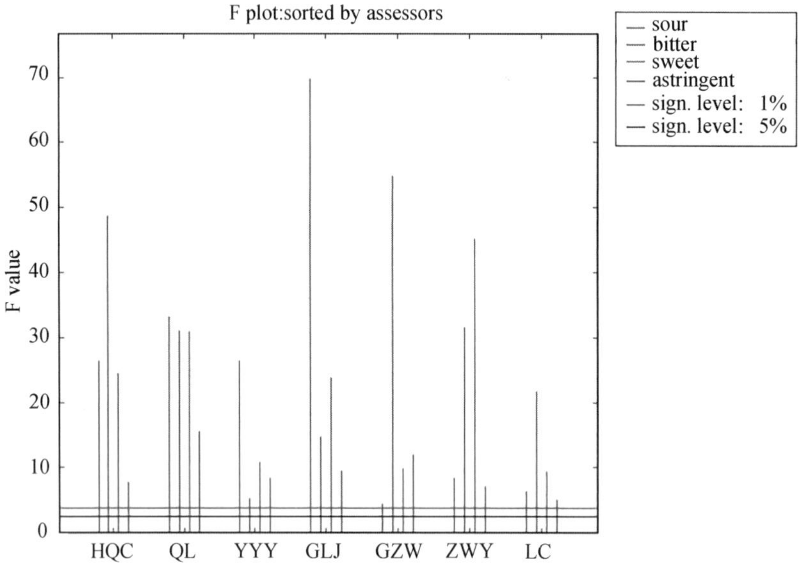

图 A.3 评价员区分能力分析示例

当评价员既具有较高的 F 值也具有较低的 MSE 值时，表明该评价员具备良好的评估样品的能力。

附件 4：蛛网图的绘制方法

蛛网图是一种以二维形式展示多维数据的图形方法，它的输入数据为每个样品在每个属性上小组评分的平均值。如图 A.4 所示，蛛网图可以较为全面直观地呈现样品之间的差异。使用 PanelCheck 软件进行蛛网图绘制的操作步骤如下：Consensus → Original → Sensory data → Spiderweb plot。

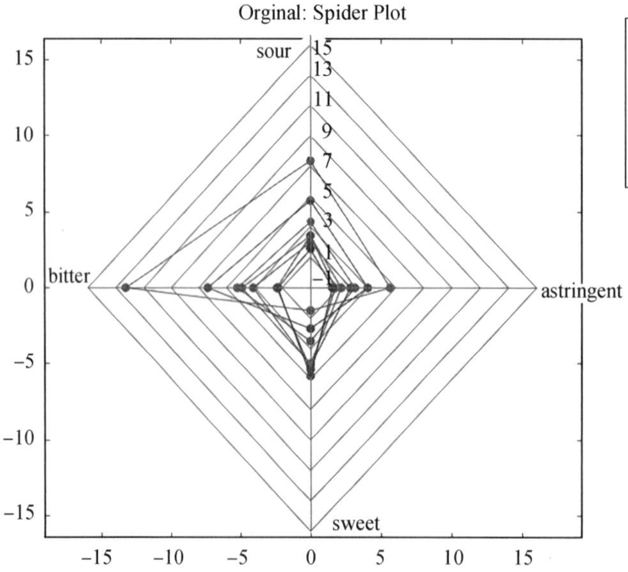

图 A.4 蛛网图示例